AF634511

GÖSCHENS LEHRBÜCHEREI

I. GRUPPE

REINE MATHEMATIK

BAND 5

AUTOMORPHE FUNKTIONEN

VON

LUDWIG SCHLESINGER

WALTER DE GRUYTER & CO.

VORMALS G. J. GÖSCHEN'SCHE VERLAGSHANDLUNG
J. GUTTENTAG, VERLAGSBUCHHANDLUNG — GEORG
REIMER — KARL J. TRÜBNER — VEIT & COMP.

BERLIN W. 10 UND LEIPZIG

1924

AUTOMORPHE FUNKTIONEN

VON

LUDWIG SCHLESINGER
ord. Professor der Mathematik an der Universität Gießen

MIT 53 FIGUREN

WALTER DE GRUYTER & CO.
VORMALS G. J. GÖSCHEN'SCHE VERLAGSHANDLUNG
J. GUTTENTAG, VERLAGSBUCHHANDLUNG — GEORG
REIMER — KARL J. TRÜBNER — VEIT & COMP.
BERLIN W. 10 UND LEIPZIG
1924

Alle Rechte, insbesondere das der Übersetzung in fremde Sprachen, vorbehalten.

Druck von Walter de Gruyter & Co., Berlin W. 10

Vorwort.

Mit dem vorliegenden kleinen Buche möchte ich den Studierenden der Mathematik einen Leitfaden an die Hand geben, der sie instand setzt, sich in die Lehre von den automorphen Funktionen einzuarbeiten. Die Bedeutung dieser Lehre braucht nicht besonders betont zu werden; trotzdem nimmt sie zurzeit im Universitätsunterricht noch nicht den ihr gebührenden Platz ein. In den Vorlesungsverzeichnissen deutscher Universitäten findet man noch wie vor 70 Jahren die einst von Jacobi in Königsberg eingeführte große Vorlesung über elliptische Funktionen; es ist, als wollte man in der Geographie von Amerika sich auf die von Kolumbus entdeckten Landstriche beschränken und so tun, als ob man das übrige nicht sähe. Auch die großen französischen Lehrgänge der Analysis (Jordan, Picard, Goursat) geben von unserer Theorie kaum mehr als die Grundbegriffe.

An Monographien ist ja allerdings kein Mangel (siehe das weiter unten folgende Literaturverzeichnis). Aber die ausführliche Darstellung von Fricke-Klein ist für den Anfänger zu umfangreich, die in meinem „Handbuch der linearen Differentialgleichungen" gegebene ist allzusehr an Untersuchungen gebunden, die nur lose mit dem eigentlichen Gegenstande zusammenhängen, die trefflichen Bücher von Fubini und Giraud erschweren den Zugang zu der Theorie der Fuchsschen Funktionen durch das dieser Theorie vorgelagerte Bollwerk der automorphen Funktionen von beliebig vielen Veränderlichen. So hoffe ich mit diesem Büchlein einem Bedürfnis entgegenzukommen, sofern es mir gelungen sein sollte, meiner Absicht gemäß, eine bequem lesbare Einführung in die Lehre von den elliptischen und den Fuchsschen Funktionen zu geben.

Als Ausgangspunkt dient mir das Problem der Uniformisierung einer mehrdeutigen Funktion mit einer endlichen Zahl von Verzweigungspunkten. Einleitend werden die elementaren Fälle von zwei Verzweigungspunkten behandelt und ein Abriß der Lehre von den elliptischen Funktionen gegeben, wobei nicht die doppelte Periodizität, sondern der Automorphismus für gewisse Drehungen um 180 Grad in den Vordergrund gestellt wird. Heuristische Überlegungen führen dann im allgemeinen Falle einer beliebigen Anzahl von Verzweigungspunkten zu gewissen Normalpolygonen und den daraus entstehenden Verschiebungsgruppen vom Geschlecht Null der Bolyai-Lobatscheffskijschen Ebene. Das erforderliche Rüstzeug aus der nichteuklidischen Geometrie wird mit differentialgeometrischen Methoden entwickelt und dann zunächst im engsten Anschluß an Poincaré die Lehre von den Fuchsschen Funktionen vom Geschlechte Null aufgebaut. Die Frage der Uniformisierung führt dann weiter zu dem Fundamentalproblem; zu seiner Lösung dient die Methode der Ausschöpfung der Überlagerungsfläche, die auch im Anschluß an Poincarés ursprünglichen Gedankengang, aber mit Benutzung moderner Methoden entwickelt wird. Dabei wurde Wert gelegt auf eine möglichst wenig Vorkenntnisse erheischende Darstellung und demgemäß auch ein vollständiger Beweis des Riemannschen Abbildungssatzes gegeben. In den letzten Nummern wird dann die Uniformisierung der algebraischen Funktionen durch Fuchssche Funktionen von höherem Geschlecht behandelt. Auf eine allgemeine Theorie der Fundamentalpolygone habe ich verzichtet und immer nur eine bestimmte Form solcher Polygone zugrunde gelegt. Auch habe ich mich auf diejenigen Fuchsschen Funktionen beschränkt, die in der Terminologie von Poincaré der 1., 2. und 6. Familie angehören (Funktionen mit Grenzkreis bei Fricke-Klein). Wer sich erst mit der Theorie dieser Funktionen vertraut gemacht hat, wird auch beim Studium der allgemeinsten automorphen Funktionen keine grundsätzlichen Schwierigkeiten mehr finden.

Die Darstellung ist systematisch gehalten; auf die historische Entwicklung ist nur insoweit eingegangen, als es zum Verständnis der sachlichen Zusammenhänge erforderlich schien. Diese Beschränkung durfte um so eher Platz greifen, als gerade in der letzten Zeit einerseits durch die Herausgabe der gesammelten Abhandlungen von Fuchs, Poincaré und Klein, andererseits durch die Veröffentlichung der Briefwechsel zwischen Fuchs-Poincaré und Klein-Poincaré sowie der ersten bisher ungedruckten Arbeit Poincarés in den Bänden 38 und 39 der Acta Mathematica das historische Material in fast lückenloser Vollständigkeit zugänglich gemacht worden ist. So sind denn auch in den Zitaten in erster Linie diejenigen Schriften genannt, die mir bei der Ausarbeitung unmittelbar vorgelegen haben, und in zweiter Linie diejenigen, deren Lektüre dem Leser zum weiteren Studium zu empfehlen ist. Zur Orientierung soll das unten folgende Literaturverzeichnis der wichtigsten Monographien über unseren Gegenstand dienen.

Das vorliegende Buch ist aus einer Vorlesung hervorgegangen, die ich im Wintersemester 1920/1 gehalten habe; neu bearbeitet wurde nur der in den Nummern 45—51 enthaltene Beweis für den Fundamentalsatz, bei dem ich mich der neuerdings beliebt gewordenen rein funktionentheoretischen d. h. vektoriellen Methoden bedient habe, während in der Vorlesung selbst die potentialtheoretische Behandlung zur Anwendung gelangt war. Für die mündliche Mitteilung eines geistvollen Beweisprinzips für den Riemannschen Abbildungssatz schlichter, einfach zusammenhängender Bereiche möchte ich L. Fejér auch an dieser Stelle bestens danken. Bei der Abfassung des Manuskripts haben mir Ausarbeitungen der Vorlesung von 1920/1 und auch der neu hinzugekommenen Teile vorgelegen, die unser Assistent H. Fuhr mit Sachkenntnis und eindringendem Verständnis angefertigt hat; auch die Zeichnung der Figuren und die Herstellung des Registers ist ihm zu verdanken. An die eingehenden Besprechungen vor und während der Drucklegung mit Fuhr und A. Pleßner in unserem Seminar denken wir alle gern zurück. — Herzlich gedankt sei auch F. Engel, H. Falckenberg und E. Hilb für freundliche Mitwirkung und Kritik bei der Korrektur.

Gießen, den 24. März 1924.

L. Schlesinger.

Literaturübersicht.

Gesammelte Werke, Briefwechsel.

L. Fuchs, Gesammelte mathematische Werke, Berlin, I (1904), II (1906), III (1909).

F. Klein, Gesammelte mathematische Abhandlungen, Berlin, I (1921), II (1922), III (1923).

H. Poincaré, Oeuvres, Paris, II (1916).

H. A. Schwarz, Gesammelte mathematische Abhandlungen, Berlin, I, II (1890).

Briefwechsel Fuchs-Poincaré, Acta Mathematica Bd. 38 (1921), S. 175—187.

Briefwechsel Klein-Poincaré, Acta Mathematica Bd. 39 (1923), S. 94—132.

Monographien, Enzyklopädieartikel u. dgl.

L. R. Ford, An Introduction to the Theory of Automorphic Functions, London, 1915.

R. Fricke und F. Klein, Vorlesungen über die Theorie der automorphen Funktionen, Leipzig, I (1897), II (1901—1912).

R. Fricke, Automorphe Funktionen mit Einschluß der elliptischen Modulfunktionen, Encyklopädie der Mathematischen Wissenschaften, II, 2, Leipzig, 1901—1921, S. 349—470.

Guido Fubini, Introduzione alla Teoria dei gruppi discontinui e delle funzioni automorfe, Pisa, 1908.

Georges Giraud, Leçons sur les Fonctions automorphes, Paris, 1920.

F. Klein, Vorlesungen über das Ikosaeder und die Auflösung der Gleichungen fünften Grades, Leipzig, 1884.

F. Klein und R. Fricke, Vorlesungen über die Theorie der Modulfunktionen, Leipzig, I (1890), II (1892).

L. Schlesinger, Handbuch der Theorie der linearen Differentialgleichungen, Leipzig, I (1895), II, 1 (1897), II, 2 (1898).

—, De nonnullis absolutae geometriae ad complexae variabilis functionum theoriam applicationibus, Joannis Bolyai in Memoriam, Claudiopoli, 1902.

—, Über einige Anwendungen der absoluten (nichteuklidischen) Geometrie auf die Lehre von den Funktionen einer komplexen Veränderlichen, Anhang zu R. Bonola-H. Liebmann, Die Nichteuklidische Geometrie, 2. Aufl., Leipzig, 1919, 3. Aufl., ebenda, 1923.

Inhaltsverzeichnis.

I. Abschnitt.

Einleitendes. Beispiele. Elliptische Funktionen.

1. Automorphe Funktionen. Uniformisierung. Beispiel.

Unter den monogenen Funktionen einer komplexen Veränderlichen nehmen die eindeutigen Funktionen eine bevorzugte Stelle ein, namentlich weil sich für solche Funktionen in sehr allgemeinen Fällen analytische Ausdrücke angeben lassen, die die Funktion in ihrem ganzen Existenzbereiche darstellen. Die sogenannten elementaren Transzendenten (Exponentialfunktion, trigonometrische Funktionen) besitzen überdies die Eigenschaft der Periodizität, d. h. sie ändern ihren Wert nicht, wenn die unabhängige Veränderliche η um ganzzahlige Vielfache einer konstanten Größe ω, der sogenannten Periode vermehrt wird. Die Transformationen $\eta + k\omega$, wo k eine beliebige ganze Zahl bedeutet, bilden eine Gruppe, indem je zwei von ihnen hintereinander angewandt eine Transformation derselben Form ergeben. Man sagt, die Funktion mit der Periode ω sei in bezug auf diese Gruppe automorph. Die Transformation $\eta + k\omega$ kann als besonderer Fall der linear gebrochenen oder projektiven Transformation $\frac{\alpha\eta + \beta}{\gamma\eta + \delta}$ $(\alpha\delta - \gamma\beta \neq 0)$ aufgefaßt werden. Eindeutige Funktionen, die für gewisse projektive Transformationen ihren Wert nicht verändern, nennt man automorph in bezug auf diese Transformationen, von denen einleuchtet, daß sie stets eine Gruppe bilden müssen. Denn wenn die Funktion $x = f(\eta)$ für die Transformationen

$$S\eta = \frac{\alpha\eta + \beta}{\gamma\eta + \delta}, \quad S'\eta = \frac{\alpha'\eta + \beta'}{\gamma'\eta + \delta'}$$

ungeändert bleibt, d. h. wenn

$$f(\eta) = f(S\eta) = f(S'\eta)$$

ist, so ist auch

$$f(\eta) = f(S'\eta) = f(SS'\eta),$$

wo

$$SS'\eta = \frac{(\alpha\alpha' + \beta\gamma')\eta + \alpha\beta' + \beta\delta'}{(\gamma\alpha' + \delta\gamma')\eta + \gamma\beta' + \delta\delta'}$$

die aus $S'\eta$ und $S\eta$ in dieser Reihenfolge zusammengesetzte (komponierte) Transformation bedeutet.

Die Theorie dieser automorphen Funktionen ist besonders wichtig und interessant nicht nur wegen der Fülle von Eigenschaften, die diese Funktionen auszeichnet, sondern namentlich, weil sie mit vielen anderen Kapiteln der Analysis, der Geometrie, der Algebra und Zahlentheorie mannigfache Beziehungen aufweist. Unter diesen Beziehungen ist eine der bedeutsamsten die zu der Lehre von der Uniformisierung mehrdeutiger Funktionen einer Veränderlichen. Man versteht darunter das folgende.

Ist $y = f(x)$ eine mehrdeutige Funktion der komplexen Veränderlichen x, so kann man Funktionen $t(x)$ von x so angeben, daß sowohl y als auch x als eindeutige Funktionen

$$x = \varphi(t), \; y = \psi(t)$$

von t erscheinen, in der Weise, daß wenn t den Bereich aller Werte, für die $\varphi(t)$, $\psi(t)$ definiert sind, durchläuft, alle Wertepaare x, y zum Vorschein kommen, die durch die mehrdeutige Beziehung

$$y = f(x)$$

miteinander verbunden sind. Es hat sich nun gezeigt, daß die Uniformisierung solcher mehrdeutiger Funktionen, die nur eine endliche Anzahl von Verzweigungspunkten besitzen, stets so vollzogen werden kann, daß man t als die inverse Funktion einer eindeutigen automorphen Funktion $x = \varphi(t)$ wählt. Die Durchführung dieser Uniformisierung soll das vornehmste Ziel der nachfolgenden Erörterungen bilden.

Wir beginnen mit dem einfachsten Falle einer Funktion, die im Endlichen nur einen Verzweigungspunkt aufweist. Dabei verstehen wir unter einem Verzweigungspunkte eine isolierte, d. h. von lauter regulären Punkten umgebene Stelle, bei deren Umkreisung die Funktion eine Wertänderung erfährt. Daraus folgt ohne weiteres, daß für eine Funktion

$$y = f(x),$$

die im Endlichen nur den einen Verzweigungspunkt a besitzt, auch noch der unendlich ferne Punkt als Verzweigungspunkt zu gelten hat. Denn ein geschlossener Weg, der den Punkt a umschlingt, kann auch als den unendlich fernen Punkt umschließend betrachtet werden. Statt zu sagen, wir umkreisen a im positiven Sinne, d. h. entgegengesetzt dem Uhrzeigersinn, kann man auch sagen, wir umkreisen den unendlich fernen Punkt im negativen Sinn.

Wollen wir nun unsere Funktion y zu einer eindeutig bestimmten machen, so legen wir (Fig. 1) längs des von a in Richtung der positiven reellen Achse auslaufenden Strahls einen Schnitt l, der die beiden Verzweigungspunkte a und ∞ verbindet. Die beiden Ufer dieses Schnitte unterscheiden wir als positives $\overset{+}{l}$ und negatives $\bar{l}$, so daß ein Weg, der von einem Punkte des positiven Ufers in der zerschnittenen Ebene nach dem gegenüberliegenden Punkte des negativen hinführt, den Punkt a im positiven Sinne umkreist. In der so zerschnittenen x-Ebene, die wir als Fläche $T^{(0)}$ bezeichnen wollen[1]), legen wir unserer Funktion y in einem von a verschiedenen Punkte x_0 einen bestimmten ihrer verschiedenen Werte y_0 bei, dann ist bei stetiger Fortsetzung y innerhalb $T^{(0)}$ eindeutig festgelegt, d. h. wir haben einen in $T^{(0)}$ eindeutigen Zweig der mehrdeutigen Funktion y ausgesondert.

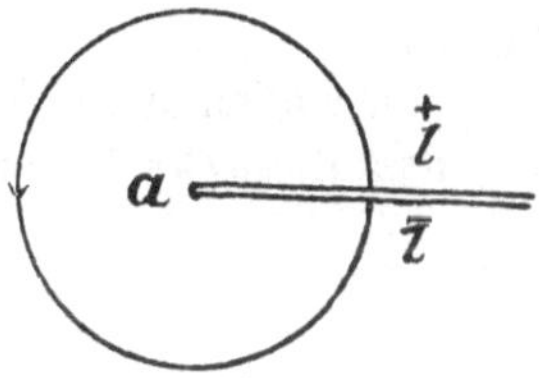

Fig. 1.

Existiert ein positives ganzzahliges n, so daß jeder Zweig von y nach n-maliger Umkreisung von a zu seinem Ausgangswerte zurückkehrt, so nennen wir n die zu a gehörige **Verzweigungszahl** und sagen, diese Verzweigungszahl sei unendlich groß, wenn ein solches n nicht vorhanden ist. Z. B. ist für

$$(1) \qquad y = \sqrt[3]{(x-a)^2} + \sqrt{(x-a)^7}$$

$n = 6$, während für

$$(2) \qquad y = (x-a)^{3\sqrt{2}} + (x-a)^{2i}$$

die Verzweigungszahl unendlich groß ist. Für den Fall einer endlichen Verzweigungszahl n ist y eine n-deutige Funktion von x, die Uniformisierung wird durch Einführung von

$$\eta = (x-a)^{\frac{1}{n}}$$

geleistet, also im Beispiele (1) durch

$$(x-a)^{\frac{1}{6}}$$

in der Form

$$x = a + \eta^6, \; y = \eta^4 + \eta^{21};$$

für den Fall einer unendlich großen Verzweigungszahl ist die uniformisierende Veränderliche[2])

[1]) Die Punkte des Schnittes l werden auch als zu $T^{(0)}$ gehörend angesehen und mit Ausnahme von $x = a$, $x = \infty$ doppelt gezählt, je nachdem wir sie auf dem positiven oder negativen Ufer von l gelegen denken. Die analoge Festsetzung gilt auch stets im folgenden.

[2]) Die Beziehung $\log(x-a) = \lim\limits_{n\to\infty} n\left((x-a)^{\frac{1}{n}} - 1\right)$ zeigt, wie dieser Fall aus dem eines endlichen n hervorgeht.

$$\eta = \log (x - a),$$

die für das Beispiel (2)

$$x = e^{\eta} + a, \quad y = e^{3\sqrt{2}\,\eta} + e^{2i\eta}$$

liefert.

Wir wollen nun genauer zusehen, welchem Umstande es zuzuschreiben ist, daß diese Veränderliche η die Uniformisierung vermittelt.

---

2. Die Überlagerungsfläche von $(x-a)^{\frac{1}{n}}$ und ihre Abbildung auf die η-Ebene.

Die Funktionen η besitzen im Endlichen auch nur den einen Verzweigungspunkt $x = a$. Um für sie nach dem in der Nr. 1 beschriebenen Verfahren einen Zweig auszusondern, ordnen wir einem Werte $x = x_0$, für den $x_0 - a$ reell positiv ist und den wir uns auf dem positiven Ufer des Schnittes l gelegen denken, den positiven reellen Wert η_0 von η zu und nennen den so innerhalb $T^{(0)}$ eindeutig definierten Zweig $\eta^{(0)}$ den Hauptzweig der Funktion η. Indem wir zunächst den Fall einer endlichen Verzweigungszahl n behandeln, setzen wir

$$x - a = re^{\theta i}, \quad r > 0, \ \theta \ \text{reell},$$

also

$$\eta^{(0)} = r^{\frac{1}{n}} e^{\frac{\theta i}{n}}, \quad r^{\frac{1}{n}} > 0,$$

dann ist auf dem positiven Ufer $\overset{+}{l}$, $\theta = 0$, $\eta^{(0)} = r^{\frac{1}{n}}$ und auf dem negativen Ufer $\overset{-}{l}$, $\theta = 2\pi$,

$$\eta^{(0)} = r^{\frac{1}{n}} \cdot e^{\frac{2\pi i}{n}},$$

d. h. in gegenüberliegenden Punkten der beiden Schnittufer unterscheiden sich die Werte von $\eta^{(0)}$ durch den Faktor

$$\varepsilon = e^{\frac{2\pi i}{n}}.$$

In der Abbildung, die durch den Hauptzweig $\eta^{(0)}$ von der Fläche $T^{(0)}$ in der η-Ebene entworfen wird, entspricht also dem Ufer $\overset{+}{l}$ die positive reelle η-Achse $\lambda^{(0)}$, dem Ufer $\overset{-}{l}$ der Strahl $\lambda^{(1)}$, der aus $\lambda^{(0)}$ durch eine Drehung mit dem Winkel $\frac{2\pi}{n}$ um den Nullpunkt hervorgeht; die ganze Fläche $T^{(0)}$ erscheint auf den von $\lambda^{(0)}$, $\lambda^{(1)}$ gebildeten Winkelraum $H^{(0)}$

gegenseitig eindeutig und im Innern konform abgebildet (Fig. 2).

Nun gehören zu dem Punkte x_0 außer dem positiven Werte η_0 von η noch die Werte

$$\eta_0\varepsilon, \ \eta_0\varepsilon^2, \ \ldots, \ \eta_0\varepsilon^{n-1};$$

ordnen wir dem Punkte x_0 irgendeinen dieser Werte zu, so erhalten wir immer wieder Zweige der Funktion η, die innerhalb von $T^{(0)}$ eindeutig bestimmt sind, und die aus dem Hauptzweige $\eta^{(0)}$ durch Multiplikation mit einer Potenz von ε hervorgehen. Wir setzen

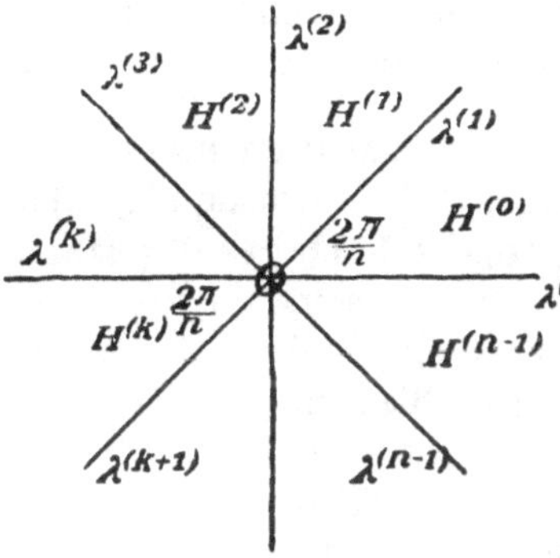

Fig. 2.

$$\eta^{(0)}\varepsilon^k = \eta^{(k)} \qquad (k = 1, 2, \ldots, n-1)$$

und bilden die Fläche $T^{(0)}$ auch durch diese Zweige auf die η-Ebene ab. Dem Ufer $\overset{+}{l}$ entspricht dann vermöge $\eta^{(1)}$ der Strahl $\lambda^{(1)}$, dem Ufer $\bar{l}$ der aus $\lambda^{(1)}$ durch Drehung mit dem Winkel $\frac{2\pi}{n}$ hervorgehende Strahl $\lambda^{(2)}$, ebendieser Strahl entspricht wieder $\overset{+}{l}$ vermöge $\eta^{(2)}$ usw., endlich entspricht vermöge $\eta^{(n-1)}$ dem Ufer $\overset{+}{l}$ der Strahl $\lambda^{(n-1)}$, der aus $\lambda^{(0)}$ durch eine Drehung mit dem Winkel $\frac{(n-1)2\pi}{n}$ entsteht, und dem Ufer $\bar{l}$ wieder $\lambda^{(0)}$. Die ganze Fläche $T^{(0)}$ erscheint somit vermöge $\eta^{(k)}$ auf den von $\lambda^{(k)}$ und $\lambda^{(k+1)}$ (wo $\lambda^{(n)}$ gleich $\lambda^{(0)}$ zu nehmen ist) begrenzten Winkelraum $H^{(k)}$ gegenseitig eindeutig und im Innern konform abgebildet. Die Winkelräume $H^{(0)}, \ldots, H^{(n-1)}$ lagern sich schlicht, d. h. ohne sich zu überdecken, aneinander und bedecken die η-Ebene lückenlos (siehe Fig. 2). Jeder dieser Winkelräume entsteht aus jedem andern durch eine Drehung um den Nullpunkt mit einem Winkel, der ein Vielfaches von $\frac{2\pi}{n}$ ist.

Wir wollen nun diese Teilung der η-Ebene wieder auf die x-Ebene übertragen. Um ein geometrisches Gebilde zu erhalten, das der η-Ebene Punkt für Punkt gegenseitig eindeutig entspricht, müssen wir entsprechend jedem Winkelraume $H^{(k)}$ $(k = 1, 2, \ldots, n-1)$ ein mit $T^{(0)}$ kongruentes Blatt $T^{(k)}$ herstellen; dabei entspricht dann das Ufer $\bar{l}$ in $T^{(k)}$, ebenso wie das Ufer $\overset{+}{l}$ in $T^{(k+1)}$ dem Strahl $\lambda^{(k+1)}$. Wollen wir also auch die Stetigkeit der Abbildung gewahrt wissen, so müssen wir die Ufer $\bar{l}$ in $T^{(k)}$ und $\overset{+}{l}$ in $T^{(k+1)}$ für $k = 0, \ldots, n-2$ miteinander verschmelzen und endlich das Ufer $\bar{l}$ in $T^{(n-1)}$ mit $\overset{+}{l}$ in $T^{(0)}$ vereinigen. Das so entstehende n-blättrige geometrische Gebilde T ist dann vermöge der Funktion $\eta = (x-a)^{\frac{1}{n}}$ gegenseitig eindeutig, stetig und konform auf die η-Ebene abgebildet; wir nennen es die zu dieser Funktion gehörige Überlagerungsfläche oder Riemannsche Fläche[1]).

Die Analysis situs betrachtet diejenigen Eigenschaften geometrischer Gebilde, die bei gegenseitig eindeutiger und stetiger Abbildung erhalten bleiben. Zu diesen sogenannten topologischen Eigenschaften gehören insbesondere die Zusammenhangsverhältnisse. Gebilde, die durch gegenseitig eindeutige und stetige Abbildung auseinander hervorgehen, also vom Standpunkt der Analysis situs aus äquivalent sind, heißen (nach Poincaré) homöomorph.

Unsere Überlagerungsfläche ist mit der η-Ebene homöomorph, also wie die η-Ebene einfach zusammenhängend, d. h. jede geschlossene Kurve läßt sich durch stetige Deformation innerhalb der Fläche auf einen Punkt zusammenziehen.

Hat man nun eine Funktion y von x mit dem einzigen Verzweigungspunkte a im Endlichen und der zugehörigen endlichen Verzweigungszahl n, so ist y in der Überlagerungsfläche T eine eindeutige Funktion des Orts, und da T und die η-Ebene gegenseitig eindeutig aufeinander bezogen sind, eine eindeutige Funktion von η. Da ferner die Beziehung wischen T und der η-Ebene nicht nur eine homöomorphe, sondern auch eine konforme, d. h. in den kleinsten Teilen ähnliche, also, wie wir sagen wollen, homöometrische[2]) ist, so folgt, daß y eine monogene Funktion von η sein muß, und damit haben wir ergründet, weshalb durch die Hilfsveränderliche η die Beziehung zwischen y und x uniformisiert wird.

---

3. Verschiebungen der Euklidischen Ebene in sich.

Ehe wir uns dem Falle einer unendlich großen Verzweigungszahl zuwenden, haben wir einige elementar-geometrische Betrachtungen einzuschalten, die uns eine bequeme Terminologie vermitteln werden.

Wir haben gesehen, daß die Bereiche $H^{(k)}$ durch Drehungen der η-Ebene auseinander hervorgehen, die um den Nullpunkt mit einem Winkel erfolgen, der ein ganzzahliges Vielfaches von $\frac{2\pi}{n}$ ist.

---

[1]) Wir bezeichnen hier eine mehrblättrige Fläche nur dann als Riemannsche, wenn sie zu einer algebraischen Funktion gehört; für die im Text betrachtete Fläche trifft dies zu, weil η algebraisch von x abhängt.

[2]) Homöometrisch nennen wir eine gegenseitig eindeutige, stetige und konforme Abbildung.

Drehungen der Ebene gehören zu den Transformationen der Ebene in sich selbst, bei denen jede Figur in eine ihr kongruente übergeführt wird. Um alle diese Transformationen, die sogenannten Verschiebungen (oder Bewegungen) der η-Ebene in sich zu erhalten, setzen wir

$$\eta = p + qi$$

und bedenken, daß diese Transformationen isometrische sind, d. h. das Linienelement der Ebene

$$|d\eta| = \sqrt{dp^2 + dq^2}$$

ungeändert lassen[1]). Es muß deshalb, wenn η_1 aus η durch eine solche Verschiebung entsteht,

$$|d\eta_1| = |d\eta|$$

sein. Daraus ergibt sich

$$\eta_1 = \alpha\eta + \beta, \tag{3}$$

oder

$$\eta_1 = \alpha\bar{\eta} + \beta, \tag{3a}$$

wo $\bar{\eta} = p - qi$ der konjugierte Wert von η, β eine beliebige Konstante und

$$|\alpha| = 1, \text{ also } \alpha = e^{i\varphi}$$

ist. Die Transformationen (3a) entstehen, indem man die Transformationen (3) mit dem Übergang von $\bar{\eta}$ zu η, d. h. mit einer Spiegelung an der reellen η-Achse kombiniert; bei diesen Transformationen (3a), wo η_1 keine monogene Funktion der komplexen Veränderlichen η ist, erfolgt Umlegung der Winkel, so daß also jede Figur nicht in eine kongruente, sondern in eine symmetrische übergeführt wird. Die Transformationen (3a) sind also keine Verschiebungen, wir lassen sie darum außer Betracht. Die Formel (3) stellt somit die allgemeinste kongruente Transformation oder Verschiebung der η-Ebene in sich selbst dar. Für $\beta = 0$ ist sie eine Drehung um den Nullpunkt mit dem Winkel φ, für

---

[1]) Wir sind damit zu der dritten und speziellsten der Transformationen zweifach ausgedehnter geometrischer Gebilde geführt worden, die funktionentheoretisch von Bedeutung sind; es sind dies:

I. Die homöomorphe, d. h. gegenseitig eindeutige und stetige Transformation (Analysis situs).

II. Die homöometrische, d. h. homöomorphe und konforme Transformation, die das Linienelement mit einem Faktor multipliziert (Funktionentheorie).

III. Die isometrische Transformation (Verschiebung, allgemeiner Verbiegung), die das Linienelement ungeändert läßt (Differentialgeometrie).

Diese Gliederung ist, wie wir sehen werden, für die Systematik unserer Darlegungen von grundsätzlicher Wichtigkeit.

$\alpha = 1$ eine Parallelverschiebung der Ebene um den Vektor β. Setzt man $\zeta = \alpha\eta$, so wird

$$\eta_1 = \zeta + \beta,$$

wir können also jede Transformation (3) aus einer Drehung um den Nullpunkt und einer Parallelverschiebung zusammensetzen. Schreibt man (3) für $\alpha \neq 1$ in der Form

$$\eta_1 - \lambda = \alpha(\eta - \lambda), \quad \lambda = \frac{\beta}{1 - \alpha}, \tag{4}$$

so erscheint diese Transformation als eine Drehung um den Punkt λ. Da λ bei der Transformation in sich selbst übergeht, so bezeichnet man ihn als Doppelpunkt oder Fixpunkt. Neben diesem im Endlichen gelegenen Doppelpunkt besitzt unsere Transformation auch den unendlich fernen Punkt als Doppelpunkt. Sie kann nicht auf die Form (4) gebracht werden, wenn $\alpha = 1$ ist, also eine Parallelverschiebung der Ebene vorliegt. Es gibt dann keinen im Endlichen gelegenen Doppelpunkt, und wenn wir die Vorstellung festhalten wollen, daß jede Transformation (3) zwei Doppelpunkte hat, so müssen wir uns vorstellen, daß in diesem Fall, der im allgemeinen im Endlichen gelegene Doppelpunkt mit dem unendlich fernen zusammengefallen ist. Die Parallelverschiebung kann daher auch als eine Drehung um den unendlich fernen Punkt aufgefaßt werden. Diese für die Euklidische Ebene[1]) geltenden Bemerkungen finden, wie wir sehen werden, in der Nichteuklidischen Ebene ihr Analogon. Der Vollständigkeit halber weisen wir noch auf die Transformationen (3) mit $|\alpha| \neq 1$ hin; bei ihnen wird das Linienelement mit dem konstanten Faktor $|\alpha|$ multipliziert, alle Figuren der Ebene gehen in ähnliche über. Diese Ähnlichkeitstransformationen haben in der Nichteuklidischen Geometrie kein Analogon.

4. Potenzen einer Transformation. Gruppe. Fundamentalbereich.

Wir wenden uns wieder unserem Beispiele zu, um eine für das folgende wichtige Symbolik einzuführen. Wir hatten dort bei der Abbildung der zerschnittenen x-Ebene $T^{(0)}$ auf die η-Ebene, je nachdem wir den Zweig der Funktion η wählten, n Bereiche

[1]) Die Ebene der komplexen Veränderlichen η wird als Euklidische Ebene bezeichnet, weil das Parallelenaxiom für sie gilt. Sie unterscheidet sich von der Euklidischen Ebene der projektiven Geometrie dadurch, daß ihre unendlich fernen Elemente nicht als auf einer Geraden gelegen, sondern in einem Punkte vereinigt gedacht werden.

$$H^{(0)}, \ldots, H^{(n-1)}$$

bekommen, wo jedes $H^{(k)}$ aus $H^{(k-1)}$ durch eine Drehung um den Nullpunkt mit dem Winkel $\frac{2\pi}{n}$ hervorging. Eine solche Drehung hat die Form (3), nämlich

$$\eta_1 = \varepsilon\eta.$$

Wir wollen sie symbolisch durch

$$\eta_1 = S\eta \tag{5}$$

bezeichnen; sie entspricht einem einmaligen Umlauf um $x = a$ in positivem Sinne, der von einem Blatte $T^{(k)}$ der Überlagerungsfläche T in das Blatt $T^{(k+1)}$ hinüberführt. Einem zweimaligen positiven Umlauf um $x = a$, der also von $T^{(k)}$ nach $T^{(k+2)}$ führt, entspricht dann die Transformation $SS\eta$ oder $S^2\eta$. Allgemein setzen wir $SS^k\eta = S^{k+1}\eta$. Ein n-maliges Umlaufen von $x = a$ führt η in das Ausgangsblatt von T zurück, η erleidet dabei die identische Transformation; es ist $S^n\eta = \eta$ oder symbolisch $S^n = 1$. Einem Umlauf um $x = a$ im negativen Sinne, der also von dem Blatte $T^{(k)}$ der Überlagerungsfläche T in das Blatt $T^{(k-1)}$ führt, entspricht die inverse Transformation $\eta_1 = \varepsilon^{-1}\eta$, die wir durch

$$\eta_1 = S^{-1}\eta$$

bezeichnen. Es ist in unserem Falle

$$S^{-1}\eta = S^{n-1}\eta.$$

Die n Drehungen

$$S, S^2, \ldots, S^{n-1}, S^n = 1$$

bilden eine Gruppe, weil jede aus zweien dieser Transformationen zusammengesetzte Transformation wieder unter ihnen vorkommt. Die eindeutige Funktion $x = a + \eta^n$ bleibt ungeändert, wenn η eine Transformation dieser Gruppe erfährt, sie ist also eine zu dieser Gruppe gehörige automorphe Funktion. Einen abgeschlossenen Bereich der η-Ebene, in dessen Innerem keine zwei η-Werte liegen, die durch Transformationen der Gruppe auseinander hervorgehen, nennt man einen Fundamentalbereich der Gruppe oder der zugehörigen automorphen Funktion. In unserem Falle zerfällt die η-Ebene in n solche Fundamentalbereiche $H^{(0)}, \ldots, H^{(n-1)}$, die durch die Transformationen der Gruppe ineinander übergeführt werden. Hat man irgendeine eindeutige Funktion $F(\eta)$, die sich in der ganzen η-Ebene meromorph, d. h. wie eine rationale Funktion verhält und bei den Transformationen der Gruppe ihren Wert nicht verändert, so nennt man $F(\eta)$ im engeren Sinne eine zu dieser Gruppe gehörige automorphe Funktion. Eine solche Funktion ist in x eindeutig und allenthalben meromorph, also rational.

5. Die Überlagerungsfläche von log $(x-a)$.

Wir wenden uns nun zu dem Falle einer unendlich hohen Verzweigungszahl, wo die uniformisierende Veränderliche durch

$$(6) \qquad \eta = \log (x-a)$$

gegeben wird. In der zerschnittenen x-Ebene $T^{(0)}$ sind y sowohl wie η eindeutig bestimmt, wenn wir ihre Werte in einem Punkte x_0 fixieren. Den Hauptzweig $\eta^{(0)}$ von $\log (x-a)$ wählen wir gemäß der Festsetzung in der Nr. 2 (S. 4), also für $x-a = re^{\theta i}$

$$\eta^{(0)} = \log r + i\theta, \qquad 0 \leqq \theta \leqq 2\pi,$$

wo jetzt $\log r$ den reellen Logarithmus der positiven Größe r bedeutet, und untersuchen wieder die Abbildung, die durch diesen Zweig $\eta^{(0)}$ von der Fläche $T^{(0)}$ auf die η-Ebene entworfen wird. Dem Ufer $\overset{+}{l}$, wo $\theta = 0$ ist, entspricht die reelle η-Achse $\lambda^{(0)}$, dem Ufer $\overline{l}$, wo $\theta = 2\pi$ ist, die zu der reellen η-Achse Parallele $\lambda^{(1)}$ im Abstande 2π. Als Abbild $H^{(0)}$ von $T^{(0)}$ durch den Hauptzweig $\eta^{(0)}$ erhalten wir also das von diesen beiden Parallelen begrenzte Band von der Breite 2π (Fig. 3). Es ist gewissermaßen der Winkelraum mit dem Scheitel $\eta = \infty$ und der Öffnung $0 = \lim\limits_{n \to \infty} \frac{2\pi}{n}$[1]).

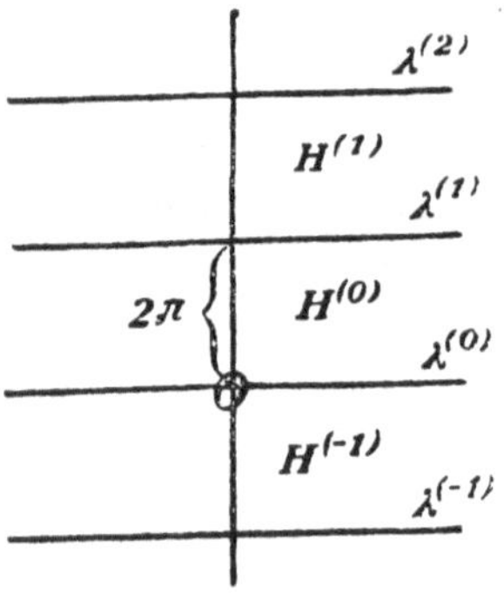

Fig. 3.

Die verschiedenen Zweige von $\log (x-a)$ sind in der Formel

$$\eta^{(k)} = \eta^{(0)} + 2k\pi i$$

enthalten, wo k eine beliebige ganze Zahl bedeutet, die Abbildung, die von $T^{(0)}$ durch $\eta^{(k)}$ entworfen wird, ist ein Parallelstreifen $H^{(k)}$, der aus $H^{(0)}$ durch die Parallelverschiebung $\eta + 2k\pi i$ hervorgeht. Diese Parallelstreifen lagern sich schlicht nebeneinander und bedecken die η-Ebene lückenlos. Eine Begrenzung $\lambda^{(k)}$, die für den Parallelstreifen $H^{(k-1)}$ dem negativen Ufer $\overline{l}$ des Schnittes von $T^{(0)}$ entspricht, fällt stets mit der Begrenzung des Nachbarbereichs $H^{(k)}$ zusammen, die dem positiven Ufer des Schnittes in $T^{(0)}$ entspricht.

Um die zu (6) gehörige Überlagerungsfläche T aufzubauen, übertragen wir die in die angegebenen Bereiche zerlegte η-Ebene mit Hilfe der Funktion (6) auf die x-Ebene. Wir haben zunächst, um gegenseitig eindeutiges Entsprechen zu erzielen, den unendlich vielen Bändern $H^{(k)}$ gemäß unendlich viele mit $T^{(0)}$ kongruente Exemplare $T^{(k)}$ übereinander

[1]) Vergl. die Fußnote [2]) auf S. 3.

zu schichten. Um dann wieder ein Gebilde zu erhalten, das die η-Ebene nicht nur gegenseitig eindeutig, sondern auch stetig abbildet, sind in je zwei aufeinanderfolgenden Blättern $T^{(k)}$, $T^{(k+1)}$ die Ufer $\bar{l}$ und $\overset{+}{l}$ miteinander zu verschmelzen. Das so entstehende Gebilde T ist als die zu $\log(x-a)$ gehörige Überlagerungsfläche anzusprechen, und da T mit der η-Ebene homöomorph ist, so folgt, daß T einfachen Zusammenhang besitzt.

Ein jeder Umlauf um $x = a$ oder $x = \infty$ führt in T in immer andere Blätter. Es ist folglich jede Funktion y in T eine eindeutige Funktion des Orts, also auch eine eindeutige Funktion von η und damit ist auch in diesem Falle ergründet, weswegen die Uniformisierung durch η gelingt.

Die Parallelverschiebungen $\eta + 2k\pi i$, die die verschiedenen Bänder $H^{(k)}$ ineinander überführen, bilden wieder eine Gruppe G, deren sämtliche Transformationen als Potenzen (mit positiven und negativen ganzzahligen Exponenten) von $\eta + 2\pi i$ aufgefaßt werden können, die aber jetzt aus unendlich vielen Transformationen besteht. Ein jedes dieser Bänder gilt als Fundamentalbereich der Gruppe oder der zu ihr gehörigen automorphen Funktion

$$x = a + e^{\eta}.$$

Wenn wir auch hier jede eindeutige Funktion $F(\eta)$ von η, die bei den Transformationen von G ungeändert bleibt, d. h. die Periode $2\pi i$ besitzt, als automorphe Funktion bezeichnen, sofern sie in jedem Bande der η-Ebene nur eine endliche Anzahl von Polen hat, so wird eine solche Funktion in x zwar eindeutig, aber allgemein zu reden nicht notwendig rational sein. Hierzu ist vielmehr noch eine Bedingung erforderlich, die sich auf das Verhalten der Funktion $F(\eta)$ im Unendlichen, d. h. in der Nähe des Doppelpunktes der Parallelverschiebung $\eta + 2\pi i$ bezieht. Für x selbst gilt bekanntlich, daß es dem absoluten Betrage nach größer wird als eine beliebig große positive Zahl, wenn η etwa innerhalb des Streifens $H^{(0)}$ verbleibend sich in der Richtung der positiven reellen Achse dem Unendlichen nähert, und daß $|x-a|$ beliebig klein wird, wenn die Annäherung von η an das Unendliche in der Richtung der negativen reellen Achse erfolgt. Damit nun unsere Funktion $F(\eta)$ rational durch x darstellbar sei, ist notwendig und hinreichend, daß sie in der η-Ebene rechts von einer Parallelen zur lateralen Achse entweder stets beschränkt ist oder dem absoluten Betrage nach größer gemacht werden kann als eine beliebige große positive Zahl, und daß sie auch links von einer solchen Parallelen die eine oder die andere dieser beiden Eigenschaften besitzt. Daß diese Bedingungen notwendig sind, liegt auf der Hand, da sie für jede rationale Funktion von x erfüllt sind; daß sie auch hinreichend sind, folgt daraus, daß eine diesen Bedingungen genügende Funktion $F(\eta)$ als Funktion von x betrachtet weder für $x = a$ noch für $x = \infty$ eine wesentlich singuläre Stelle haben kann. Für alle andern x-Werte ist sie sicher meromorph, weil sie ja im Bande $H^{(0)}$ und folglich in der x-Ebene nur eine endliche Anzahl von Polen hat; also ist $F(\eta)$ als Funktion von x allenthalben meromorph und folglich rational in x.

Die allgemeine Bedeutung der in den Nummern 2 und 5 behandelten Beispiele beruht darauf, daß mit Hilfe der hier betrachteten Funktionen η, jede mehrdeutige Funktion von x in einer hinreichend kleinen Umgebung eines Verzweigungspunktes (lokal) uniformisiert werden kann.

---

6. Das elliptische Integral.

Nach den bis jetzt behandelten elementaren Fällen wenden wir uns nun zu einem historisch wichtigen Beispiel, bei dem die uniformisierende Veränderliche nicht mehr so unmittelbar gegeben ist. Wir wollen uns nämlich die Aufgabe stellen, die Beziehung

$$(7) \qquad y = \int_{x_0}^{x} \sqrt{(x-a_1)(x-a_2)(x-a_3)}\, dx$$

zu uniformisieren, wo x_0, a_1, a_2, a_3 voneinander verschiedene Konstanten bedeuten. Wir behaupten, daß dies durch Einführung der Hilfsveränderlichen

$$(8) \qquad \eta = \int_{x_0}^{x} \frac{dx}{\sqrt{(x-a_1)(x-a_2)(x-a_3)}}$$

möglich ist, d. h. also, daß x und y eindeutige Funktionen von η sind. Während aber in den Fällen der Nummern 2. und 5. die Eindeutigkeit von x als Funktion von η unmittelbar einleuchtete, werden wir hier einen besonderen Beweis für diese Tatsache erbringen müssen.

Sowohl y wie η haben zu Verzweigungspunkten die Stellen a_1, a_2, a_3 im Endlichen und überdies den unendlich fernen Punkt. Wir zerschneiden die x-Ebene deshalb durch drei von den Punkten a_1, a_2, a_3 nach $a_4 = \infty$ hin gelegte, getrennt verlaufende Schnitte l_1, l_2, l_3, die wir uns z. B. geradlinig gewählt denken können. Auf diese Weise erhalten wir einen Bereich oder eine Fläche $T^{(0)}$, die durch die beiden Ufer $\bar{l}_k, \overset{+}{l}_k$ der drei Schnitte l_k $(k = 1, 2, 3)$ begrenzt wird (siehe Fig. 4[1]). Da wir die gesamte Be-

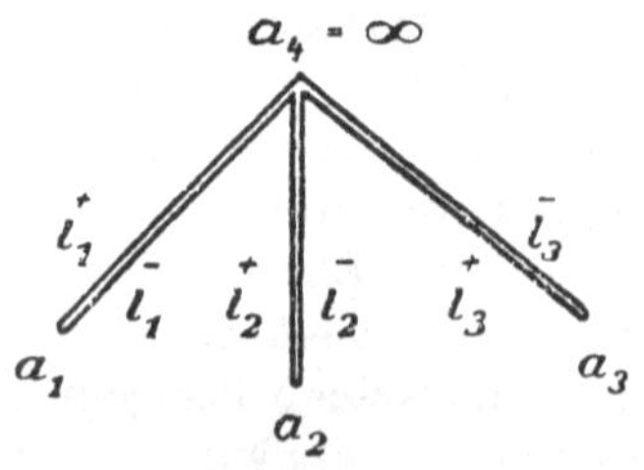

Fig. 4.

[1]) Die Bezeichnung denken wir uns so gewählt, daß bei einer Umkreisung von $x = \infty$ im positiven Sinne die Schnitte in der zyklischen Reihenfolge l_1, l_2, l_3 und zwar ihre positiven Ufer zuerst getroffen werden.

grenzung von $T^{(0)}$ in einem kontinuierlichen geschlossenen Zuge durchlaufen können (z. B. von ∞ ausgehend im positiven Sinne in der Reihenfolge $\bar{l}_3, \overset{+}{l}_3, \bar{l}_2, \overset{+}{l}_2, \bar{l}_1, \overset{+}{l}_1$), ist $T^{(0)}$ einfach zusammenhängend.

Zunächst ist in $T^{(0)}$ die Quadratwurzel eindeutig definiert, wenn wir ihr Vorzeichen in einem von a_1, a_2, a_3, ∞ verschiedenen Punkte x_0 festlegen; wir setzen z. B.

$$\sqrt{(x_0 - a_1)(x_0 - a_2)(x_0 - a_3)} = e^{\frac{1}{2}\log(x_0 - a_1)(x_0 - a_2)(x_0 - a_3)}, \tag{9}$$

wo für den Logarithmus der Hauptwert[1]) zu nehmen ist. Umkreisen wir einen der singulären Punkte a_1, a_2, a_3, ∞ in der unzerschnittenen x-Ebene, so ändert die Quadratwurzel ihr Vorzeichen, zweimaliges Umlaufen eines singulären Punktes aber führt sie zum Ausgangswert zurück. Bei stetiger Fortsetzung von x_0 aus besitzt folglich die Quadratwurzel $\sqrt{(x - a_1)(x - a_2)(x - a_3)}$ in gegenüberliegenden Punkten der Schnittufer $\bar{l}_k, \overset{+}{l}_k$ gleiche und entgegengesetzte Werte. In der Umgebung eines jeden Punktes a_k $(k = 1, 2, 3)$ läßt sich der in (8) unter dem Integralzeichen auftretende Ausdruck in der Form darstellen:

$$\frac{1}{\sqrt{(x - a_1)(x - a_2)(x - a_3)}} = (x - a_k)^{-\frac{1}{2}}\mathfrak{P}(x - a_k),$$

worin $\mathfrak{P}(x - a_k)$ eine gewöhnliche, nach positiven ganzen Potenzen von $(x - a_k)$ fortschreitende Reihe bedeutet, die in einer gewissen Umgebung von $x = a_k$ konvergiert. Die Integration dieses Ausdrucks ergibt also in der Umgebung von a_k

$$\eta = c + (x - a_k)^{\frac{1}{2}}\bar{\mathfrak{P}}(x - a_k),$$

wo c eine Konstante, $\bar{\mathfrak{P}}$ wieder eine gewöhnliche Potenzreihe ist; η besitzt also an den Stellen a_1, a_2, a_3 endliche Werte. Um die Stelle $x = \infty$ zu untersuchen, setzen wir

$$x = \frac{1}{\xi}, \quad dx = -\frac{1}{\xi^2}\,d\xi, \tag{10}$$

wodurch

$$\eta = -\int \frac{d\xi}{\xi^{\frac{1}{2}}\sqrt{(1 - \xi a_1)(1 - \xi a_2)(1 - \xi a_3)}}$$

wird. Dies zeigt, daß η auch an der Stelle $\xi = 0$, d. h. an der Stelle $x = \infty$ endlich ist. Das Integral (8) ist also eine in der ganzen x-Ebene endliche Funktion, ein elliptisches Integral e r s t e r Gattung. Von dem Integral

[1]) Der Hauptwert von $\log(re^{\varphi i}) = \log r + \varphi i$ wird so definiert, daß $\log r$ reell und $0 \leqq \varphi < 2\pi$ ist.

(7) gilt dies nicht. Wohl nimmt y an den Stellen a_1, a_2, a_3 endliche Werte an, aber für $x = \infty$ zeigt die Transformation (10), daß y dort so unendlich wird, wie $x^{\frac{5}{2}}$. Aber für beide Funktionen y und η geht aus der vorstehenden Diskussion hervor, daß für sie zu allen vier Verzweigungspunkten a_1, a_2, a_3, $a_4 = \infty$ die Verzweigungszahl 2 gehört. Auf Grund dieser Angaben allein ließe sich die zu diesen Funktionen gehörige Überlagerungsfläche aufbauen, wir verschieben aber ihre Konstruktion auf einen späteren Zeitpunkt, wo es uns, ähnlich wie in den Fällen der Nrn. 2 und 5, möglich sein wird, diese Fläche durch Abbildung einer einfachen und anschaulichen Teilung der η-Ebene auf die x-Ebene zu erhalten.

---

7. Die Umkehrung des elliptischen Integrals erster Gattung.

Wir betrachten nun in (8) x als Funktion von η und wollen zu zeigen suchen, daß x eine eindeutige Funktion von η ist. Diese Funktion befriedigt nämlich die Differentialgleichung

$$\left(\frac{dx}{d\eta}\right)^2 = (x - a_1)(x - a_2)(x - a_3), \tag{11}$$

die zu dem Typus von Differentialgleichungen gehört, deren Lösungen sich nur an festen, d. h. von der Integrationskonstanten unabhängigen Stellen verzweigen. Da die unabhängige Veränderliche η in den Koeffizienten von (11) nicht auftritt, so ist, wenn

$$x_1 = f(\eta)$$

eine Lösung dieser Differentialgleichung bedeutet, offenbar auch

$$x = f(\eta + \text{const})$$

eine Lösung. Hätte nun $f(\eta)$ einen im Endlichen gelegenen Verzweigungspunkt η_0, so wäre für $f(\eta + \text{const})$ der Punkt $\eta_0 + \text{const}$ eine Verzweigungsstelle, was aber unmöglich ist, da ja keine von der Integrationskonstanten abhängige Verzweigungsstelle auftreten kann. Es kann also im Endlichen überhaupt keinen Verzweigungspunkt geben. Es zeigt sich dann weiter, daß x eine eindeutige Funktion von η ist, die für endliche Werte von η meromorph, aber für $\eta = \infty$ wesentlich singulär ist. Der Beweis hierfür, sowie dafür, daß (11) zu den Differentialgleichungen mit festen Verzweigungspunkten gehört, ergibt sich aus den Untersuchungen von Briot und Bouquet, Fuchs und Painlevé[1]), auf die wir

---

[1]) Vgl. etwa die Darstellung in L. Schlesinger, Einführung in die Theorie der gewöhnlichen Differentialgleichungen, 3. Aufl. 1922, 3. und 4. Kapitel.

aber hier nicht eingehen können. Wir wollen vielmehr die Eindeutigkeit der Funktion x von η nach einer andern, auf Riemann zurückgehenden Methode beweisen, die zwar weniger naturgemäß ist als die eben geschilderte, sich aber unserem Gedankengang besser einfügen läßt, und beginnen damit, die Wertänderungen zu untersuchen, die die Funktion η bei geschlossenen Umläufen von x um die singulären Punkte a_1, a_2, a_3 und ∞, d. h. beim Überschreiten der die Fläche $T^{(0)}$ begrenzenden Schnitte l_1, l_2, l_3 erfährt.

Nach Festlegung des Wertes der Quadratwurzel in dem regulären Punkte x_0 ist der Wert des Integrals η unabhängig vom Integrationswege, wenn dieser Weg in der einfach zusammenhängenden Fläche $T^{(0)}$ verläuft, d. h. in $T^{(0)}$ ist η eine eindeutige Funktion der oberen Grenze. Wir bezeichnen diesen eindeutig definierten Zweig mit

$$\eta^{(0)} = (T^{(0)}) \int_{x_0}^{x} \frac{dx}{\sqrt{(x-a_1)(x-a_2)(x-a_3)}}$$

und wollen ermitteln, wie sich in zwei gegenüberliegenden Punkten x' und x der beiden Schnittufer $\overset{-}{l}_k$ und $\overset{+}{l}_k$ die entsprechenden Werte von η voneinander unterscheiden.

Indem wir in den folgenden Integralen, die stets in der Fläche $T^{(0)}$ zu erstrecken sind, den Integranden $\dfrac{dx}{\sqrt{(x-a_1)(x-a_2)(x-a_3)}}$ unterdrücken, betrachten wir die Summe

$$\int_{x_0}^{x} + \int_{x_0}^{x'} = A_k, \tag{12}$$

und wollen zuvörderst zeigen, daß ihr Wert von der Wahl der auf dem Ufer $\overset{+}{l}_k$ gewählten Stelle x unabhängig, daß also A_k eine längs l_k konstante Größe ist. Betrachten wir nämlich einen von x verschiedenen Punkt x_1 auf $\overset{+}{l}_k$ und den gegenüberliegenden Punkt x_1' auf $\overset{-}{l}_k$, so ist (siehe Fig. 5, wo sich die Zeichnung auf l_2 bezieht), da das Integral über die Begrenzung eines ganz in $T^{(0)}$ gelegenen Bereichs nach dem Cauchyschen Satze verschwindet:

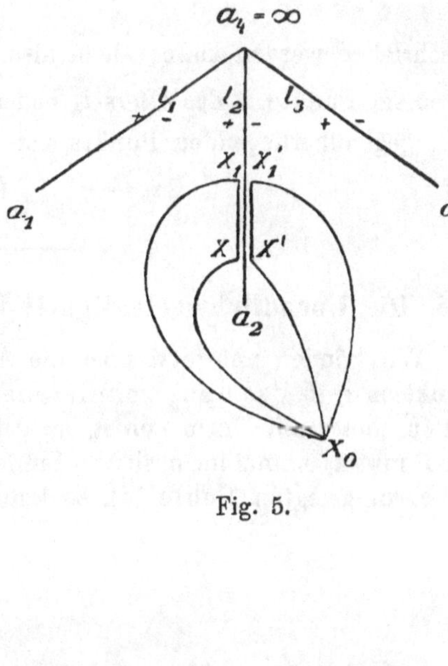

Fig. 5.

$$\int_{x_0}^{x_1'} + \int_{x_1'}^{x'} + \int_{x'}^{x_0} = 0,$$

$$\int_{x_0}^{x_1} + \int_{x_1}^{x} + \int_{x}^{x_0} = 0,$$

wo das Integral von x_1' bis x' längs $\bar{l}_k$, und das Integral von x_1 bis x längs $\overset{+}{l}_k$ zu erstrecken ist. Addieren wir diese beiden Gleichungen, so folgt, da die Quadratwurzel $\sqrt{(x - a_1)(x - a_2)(x - a_3)}$ in gegenüberliegenden Punkten von $\bar{l}_k$ und $\overset{+}{l}_k$ entgegengesetzt gleiche Werte annimmt,

$$\int_{x_1}^{x} + \int_{x_1'}^{x'} = 0,$$

so daß in der Tat

$$\int_{x_0}^{x_1} + \int_{x_0}^{x_1'} = \int_{x_0}^{x} + \int_{x_0}^{x'} = A_k$$

ist. Um den Wert von A_k zu berechnen, können wir uns die Punkte x und x' beliebig nahe an den Punkt a_k herangezogen denken, da ja das Integral η in $x = a_k$ einen endlichen Wert besitzt; wir finden so

$$A_k = 2\int_{x_0}^{a_k} = 2a_k, \tag{13}$$

so daß (12) in der Form

$$\int_{x_0}^{x'} = 2a_k - \int_{x_0}^{x} \tag{12a}$$

geschrieben werden kann; d. h. also, wenn $\eta^{(0)}$ den Wert des Integrals in einem Punkte x des Ufers $\overset{+}{l}_k$ bedeutet, so lautet der Integralwert in dem gegenüberliegenden Punkte von $\bar{l}_k$

$$2a_k - \eta^{(0)} \qquad (k = 1, 2, 3).$$

---

8. Die Unendlichvieldeutigkeit des Integrals erster Gattung.

Wir können uns jetzt über die Art der Unendlichvieldeutigkeit der Funktion η in der unzerschnittenen x-Ebene orientieren. Integrieren wir in dieser auf einem von x_0 ausgehenden geschlossenen Wege L_k, der den Punkt a_k einmal im positiven Sinne umkreist (auf einer von x_0 aus um a_k herumgelegten Schleife), so kann L_k durch einen Integrationsweg ersetzt werden, der von x_0 bis dicht an a_k heranführt, dann a_k im positiven Sinne auf einem unendlich kleinen Kreise umfährt und wieder auf dem ursprünglichen Wege nach x_0 zurückkehrt. Da η in a_k einen endlichen Wert hat, so ist das Integral über den unendlich kleinen Kreis gleich Null, und da die Quadratwurzel $\sqrt{(x-a_1)(x-a_2)(x-a_3)}$ nach Umkreisung von a_k ihr Vorzeichen geändert hat, so ist mit Rücksicht auf (13)

$$(14)\qquad L_k\int_{x_0}^{x_0} = \int_{x_0}^{a_k} - \int_{a_k}^{x_0} = 2\int_{x_0}^{a_k} = 2a_k.$$

Integrieren wir von x_0 nach einem beliebigen von den a_k verschiedenen, endlichen Punkte x hin, einmal in $T^{(0)}$ und das andere Mal in der unzerschnittenen Ebene auf einem Wege L'_k, der die Schnittlinie l_k einmal in der Richtung von $\overset{-}{l_k}$ nach $\overset{+}{l_k}$ hin überschreitet, wodurch sich das Vorzeichen der Quadratwurzel ändert, so ist (siehe Fig. 6, wo $k = 2$ genommen ist)

$$L'_k\int_{x_0}^{x} - (T^{(0)})\int_{x}^{x_0} = L_k\int_{x_0}^{x_0} = 2a_k,$$

und folglich

$$L'_k\int_{x_0}^{x_0} = 2a_k - \eta^{(0)}.$$

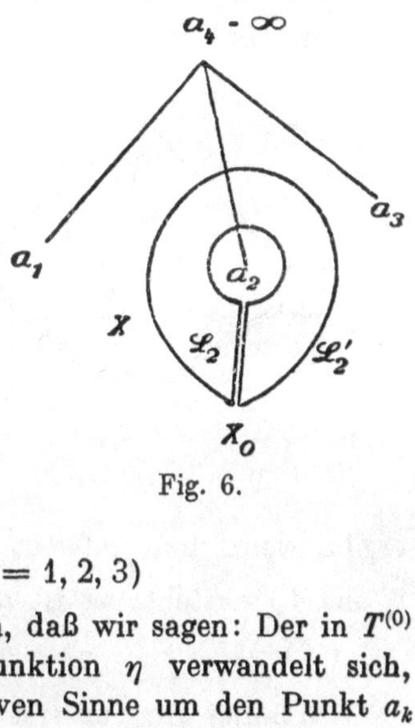

Fig. 6.

Der Integralwert, mit dem man bei Integration längs L'_k in x endet, geht also aus dem bei der Integration innerhalb $T^{(0)}$ gefundenen Integralwerte $\eta^{(0)}$ durch die Transformation

$$(15)\qquad S_k\,\eta^{(0)} = 2a_k - \eta^{(0)} \qquad (k = 1, 2, 3)$$

hervor. Wir können das auch so ausdrücken, daß wir sagen: Der in $T^{(0)}$ eindeutig festgelegte Zweig $\eta^{(0)}$ unserer Funktion η verwandelt sich, wenn x einen einmaligen Umlauf im positiven Sinne um den Punkt a_k vollzieht, in $S_k\eta^{(0)}$.

Die Transformation (15) kann in der Form (vergl. (4), S. 8)

$$(15a)\qquad S_k\eta^{(0)} - a_k = -(\eta^{(0)} - a_k)$$

geschrieben werden, sie erscheint dann als eine Drehung in der η-Ebene um den Punkt a_k als Fixpunkt mit dem Winkel 180^0. Um die Wirkung eines Umlaufs um a_k im negativen Sinne festzustellen, haben wir aus (15) $\eta^{(0)}$ durch $S_k\eta^{(0)}$ auszudrücken; das Ergebnis ist die inverse Transformation S_k^{-1} von S_k, die aber, wie man sieht, mit S_k identisch ist. Das ist ja auch geometrisch evident, da eine Drehung mit einem Winkel von 180° zweimal hintereinander angewandt die Identität ergibt; es hängt dies damit zusammen, daß die zu a_k gehörige Verzweigungszahl gleich 2 ist. Da jeder geschlossene Umlauf in seiner Wirkung auf die Funktion η durch eine Aufeinanderfolge von einfachen Umläufen im positiven oder negativen Sinne um die drei Punkte a_1, a_2, a_3 ersetzt werden kann, so können wir also die Mehrdeutigkeit von η als Funktion von x dadurch charakterisieren, daß wir sagen: Alle zu einem x-Werte gehörigen Werte dieser Funktion gehen aus einem $\eta^{(0)}$ durch die Gesamtheit der Transformationen hervor, die durch wiederholte Anwendung der drei Drehungen S_k in beliebiger Reihenfolge gebildet werden können. Diese Transformationen stellen Verschiebungen der η-Ebene in sich (im Sinne der Nr. 3) dar und haben offenbar die Gruppeneigenschaft; man sagt von der so erklärten Gruppe G, sie sei aus den drei Drehungen S_k als Fundamentaloperationen zusammengesetzt.

Ein Umlauf um $a_4 = \infty$ im positiven Sinne kann dadurch ersetzt werden, daß wir die Punkte a_1, a_2, a_3 der Reihe nach im negativen Sinne umkreisen (siehe die Fig. 7, vgl. die Fußnote auf S. 12); nun entspricht diesem Umlauf um $a_4 = \infty$ die Drehung

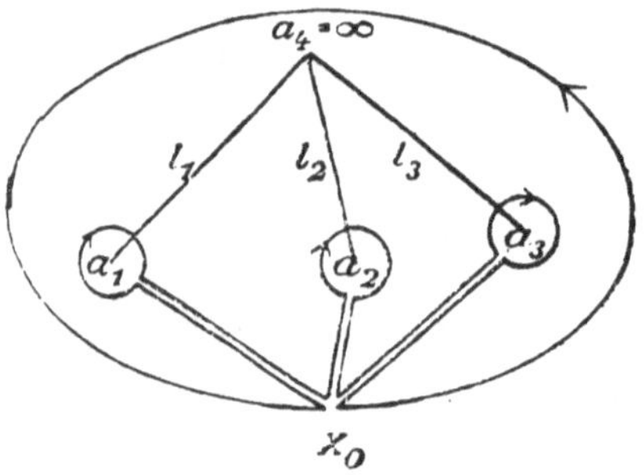

Fig. 7.

(16) $$S_4\eta^{(0)} - a_4 = -(\eta^{(0)} - a_4),$$

wo sich

$$a_4 = (T^{(0)})\int_{x_0}^{a_4}$$

ergibt, wenn man unter a_4 den unendlich fernen Schnittpunkt der Ufer $\overset{+}{l_1}$ und $\overset{-}{l_3}$ versteht; es ist demnach

(17) $$a_1 - a_2 + a_3 - a_4 = 0.$$

Umlaufen wir nun erst den Punkt a_2 einmal im positiven Sinne und dann a_1 ebenfalls einmal im positiven Sinne, so ergibt sich

$$S_2 S_1 \eta^{(0)} = \eta^{(0)} + 2(a_2 - a_1).$$

Führen wir dagegen zuerst den Umlauf um a_1 und dann den Umlauf um a_2 aus, so bekommen wir

$$S_1 S_2 \eta^{(0)} = \eta^{(0)} + 2(a_1 - a_2).$$

Zwei Transformationen S_k sind also nicht „vertauschbar“, sie ergeben jedoch hintereinander angewandt stets eine Parallelverschiebung, und zwar ist, wenn wir setzen

$$(18) \qquad \omega_3 = a_2 - a_1, \quad \omega_1 = a_3 - a_2, \quad \omega_2 = a_1 - a_3,$$

$$(19) \; S_2 S_1 \eta^{(0)} = \eta^{(0)} + 2\omega_3, \; S_3 S_2 \eta^{(0)} = \eta^{(0)} + 2\omega_1, \; S_1 S_3 \eta^{(0)} = \eta^{(0)} + 2\omega_2.$$

Man nennt $2\omega_1$, $2\omega_2$, $2\omega_3$ Perioden des elliptischen Integrals erster Gattung η; diese Perioden erfüllen offenbar die Relation

$$(20) \qquad \omega_1 + \omega_2 + \omega_3 = 0.$$

Während die a_k von dem Ausgangswerte x_0 abhängen (siehe die Gleichung (13)), sind die ω_k von x_0 unabhängig; es ist ja

$$(13a) \quad \omega_1 = (T^{(0)}) \int_{a_2}^{a_3}, \quad \omega_2 = (T^{(0)}) \int_{a_3}^{a_1}, \quad \omega_3 = (T^{(0)}) \int_{a_1}^{a_2}.$$

9. Periodenumläufe. Zweiblättrige Fläche.

Die Parallelverschiebungen (19) haben vor den Drehungen $S_k \eta$ auch noch den Vorzug der Vertauschbarkeit, damit mag es zusammenhängen, daß sie in der geschichtlichen Entwicklung der Theorie der elliptischen Funktionen die vorherrschende Rolle gespielt haben [1]). Durch wiederholte Zusammensetzung der Parallelverschiebungen (19) auf alle möglichen Weisen entsteht aus η allgemein die Parallelverschiebung

$$(21) \qquad \eta + 2g_1\omega_1 + 2g_3\omega_3,$$

wo g_1, g_3 beliebige ganze Zahlen bedeuten. Die Gesamtheit aller dieser Parallelverschiebungen ist in der aus den drei Drehungen S_k zusammengesetzten Gruppe G enthalten, und zwar bilden die Transformationen (21) ihrerseits auch wieder eine Gruppe Γ, also eine Untergruppe von G. Offenbar sind die nicht in Γ enthaltenen Transformationen von G in der Form

$$2a_1 - \eta + 2g_1\omega_1 + 2g_3\omega_3$$

darstellbar. Alle Parallelverschiebungen (21) entsprechen gewissen Umläufen von x in der unzerschnittenen Ebene, und zwar sind dies, wie aus (19) hervorgeht, alle und nur diejenigen Umläufe von x, die einer geraden Anzahl von Drehungen S_1, S_2, S_3 entsprechen, d. h. also Umläufe um eine gerade Anzahl der Punkte a_1, a_2, a_3, ∞, oder noch anders ausgedrückt Umläufe, die den Wert der Quadratwurzel $\sqrt{(x-a_1)(x-a_2)(x-a_3)}$ nicht verändern.

[1]) Eine Darstellung der Grundzüge der Theorie der elliptischen Funktionen von dem hier befolgten Gesichtspunkte aus gibt die Dissertation von H. Axel, Mitteilungen des Mathem. Seminars der Univ. Gießen, Heft VIII, 1923.

Die große Bedeutung, die dieser Art von Umläufen für unser Problem zukommt, veranlaßt uns, neben der Fläche $T^{(0)}$ noch eine zweite Fläche $\overline{T}$ einzuführen. Während nämlich in $T^{(0)}$ alle Umläufe von x ausgeschlossen sind, die eine Wertänderung von η bewirken, sollen in $\overline{T}$ alle diejenigen Umläufe unmöglich sein, die eine Vermehrung von η um ganzzahlige Vielfache der Perioden nach sich ziehen, so daß also eine Wertänderung der Quadratwurzel stattfinden kann. Es soll also $\overline{T}$ ebenso der Gruppe Γ entsprechen wie $T^{(0)}$ der Gruppe G. Wir erhalten eine solche Fläche $\overline{T}$ in einfachster Weise, indem wir uns ein zweites Exemplar T' von $T^{(0)}$ vorstellen und jedem x-Werte in T' den entgegengesetzten Wert der Quadratwurzel entsprechen lassen wie in $T^{(0)}$. $T^{(0)}$ und T' denken wir uns dann so gelegt, daß die gleichen x-Werten entsprechenden Punkte übereinander zu liegen kommen. Um einen Zusammenhang zwischen $T^{(0)}$ und T' herzustellen, verschmelzen wir z. B. das negative Ufer $\overset{-}{l}_2$ von l_2 in $T^{(0)}$ mit dem positiven $\overset{+}{l'_2}$ des entsprechenden Schnittes in T' und das positive Ufer $\overset{+}{l}_2$ in $T^{(0)}$ mit dem negativen $\overset{-}{l'_2}$ in T', während die Schnitte l_1 und l_3 mit ihren beiden Ufern $\overset{-}{l}_1, \overset{+}{l}_1, \overset{-}{l}_3, \overset{+}{l}_3$ in $T^{(0)}$ und $\overset{-}{l'_1}, \overset{+}{l'_1}, \overset{-}{l'_3}, \overset{+}{l'_3}$ in T' unverändert gelassen werden. Das so entstehende Gebilde $\overline{T}$ ist wieder einfach zusammenhängend, da es von dem in sich zurücklaufenden Linienzuge $\overset{-}{l}_3, \overset{+}{l}_3, \overset{-}{l'_1}, \overset{+}{l'_1}, \overset{-}{l'_3}, \overset{+}{l'_3}, \overset{-}{l}_1, \overset{+}{l}_1$ begrenzt wird (vgl. die Fig. 8, wo die in T' verlaufenden Linien punktiert sind). Betrachten wir dann z. B. zwei einander gegenüberliegende Punkte x auf $\overset{+}{l}_3$ und x' auf $\overset{-}{l'_3}$, so ist der Unterschied zwischen den Integralwerten in diesen Punkten

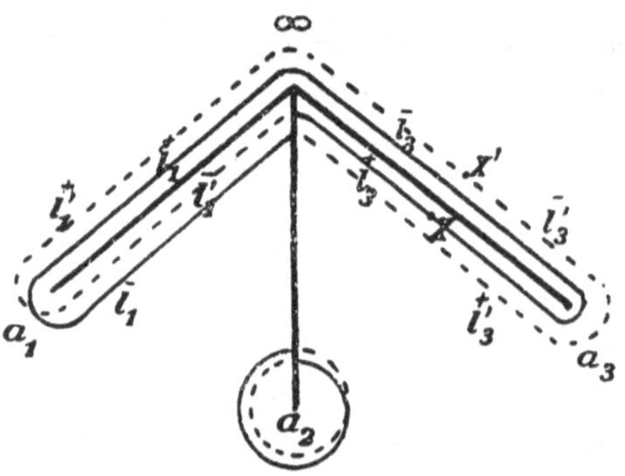

Fig. 8.

$$\eta(x') - \eta(x) = (\overline{T})\int_x^{x'} = \overset{+}{l}_3\int_x^{a_4} + \overset{-}{l'_1}\int_{a_4}^{a_1} + \overset{+}{l'_1}\int_{a_1}^{a_4} + \overset{-}{l'_3}\int_{a_4}^{x'},$$

und da

$$\overset{+}{l}_3\int_x^{a_4} + \overset{-}{l'_3}\int_{a_4}^{x'} = 0$$

ist,

$$\eta(x') - \eta(x) = 2 \cdot \overset{+}{l'_1}\int_{a_1}^{a_4} = -2 \cdot \overset{+}{l_1}\int_{a_1}^{a_4} = -2(T^{(0)})\int_{a_1}^{a_4} = 2(a_1 - a_4).$$

Mit Rücksicht auf (17) ist aber

$$a_1 - a_4 = a_2 - a_3,$$

also

$$\eta(x') - \eta(x) = -2\omega_1$$

und das gleiche gilt für gegenüberliegende Punkte von $\bar{l}_3$ und $\overset{+}{l'_3}$. In gleicher Weise erkennt man, daß in gegenüberliegenden Punkten von $\bar{l}_1$ und $\overset{+}{l'_1}$, ebenso wie von $\overset{+}{l_1}$ und $\bar{l}'_1$ die Integralwerte sich um $2\omega_3$ unterscheiden.

Die Fläche $\bar{T}$ hat die Eigenschaft, daß ihre Punkte den Wertepaaren von x und $\sqrt{(x-a_1)(x-a_2)(x-a_3)}$ gegenseitig eindeutig zugeordnet sind; aber die Zuordnung ist nicht stetig, und zwar findet eine Unterbrechung der Stetigkeit an den Ufern der Schnitte l_1, l_3 statt. Wollte man auch die Stetigkeit in der Beziehung zwischen den Punkten von $\bar{T}$ und den Wertepaaren x, $\sqrt{(x-a_1)(x-a_2)(x-a_3)}$ herstellen, so müßte man auch für die Schnitte l_1 und l_3 die mit entgegengesetzten Vorzeichen behafteten Ufer in den beiden Blättern $T^{(0)}$, T' miteinander verschmelzen. Die Punkte der so entstehenden Fläche $\tilde{T}$ entsprechen dann den Wertepaaren x, $\sqrt{(x-a_1)(x-a_2)(x-a_3)}$ gegenseitig eindeutig und stetig; man nennt $\tilde{T}$ die Riemannsche Fläche der Quadratwurzel $\sqrt{(x-a_1)(x-a_2)(x-a_3)}$. Diese Fläche ist aber nicht mehr einfach, sondern dreifach zusammenhängend, wir werden dies später (Nr. 13) in sehr einfacher Weise einsehen können.

10. Relationen zwischen den Perioden. Ihr Verhältnis ist imaginär.

Zwischen ω_1, ω_2, ω_3 besteht die Relation (20). Es ist für die weitere Untersuchung von Bedeutung zu fragen, ob außer (20) noch andere lineare Relationen zwischen den ω_1, ω_2, ω_3 mit ganzzahligen Koeffizienten bestehen. Eine solche Relation ließe sich stets auf die Form

$$m_1\omega_1 + m_2\omega_3 = 0 \tag{22}$$

bringen, wo m_1, m_2 teilerfremde ganze Zahlen bedeuten. Durch Auflösung der diophantischen Gleichung

$$m_1 x - m_2 y = 1$$

ergeben sich ganze Zahlen n_1, n_2, für die

$$m_1 n_2 - m_2 n_1 = 1 \tag{23}$$

ist. Bilden wir dann

$$\bar{\omega} = n_1 \omega_1 + n_2 \omega_3,$$

so ergibt sich mit Rücksicht auf (22) und (23)

$$\omega_1 = - m_2 \bar{\omega}, \quad \omega_3 = m_1 \bar{\omega},$$

es würde also aus dem Bestehen der Relation (22) folgen, daß ω_1, ω_3 ganzzahlige Vielfache von $\bar{\omega}$ sind. Alle Werte des Integrals η wären dann in der Form

$$\eta^{(0)} + 2p\bar{\omega}, \quad 2a_1 - \eta^{(0)} + 2p\bar{\omega}$$

darstellbar, wo p eine ganze Zahl bedeutet. Die Funktion

$$e^{\frac{2\pi i \eta}{2\bar{\omega}}} + e^{\frac{2\pi i(2a_1 - \eta)}{2\bar{\omega}}} \tag{24}$$

bliebe also bei allen Umläufen von x ungeändert und wäre demnach eine eindeutige Funktion von x. Da η überdies in der ganzen x-Ebene endlich ist, so wäre die Funktion (24) in der ganzen x-Ebene holomorph, also notwendig konstant. Damit sind wir auf einen Widerspruch geführt, denn e^{η} kann nicht konstant sein, also auch nicht (24). Es kann also eine Beziehung von der Form (22) nicht bestehen oder mit andern Worten, das Periodenverhältnis $\omega_1 : \omega_3$ kann keinen rationalen Wert haben. Unser Beweis stützt sich wesentlich auf die Endlichkeit von η in der ganzen Ebene, also auf die Voraussetzung, daß die Verzweigungspunkte a_1, a_2, a_3 endlich und voneinander verschieden sind.

Wir werden nun weiter zeigen, daß das Periodenverhältnis $\omega_1 : \omega_3$ überhaupt nicht reell sein, also auch keinen irrationalen reellen Wert annehmen kann. Dazu werden wir a_1, a_2, a_3, a_4 als Funktionen des einen der singulären Punkte, etwa a_1, betrachten[1]). Wir setzen für einen Augenblick in unseren Formeln z an die Stelle von a_1 und denken uns in

$$\eta = \int_0^x \frac{dx}{\sqrt{(x-z)(x-a_2)(x-a_3)}},$$

wo wir, wie auch stets im folgenden, die untere Integralgrenze x_0 gleich 0 genommen haben, z veränderlich. Die a_2, a_3, a_4 sind dann holomorphe Funktionen von z, wenn z auf eine gewisse Umgebung von $z = a_1$ beschränkt wird, wo a_1 endlich und von a_2, a_3 verschieden ist; wir können ja z. B. in

$$a_2 = \int_0^{a_1} \frac{dx}{\sqrt{(x-z)(x-a_2)(x-a_3)}}$$

[1]) Vgl. E. Picard, Traité d'Analyse II (1905), S. 232.

den Integrationsweg so wählen, daß er stets in geeigneter Entfernung von a_1 verläuft. Dann folgt aber aus der Beziehung (17) oder

$$\alpha_1 = \alpha_2 - \alpha_3 + \alpha_4,$$

daß auch α_1 in der Umgebung von $z = a_1$ holomorph ist. Also sind auch ω_1 und ω_3 in der Umgebung von $z = a_1$ holomorph und es kann auch für $z = a_1$ weder ω_1 noch ω_3 verschwinden, da in diesem Falle eine Relation (22) mit $m_2 = 0$ bzw. $m_1 = 0$ bestünde. Also ist auch

$$\frac{\omega_3}{\omega_1} = \psi(z)$$

eine in der Umgebung von $z = a_1$ holomorphe Funktion von z. Wäre nun $\psi(a_1)$ gleich einer reellen Zahl μ, so müßte μ notwendig irrational sein. Dann ließe sich aber stets eine rationale Zahl μ' so angeben, daß

$$|\mu' - \mu| < \varepsilon$$

ist, wo ε beliebig klein positiv ist. Die Gleichung $\psi(z) = \mu'$ hätte dann sicher eine in der Nähe von $z = a_1$ liegende Wurzel a_1' und es ließe sich zufolge der Stetigkeit der inversen Funktion von $\psi(z)$ durch geeignete Wahl von ε erreichen, daß a_1' von a_2, a_3 verschieden ausfällt. Der den Verzweigungspunkten a_1', a_2, a_3 entsprechende Periodenquotient hätte dann den rationalen Wert μ'; das ist aber, wie wir gesehen haben, unmöglich, es kann also das Periodenverhältnis niemals reell sein. Geometrisch besagt dies, daß die Punkte a_1, a_2, a_3 niemals auf einer Geraden liegen können, sondern stets ein richtiges Dreieck bilden.

---

11. Die Jacobische Thetafunktion. Der Eindeutigkeitsbeweis.

Um den Beweis für die Eindeutigkeit der Funktion x von η zu Ende zu bringen, führen wir nun nach dem Vorgange von Riemann die Jacobische Thetafunktion als einen deus ex machina ein. Diese Funktion, die in der Theorie der elliptischen Funktionen eine beherrschende Stellung behauptet, ist wesentlich auf die Periodizität eingestellt. Es sei u eine komplexe Veränderliche und a eine komplexe Konstante mit wesentlich negativem reellen Teil; bilden wir die Reihe

$$\theta(u) = \sum_{n=-\infty}^{+\infty} e^{n^2 a + nu},$$

so ist offenbar

$$\lim_{n\to\infty} \sqrt[n]{|e^{n^2 a \pm nu}|} = 0,$$

unsere Reihe konvergiert demnach unbedingt und gleichmäßig für alle endlichen Werte von u und stellt also eine ganze transzendente Funktion von u dar. Dies ist die sogenannte Jacobische Thetafunktion.

Wir stellen zunächst einige Eigenschaften dieser Funktion zusammen. Es ist

$$\text{(I)} \qquad \theta(-u) = \theta(u),$$

$$\text{(II)} \qquad \theta(u + 2\pi i) = \theta(u),$$

$$\text{(III)} \qquad \theta(u + 2a) = e^{-a-u}\theta(u).$$

Die beiden ersten Eigenschaften leuchten sofort ein, die dritte ergibt sich aus der folgenden Rechnung:

$$\begin{aligned}\theta(u + 2a) &= \sum_{m=-\infty}^{+\infty} e^{m^2 a + m(u+2a)} \\ &= \sum_{m=-\infty}^{+\infty} e^{(m+1)^2 a + (m+1)u - a - u} \\ &= e^{-a-u} \sum_{m=-\infty}^{+\infty} e^{m^2 a + mu}.\end{aligned}$$

Endlich kann man die Nullstellen der Thetafunktion in einfacher Weise bestimmen. Für $u = \pi i + a$ ergibt sich nach (III)

$$\theta(\pi i - a) = -\theta(\pi i + a)$$

und wegen (I) und (II) ist weiter

$$\theta(\pi i - a) = \theta(a - \pi i) = \theta(a + \pi i),$$

also

$$\theta(a + \pi i) = -\theta(a + \pi i).$$

Da $\theta(u)$ eine ganze transzendente Funktion, also im Endlichen nirgends unendlich groß ist, folgt aus dieser letzten Gleichung

$$\theta(a + \pi i) = 0,$$

also nach (II) und (III) allgemein

$$\text{(IV)} \qquad \theta((2k + 1)\pi i + (2l + 1)a) = 0$$

für alle ganzzahligen Werte von k und l. Es fragt sich nun, ob dies auch alle Nullstellen der Thetafunktion sind. Um dies zu entscheiden, betrachten wir in der u-Ebene das Parallelogramm mit den Ecken 0, $2\pi i$, $2\pi i + 2a$ und $2a$, das sogenannte Periodenparallelogramm der Thetafunktion (Fig. 9). In diesem liegt die eine Nullstelle $u = a + \pi i$. Da bei Vermehrung von u um ganzzahlige Vielfache von $2\pi i$ und $2a$ zufolge der Eigenschaften (II) und (III) die Nullstellen der Thetafunktion in Nullstellen übergehen, so kommt unsere Frage darauf hinaus, ob im Innern des Periodenparallelogramms außer $a + \pi i$ noch andere Nullstellen der Thetafunktion vorhanden sind. Um

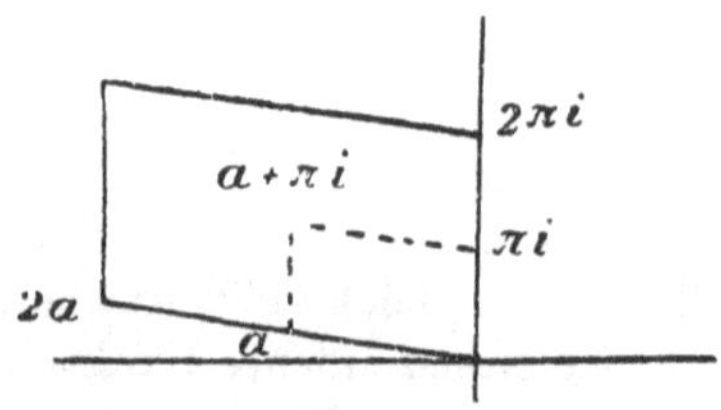

Fig. 9.

dies zu entscheiden, bilden wir

$$I = \frac{1}{2\pi i}\int d\log\theta(u),$$

das Integral im positiven Sinne erstreckt über die Begrenzung des Periodenparallelogramms. Gemäß der Eigenschaft (II) zerstören sich die Teile des Integrals, die sich auf die beiden in der Richtung des Vektors $2a$ liegenden Seiten des Parallelogramms beziehen, während die auf die beiden andern Seiten bezüglichen Teile mit Rücksicht auf (III) den Wert 1 ergeben. Da I die Anzahl der Nullstellen von $\theta(u)$ im Innern des Parallelogramms liefert, so ist also gezeigt, daß $a + \pi i$ die einzige Nullstelle der Thetafunktion im Periodenparallelogramm ist, und damit zugleich, daß die Formel (IV) alle Nullstellen der Thetafunktion umfaßt.

Wir betrachten nun an Stelle von η das Integral

$$v = \frac{\pi i}{\omega_1}\int_0^x \frac{dx}{\sqrt{(x-a_1)(x-a_2)(x-a_3)}}, \tag{25}$$

dann treten an die Stelle der Perioden $2\omega_1$, $2\omega_2$, $2\omega_3$ die Größen

$$2\pi i,\quad 2\pi i\,\frac{\omega_2}{\omega_1},\quad 2\pi i\,\frac{\omega_3}{\omega_1}.$$

Durch geeignete Wahl der Bezeichnung läßt sich stets erreichen, daß der Koeffizient von i in $\omega_3 : \omega_1$ positiv, also der reelle Teil von $\pi i\,\frac{\omega_3}{\omega_1}$ negativ ausfällt. Wir können folglich mit

$$a = \pi i\,\frac{\omega_3}{\omega_1}$$

die Thetafunktion bilden und denken uns dann in dieser an die Stelle von u den Ausdruck $v - e$ eingesetzt, wo e eine beliebige Konstante bedeutet. Das so entstehende

$$\theta(v-e) = \theta\left(\frac{\pi i}{\omega_1}\int_0^x \frac{dx}{\sqrt{(x-a_1)(x-a_2)(x-a_3)}} - e\right) \tag{26}$$

wollen wir nun als Funktion von x betrachten und insbesondere die Nullstellen dieser Funktion aufsuchen.

Wenn x geschlossene Wege beschreibt, bei denen die Quadratwurzel $\sqrt{(x-a_1)(x-a_2)(x-a_3)}$ ihren Wert nicht verändert, so vermehrt sich v um ganzzahlige Vielfache von $2\pi i$ und $2a$. Beschränken wir nunmehr x auf die in der Nummer 9 konstruierte zweiblättrige Fläche $\overline{T}$, so gehört zu jedem Punkte von $\overline{T}$ ein Wert von x mit einem wohlbestimmten Vorzeichen der Quadratwurzel, also auch ein ganz bestimmter Wert des Integrals v. Es ist folglich auch $\theta(v - e)$ in $\overline{T}$ eine eindeutige Funktion des Orts, die überdies in T allenthalben endliche Werte annimmt. Um die Anzahl der Nullstellen von $\theta(v - e)$ in der Fläche $\overline{T}$ zu bestimmen, bilden wir das Integral

$$I = \frac{1}{2\pi i} \int\limits_{(\overline{T})} \frac{d \log \theta(v - e)}{dx} dx$$

erstreckt über die Begrenzung von $\overline{T}$. Beim Durchlaufen dieser Begrenzung (siehe Fig. 8) werden die Stücke $\overset{-}{l_3}, \overset{+}{l_3'}; \overset{+}{l_3}, \overset{-}{l_3'}; \overset{-}{l_1}, \overset{+}{l_1'}; \overset{+}{l_1}, \overset{-}{l_1'}$ jeweils in entgegengesetzter Richtung beschrieben; nach Nummer 9 gehen die Werte von η in gegenüberliegenden Punkten von $\overset{-}{l_3}, \overset{+}{l_3'}$ und von $\overset{+}{l_3}, \overset{-}{l_3'}$ durch die Parallelverschiebung $\eta - 2\omega_1$, also die entsprechenden Werte von v durch die Transformation $v - 2\pi i$ auseinander hervor, gleichermaßen die Werte von η bzw. v in gegenüberliegenden Punkten von $\overset{-}{l_1}, \overset{+}{l_1'}$ und $\overset{+}{l_1}, \overset{-}{l_1'}$ durch die Parallelverschiebung $\eta + 2\omega_3$ bzw. $v + 2a$. Es ergibt sich also mit Rücksicht auf die Eigenschaften (II) und (III) der Thetafunktion

$$I = -\frac{1}{2\pi i} \cdot \frac{\pi i}{\omega_1} \int \frac{dx}{\sqrt{(x - a_1)(x - a_2)(x - a_3)}},$$

wo das Integral auf der rechten Seite über $\overset{-}{l_1'}, \overset{+}{l_1'}$ zu erstrecken ist. Der Wert dieses Integrals ist aber, wie wir schon in der Nummer 9 ausgerechnet haben, gleich $-2\omega_1$, es ist folglich

$$I = 1,$$

d. h. $\theta(v - e)$ verschwindet nur an einer einzigen Stelle der Fläche $\overline{T}$, also für einen bestimmten Wert $x = \xi$, dem noch ein bestimmter Wert der Quadratwurzel

$$\sqrt{(\xi - a_1)(\xi - a_2)(\xi - a_3)} = \sigma$$

zuzuordnen ist; dabei ist ξ natürlich eine Funktion von e. Für diese Stelle (ξ, σ) von $\overline{T}$ ist nunmehr

$$\theta\left(\frac{\pi i}{\omega_1} \int\limits_0^{(\xi, \sigma)} \frac{dx}{\sqrt{(x - a_1)(x - a_2)(x - a_3)}} - e\right) = 0$$

und folglich, abgesehen von ganzzahligen Vielfachen von $2a$ und $2\pi i$,

$$\frac{\pi i}{\omega_1} \int\limits_0^{(\xi, \sigma)} \frac{dx}{\sqrt{(x - a_1)(x - a_2)(x - a_3)}} - e = a + \pi i.$$

Dies besagt aber, daß, wenn der Wert von $e + a + \pi i$ willkürlich vor geschrieben wird, wobei noch von ganzzahligen Vielfachen von $2a$ und $2\pi i$ abgesehen werden kann, die zugehörige Stelle (ξ, σ) eindeutig bestimmt ist, d. h. daß ξ und σ eindeutige Funktionen des Integralwertes sind. Dadurch ist nicht nur bewiesen, daß x eine eindeutige Funktion des Integrals erster Gattung η ist, sondern zugleich dargetan, daß die Beziehung zwischen x und $\sqrt{(x-a_1)(x-a_2)(x-a_3)}$ durch η uniformisiert wird.

12. Abbildung der Fläche $T^{(0)}$ auf das Fundamentaldreieck.

Wir wollen nun untersuchen, wie die Fläche $T^{(0)}$ durch das Integral erster Gattung auf die η-Ebene abgebildet wird.

Die Abbildung ist konform an allen Stellen, wo η holomorph ist, d. h. überall in der x-Ebene mit Ausnahme der Punkte $a_1, a_2, a_3, a_4 = \infty$. In der Umgebung von a_k $(k = 1, 2, 3)$ beginnt die Entwicklung von η nach Potenzen von $(x - a_k)$ mit $(x - a_k)^{1/2}$. Zwei Kurven der x-Ebene die sich in a_k unter dem Winkel φ schneiden, werden also auf zwei Kurven der η-Ebene abgebildet, die in dem a_k entsprechenden Punkte a_k den Winkel $\frac{\varphi}{2}$ miteinander einschließen[1]). Nun bilden die beiden Ufer $\overset{-}{l_k}, \overset{+}{l_k}$ in a_k miteinander den Winkel 360^0, ihre Bildkurven schneiden sich daher in a_k unter einem Winkel von 180^0. Der Punkt a_k ist also ein Inflexionspunkt der dem Querschnitt l_k entsprechenden Bildkurve der η-Ebene. Um die Abbildung des Punktes $a_4 = \infty$ zu finden, durchlaufen wir die ganze Begrenzung von $T^{(0)}$ der Pfeilrichtung in der Figur 10 entsprechend. Wir haben dabei a_4 dreimal zu passieren; um zu kennzeichnen, von welchem Teile der zerschnittenen x-Ebene aus wir nach a_4 gelangen, denken wir uns die drei Zipfel der x-Ebene numeriert und entsprechende obere Indizes an a_4 angebracht. Wir treffen dann beim Durchlaufen der Begrenzung von $T^{(0)}$ der Reihe nach die singulären Punkte

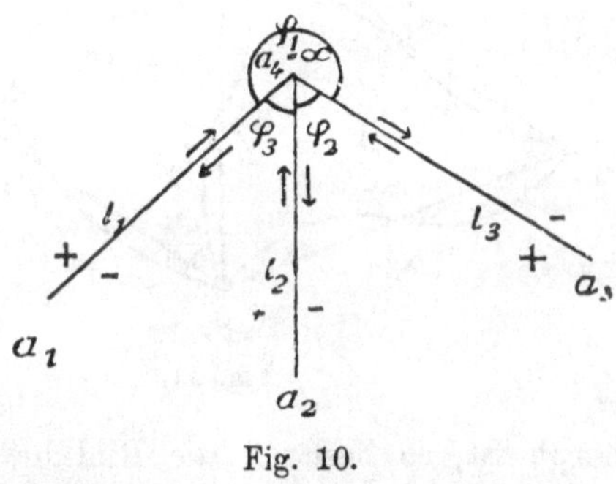

Fig. 10.

$$a_4^{(1)},\ a_3,\ a_4^{(2)},\ a_2,\ a_4^{(3)},\ a_1,\ a_4^{(1)}.$$

[1]) Man sagt wohl auch, die Abbildung sei in diesen Punkten quasikonform.

Diesen werden ebenso viele η-Werte entsprechen, wir nennen sie der Reihe nach

$$\beta_1,\ \alpha_3,\ \beta_2,\ \alpha_2,\ \beta_3,\ \alpha_1,\ \beta_1;$$

dem einen Punkte a_4 entsprechen also in der Abbildung die drei Punkte $\beta_1, \beta_2, \beta_3$ [1]). Man sagt nach Poincaré von $\beta_1, \beta_2, \beta_3$, daß sie einen dreigliedrigen Zyklus bilden, während jeder Punkt α_k für sich einen Zyklus ausmacht. Da $a_4^{(2)}$ auf $\overset{+}{l}_3$ und $a_4^{(1)}$ auf $\bar{l}_3$ gelegen ist und die η-Werte auf $\overset{+}{l}_3$ aus denen auf $\bar{l}_3$ durch die Transformation $S_3\eta$, also durch Drehung um den Punkt α_3 mit dem Winkel 180° hervorgehen, muß β_2 durch eine solche Drehung aus β_1 entstehen; α_3 ist also der Halbierungspunkt der geradlinigen Strecke $\beta_1 \beta_2$. Entsprechend wird die Strecke $\beta_2 \beta_3$ durch α_2 und $\beta_3 \beta_1$ durch α_1 halbiert. Die Kurven, die den beiden Ufern des Querschnitts l_3 entsprechen, müssen ebenfalls durch eine Drehung um α_3 mit dem Winkel 180° auseinander hervorgehen, die Punkte β_1, α_3 in der η-Ebene sind also durch eine dem Ufer $\bar{l}_3$ entsprechende Kurve verbunden, die durch eine Drehung um den Punkt α_3 mit dem Winkel 180° in das Bild des Ufers $\overset{+}{l}_3$ übergeht, das α_3 mit β_2 verbindet. In ähnlicher Weise gehen die den verschiedenen Ufern von l_1 und l_2 entsprechenden Kurvenbogen durch die Drehung $S_2\eta$ um α_2 bzw. $S_1\eta$ um α_1 auseinander hervor (vgl. Fig. 11).

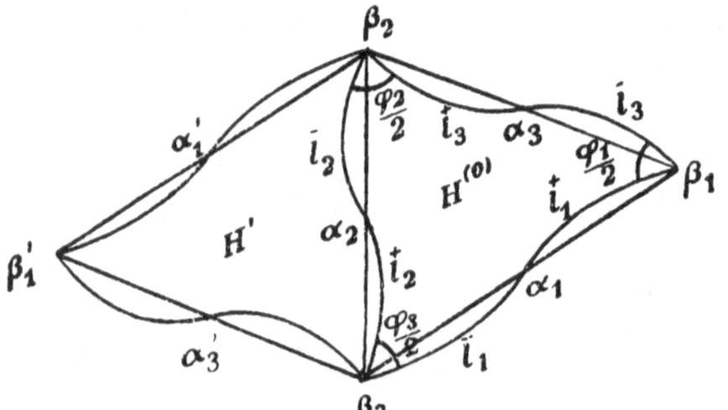

Fig. 11.

Wir hatten angenommen, daß die Querschnitte in der x-Ebene längs gerader Linien gelegt seien; da die Funktion η an allen von $a_1, a_2, a_3, a_4 = \infty$ verschiedenen Punkten holomorph ist, so besitzen die Bildkurven der Querschnittufer eine stetig veränderliche Tangente, ausgenommen an den Stellen $\alpha_1, \alpha_2, \alpha_3, \beta_1, \beta_2, \beta_3$. In $\alpha_1, \alpha_2, \alpha_3$ dreht sich, wie wir gesehen haben, die Tangente um 180°, so daß dort ein Inflexionspunkt vorhanden ist. Es bleibt nur noch übrig, die Winkel in $\beta_1, \beta_2, \beta_3$ zu bestimmen. Nun werden offenbar auch für $x = \infty$ durch unsere Abbildungsfunktion η die Winkel

[1]) Es bedeutet also jetzt $a_4^{(1)}$ dasselbe, was in der Nr. 8 (S. 18) mit a_4 bezeichnet wurde, und demgemäß ist die dort mit α_4 bezeichnete Größe nichts anderes als β_1, wobei noch zu beachten ist, daß $x_0 = 0$ genommen wurde.

der sich dort schneidenden Kurven auf die Hälfte reduziert. Bezeichnen wir also (siehe Fig. 10) die den verschiedenen Zipfeln der x-Ebene bei $a_4 = \infty$ angehörigen Winkel mit $\varphi_1, \varphi_2, \varphi_3$, so ist $\varphi_1 + \varphi_2 + \varphi_3 = 360^0$, es werden also in der Abbildung auf die η-Ebene bei $\beta_1, \beta_2, \beta_3$ bzw. die Winkel $\frac{\varphi_1}{2}, \frac{\varphi_2}{2}, \frac{\varphi_3}{2}$ auftreten, mit der Summe $\frac{1}{2}(\varphi_1 + \varphi_2 + \varphi_3) = 180^0$. Wir bekommen also als Bild der Fläche $T^{(0)}$ in der η-Ebene ein krummliniges Dreieck $H^{(0)}$ mit den Ecken $\beta_1, \beta_2, \beta_3$ (siehe Fig. 11), das eigentlich als ein Sechseck anzusehen ist, weil ja auch die Punkte a_1, a_2, a_3 als Ecken zu gelten haben. Dieses Dreieck kann sich nicht überschlagen, sondern überdeckt die η-Ebene schlicht, da ja x eine eindeutige Funktion von η ist. Der Umstand, daß die Summe der Winkel in den Ecken $\beta_1, \beta_2, \beta_3$ gleich 180^0 ist, legt es nahe zu versuchen, ob sich nicht das krummlinige Dreieck durch ein geradliniges ersetzen läßt.

Dazu denken wir uns zunächst β_2 mit β_3 geradlinig verbunden. In unserer Fig. 11 verläuft der Teil $\beta_2\, a_2$ dieser Geraden im Innern des Dreiecks $H^{(0)}$, es entspricht ihm also in $T^{(0)}$ eine sich nicht überschneidende analytische Linie $\bar{l}_2^*$, die mit $\bar{l}_2$ ein Stück τ von $T^{(0)}$ begrenzt, das dem Zweieck $(\beta_2 a_2)$ der η-Ebene entspricht (siehe die Fig. 12); dagegen verläuft das geradlinige Stück $(a_2\, \beta_3)$ außerhalb $H^{(0)}$ [1]).

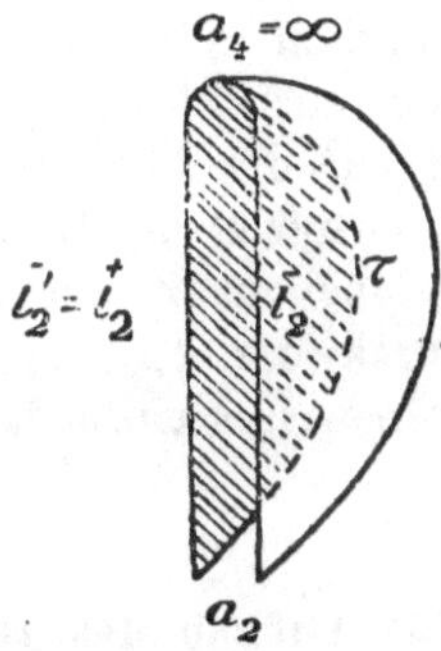

Fig. 12.

Um dieses in der x-Ebene darzustellen, müssen wir also aus $T^{(0)}$ heraustreten, indem wir uns wie in der Nummer 9 das Blatt T' denken, das mit $T^{(0)}$ zusammengenommen die Fläche $\bar{T}$ bildet. Dem Blatte T' entspricht ein Dreieck H' der η-Ebene, das aus $H^{(0)}$ durch die Drehung $S_2\eta$ hervorgeht (siehe Fig. 11), insbesondere verwandelt $S_2\eta$ das zweieckige Stück $(a_2\, \beta_2)$ von $H^{(0)}$ in das zweieckige Stück $(a_2\, \beta_3)$ von H'. In T' entspricht nun der geradlinigen Strecke $(a_2\, \beta_3)$ das mit $\bar{l}_2^*$ kongruente Kurvenstück $\overset{+}{l}{}_2^*$, das mit $\overset{+}{l}_2 = \bar{l}'_2$ zusammen das mit τ kongruente Stück τ' von T' begrenzt. Nehmen wir das Zweieck $(\beta_2\, a_2)$ von $H^{(0)}$ weg und fügen statt seiner das Zweieck $(a_2\, \beta_3)$ hinzu, das aus $(\beta_2\, a_3)$ durch die Drehung $S_2\eta$ hervorgeht, so haben

[1]) Im allgemeinen kann die Seite (β_2, β_3) des krummlinigen Dreiecks die gerade Verbindungslinie (β_2, β_3) in mehr als einem zwischen β_2 und β_3 gelegenen Punkte schneiden; da es sich aber um analytische Kurven handelt, so kann, wenn kein stückweises Zusammenfallen stattfindet, jedenfalls nur eine endliche Anzahl von Schnittpunkten auftreten, und die Erörterungen, die im Texte für den Fall eines Schnittpunktes gegeben werden, lassen sich ohne weiteres auf den allgemeinen Fall übertragen.

wir die krummlinige Seite $\beta_2 a_2 \beta_3$ des Dreiecks $H^{(0)}$ durch die geradlinige Verbindungslinie $\beta_2 a_2 \beta_3$ ersetzt; es entspricht dem in der x-Ebene, daß wir von $T^{(0)}$ das Stück τ weggenommen und an seiner Statt τ' hinzugefügt, d. h. also, daß wir $\bar{l}_2$ durch $\bar{l}_2^*$ und $\overset{+}{l}_2$ durch $\overset{+}{l}_2^*$ ersetzt haben; durch dieses Verfahren hat sich also nur die Gestalt des Querschnitts l_2 geändert. Ebenso kann man durch geeignete Wahl der Gestalt von l_1 und l_3 erreichen, daß ihre Bilder in der η-Ebene die Punkte β_1, β_3 und β_1, β_2 geradlinig verbinden. Man kann also stets erreichen, daß durch die Funktion η als Bild der zerschnittenen x-Ebene $T^{(0)}$ das geradlinige Dreieck $\beta_1 \beta_2 \beta_3$ entworfen wird. Beiläufig bemerkt, ist es bis jetzt nur für reelle Werte der a_1, a_2, a_3 gelungen, die Gestalt der Querschnitte l_1, l_2, l_3 anzugeben, für die die Seiten des Dreiecks in der η-Ebene gerade Linien werden [1]), für beliebige komplexe a_1, a_2, a_3 stößt dies auf noch nicht überwundene Schwierigkeiten. Wäre man imstande, bei willkürlich vorgeschriebenen a_1, a_2, a_3 die Querschnittformen von vornherein anzugeben, die geradlinigen Dreieckseiten entsprechen, so ließe sich auf die Abbildungsbetrachtung allein ein strenger Beweis für die Eindeutigkeit der Umkehrungsfunktion gründen, während wir umgekehrt die Möglichkeit der Abbildung der Fläche $T^{(0)}$ auf ein geradliniges Dreieck der η-Ebene nur auf Grund des vorher geführten Eindeutigkeitsbeweises einsehen konnten.

13. Aufbau des Dreiecksnetzes und der Überlagerungsfläche.

Wir legen nun unseren weiteren Betrachtungen ein geradliniges Dreieck $H^{(0)}$ der η-Ebene zugrunde.

Alle Werte, deren die Funktion η fähig ist, entspringen aus dem in $T^{(0)}$ eindeutig definierten Zweige $\eta^{(0)}$, indem man x auf alle möglichen Arten die Punkte a_1, a_2, a_3 umlaufen läßt. Dies hat zur Folge, daß $\eta^{(0)}$ alle Transformationen der Gruppe G erleidet, die aus den drei Drehungen $S_1\eta$, $S_2\eta$, $S_3\eta$ als Fundamentaltransformationen komponiert ist. Aus dem Dreieck $H^{(0)}$ entspringt durch die Transformationen von G ein Netz von kongruenten Dreiecken, das die ganze η-Ebene schlicht und lückenlos bedeckt. Einen kleinen Ausschnitt dieses Netzes zeigt die Fig. 13.

Wir übertragen nun wieder dieses Dreiecksnetz auf die x-Ebene, um auf diese Weise die wirkliche Konstruktion der oben (Nummer 6) bereits erwähnten Überlagerungsfläche für die Funktion η zu erhalten. Jedem Dreieck des Netzes entspricht ein mit $T^{(0)}$ kongruentes Exemplar

[1]) Vgl. z. B. Riemann bei H. Stahl, Elliptische Funktionen, 1899, S. 11ff.; wir werden in der Nr. 51 die analoge Frage in allgemeineren Fällen erörtern.

der zerschnittenen x-Ebene. Diese unendlich vielen Exemplare haben wir nun, um die Stetigkeit der Abbildung zu gewährleisten, übereinander zu schichten und längs der Querschnittufer so miteinander zu verschmelzen, wie in der Dreiecksteilung die entsprechenden Dreieckseiten zusammenfallen, z. B. würden die den Dreiecken $H^{(0)}$ und $H^{(2)}$ entsprechenden Blätter $T^{(0)}$ und $T^{(2)}$ so zu verbinden sein, daß das positive Ufer von l_2 in $T^{(0)}$ an das negative Ufer von l_2 in $T^{(2)}$ und das negative Ufer von l_2 in $T^{(0)}$ an das positive Ufer von l_2 in $T^{(2)}$ anzuheften wäre; ein zweimaliger Umlauf um a_2 führt dann, wie es sein muß, wieder zur Ausgangsstelle zurück. Die so entstehende unendlichvielblättrige Fläche ist zu der mit der Dreiecksteilung versehenen η-Ebene homöomorph, also wie diese einfach zusammenhängend. Sie stellt die zu dem Integral erster Gattung η gehörige Überlagerungsfläche T dar; η ist in T eine eindeutige Funktion des Ortes und nimmt dort jeden endlichen Wert einmal und nur einmal an.

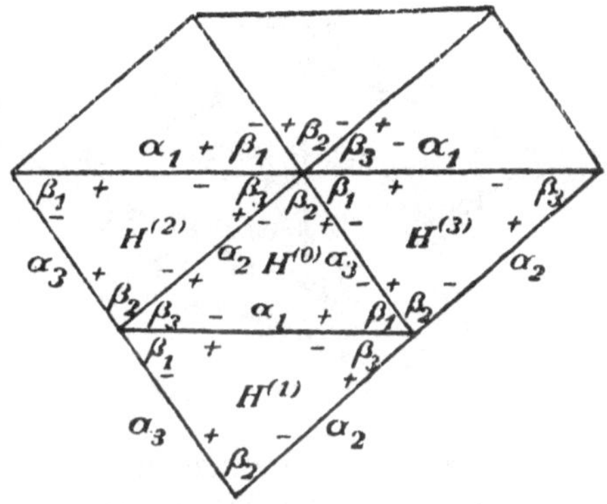

Fig. 13.

Wir wollen nun noch einige Eigenschaften der Umkehrungsfunktion $x = \varphi(\eta)$ entwickeln. Jedes Dreieck unseres Netzes kann als Fundamentalbereich der Gruppe G gelten; die zu G gehörige automorphe Funktion $x = \varphi(\eta)$ nimmt innerhalb eines solchen Fundamentalbereichs jeden Wert einmal und nur einmal an. Die Untergruppe Γ von G, die aus den Parallelverschiebungen

$$\eta + 2m_1\omega_1 + 2m_3\omega_3$$

besteht, kann ihrerseits aus den beiden Fundamentaltransformationen $\eta + 2\omega_1$, $\eta + 2\omega_3$ zusammengesetzt werden. Wir können auch leicht einen Fundamentalbereich für diese Gruppe Γ angeben. Dazu brauchen wir nur auf die Fläche T der Nummer 9 zurückzugreifen, die ja das gegenseitig eindeutige und konforme Abbild der Dreiecke $H^{(0)}$, H' der Fig. 11 oder $H^{(0)}$, $H^{(2)}$ der Fig. 13 darstellt. In der letzteren Figur, wo die Seiten der Dreiecke geradlinig erscheinen, bilden die beiden genannten Dreiecke zusammengenommen ein Parallelogramm $\Phi^{(0)}$; wir haben in der Figur 14 den Seiten dieses Parallelogramms die Begrenzungsteile der Fläche T beigeschrieben, denen sie entsprechen; es geht also die Seite $\beta_1'\beta_2'$ aus $\beta_2\beta_1$ durch die Parallelverschiebung $\eta - 2\omega_1$, die Seite

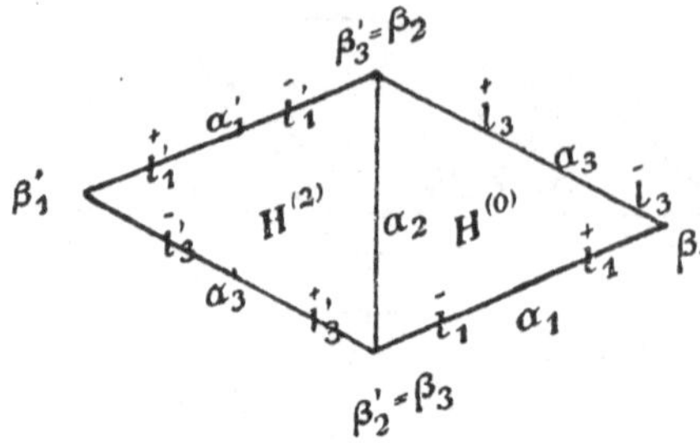

Fig. 14.

$\beta_1'\beta_3'$ aus $\beta_3\beta_1$ durch die Parallelverschiebung $\eta + 2\omega_3$ hervor. Es kann dies auch unmittelbar aus der Fig. 14 abgelesen werden, wenn man bedenkt, daß ja (S. 19)

$$\omega_1 = a_3 - a_2, \quad \omega_3 = a_2 - a_1$$

ist. Also ist das Parallelogramm $\Phi^{(0)}$ ein Fundamentalbereich der Gruppe Γ, und da sich je zwei Dreiecke unserer Teilung immer zu einem mit $\Phi^{(0)}$ kongruenten Parallelogramm zusammenfügen, so haben wir entsprechend den Transformationen von Γ die η-Ebene schlicht und lückenlos mit einem Netz kongruenter Parallelogramme überzogen, die durch die Parallelverschiebungen von Γ aus $\Phi^{(0)}$ hervorgehen. Wenn man statt η die Größe $v = \frac{\pi i}{\omega_1}\eta$ betrachtet, so stimmt das entsprechende Parallelogramm mit dem in der Nummer 11 betrachteten Periodenparallelogramm (Fig. 9) der Thetafunktion überein. Wir behalten auch für $\Phi^{(0)}$ die Bezeichnung als Periodenparallelogramm bei. Im Innern des Periodenparallelogramms $\Phi^{(0)}$ nimmt die Funktion $x = \varphi(\eta)$ jeden Wert zweimal an, und zwar in je zwei Punkten, die durch eine Drehung um a_2 ineinander übergehen, denen also entgegengesetzt gleiche Werte der Quadratwurzel $\sqrt{(x - a_1)(x - a_2)(x - a_3)}$ entsprechen.

Um von dem Dreieck $H^{(0)}$, das die Abbildung der durch die Schnitte l_1, l_2, l_3 aus der x-Ebene hervorgehenden Fläche $T^{(0)}$ darstellt, zu einem Gebilde überzugehen, das der unzerschnittenen x-Ebene entspricht, haben wir uns das Dreieck $H^{(0)}$ nur so deformiert zu denken, daß die den beiden Ufern der Schnitte l_k entsprechenden Stücke der Begrenzung von $H^{(0)}$ miteinander verschmolzen werden. Wir erhalten dann ein Tetraeder mit der Basis $a_1\, a_2\, a_3$ und der durch Vereinigung der Ecken $\beta_1\, \beta_2\, \beta_3$ entstandenen Spitze. Die Oberfläche dieses Tetraeders ist einfach zusammenhängend und mit der unzerschnittenen x-Ebene homöomorph. Verfahren wir analog mit dem Parallelogramm $\Phi^{(0)}$, d. h. deformieren wir dieses so, daß je zwei gegenüberliegende Seiten miteinander vereinigt werden, so erhalten wir zunächst nach Vereinigung des einen Seitenpaars einen Zylinder und aus diesem durch Vereinigung des zweiten Seitenpaars einen Torus (Ringfläche). Dieser Torus entspricht der in der Nummer 9 erwähnten Fläche $\tilde{T}$, der Riemannschen Fläche der Quadratwurzel $\sqrt{(x - a_1)(x - a_2)(x - a_3)}$, gegenseitig eindeutig und stetig, ist also mit $\tilde{T}$ homöomorph. Denken wir uns auf dem Torus die beiden

Kurven gezogen, längs der die ehemaligen Paare paralleler Seiten von $\Phi^{(0)}$ vereinigt worden sind, so sind diese beiden Kurven geschlossen, und die Torusfläche wird durch zwei längs dieser Kurven gelegte Schnitte in eine einfach zusammenhängende Fläche (nämlich $\Phi^{(0)}$) zerschnitten. Also ist die Torusfläche dreifach zusammenhängend und das gleiche gilt von der homöomorphen Riemannschen Fläche $\tilde{T}$ (vgl. oben Nr. 9, S. 21). In gewissem Sinne kann man auch die Torusfläche selbst als Riemannsche Fläche der $\sqrt{(x-a_1)(x-a_2)(x-a_3)}$ ansehen; wir kommen an späterer Stelle auf die Erörterung dieses Begriffs in voller Allgemeinheit zurück (siehe Nr. 54), hier genügt dieser Hinweis.

14. Sätze über automorphe Funktionen, die zu der Dreiecksteilung gehören.

Die Umkehrungsfunktion $x = \varphi(\eta)$, die bei allen Transformationen der Gruppe G ihren Wert nicht verändert und die darum als zu G gehörige automorphe Funktion bezeichnet wurde, ist an jeder im Endlichen gelegenen Stelle η entweder holomorph oder wie eine rationale Funktion unendlich; wir sagen kurz, $x = \varphi(\eta)$ sei für alle endlichen Werte von η meromorph. Dagegen ist der unendlich ferne Punkt der η-Ebene eine wesentlich singuläre Stelle für x. In jedem Dreieck unserer Teilung nimmt nämlich x jeden Wert einmal und nur einmal an. Da aber außerhalb eines Kreises um den Punkt $\eta = 0$ mit beliebig großem Halbmesser stets noch Dreiecke unserer Teilung liegen, so nimmt x in jeder Umgebung von $\eta = \infty$ jeden Wert an.

Wir wollen allgemein als zu unserer Dreiecksteilung oder zur Gruppe G gehörige automorphe Funktion (im engeren Sinne) eine Funktion bezeichnen, die bei allen Transformationen der Gruppe G ungeändert bleibt und für alle endlichen Werte von η meromorph ist. Wir stellen zunächst einige Sätze über diese automorphen Funktionen zusammen.

Eine automorphe Funktion muß notwendig im Fundamentalbereich $H^{(0)}$ unendlich werden. Wäre das nämlich nicht der Fall, so bliebe sie im Fundamentalbereich und folglich in der ganzen η-Ebene unterhalb einer endlichen Schranke, sie wäre also nach dem Satze von Liouville eine Konstante.

Die automorphe Funktion kann aber im Fundamentalbereiche $H^{(0)}$ nur eine endliche Anzahl von Polen haben. Andernfalls müßte der Fundamentalbereich, da er ganz im Endlichen liegt, eine Häufungsstelle von Polen enthalten, an der die Funktion nicht meromorph sein könnte.

Wir wollen nun für die Pole einer automorphen Funktion eine Zählweise verabreden, die sich als naturgemäß und zweckmäßig erweisen wird. Beginnt die Entwicklung der automorphen Funktion $\Phi(\eta)$ an einer im Innern des Fundamentalbereichs $H^{(0)}$ gelegenen Stelle η_0 mit $(\eta - \eta_0)^{-n}$, so zählen wir diese Stelle als einen Pol n-ter oder als n Pole erster Ordnung. Liegt ein Pol auf dem Rande des Fundamentalbereichs, so müssen wir beachten, daß dieser nicht der natürlichen x-Ebene, sondern der Fläche $T^{(0)}$, also einer künstlich umgestalteten x-Ebene entspricht. Das Abbild der unzerschnittenen x-Ebene ist das in der vorigen Nummer betrachtete Tetraeder. An dieses wollen wir uns halten, wenn es auf die Fixierung der Ordnungszahl eines Poles ankommt, der auf dem Rande unseres Dreiecks $H^{(0)}$ liegt. Enthält z. B. das Randstück $\alpha_3\,\beta_2$ einen Pol n-ter Ordnung, so liegt ein Pol derselben Ordnung auch auf dem korrespondierenden Randstück $\alpha_3\,\beta_1$; diese beiden Pole sind aber auf dem Tetraeder in einem Punkte vereinigt, sie sollen demgemäß nur als ein einziger Pol n-ter Ordnung gezählt werden, oder mit anderen Worten, wir zählen jeden auf einem Randstück, aber nicht in einer Ecke gelegenen Pol nur mit der Hälfte $\frac{n}{2}$ seiner natürlichen Ordnungszahl. Liegt in einer Ecke α_k ein Pol von der natürlichen Ordnungszahl n, so daß also die Entwicklung mit $(\eta - \alpha_k)^{-n}$ beginnt, so beachten wir einmal, daß $\eta - \alpha_k$ nach Potenzen von $(x - \alpha_k)^{\frac{1}{2}}$ entwickelt ist, so daß dem Pol nur die Ordnung $\frac{n}{2}$ zuzuschreiben wäre, und da ferner jeder Punkt α_k nur einem Punkte des Tetraeders oder der x-Ebene entspricht, so können wir bei dieser Zählweise stehenbleiben. Anders ist es, wenn ein Pol von der natürlichen Ordnungszahl n in einer Ecke β_k liegt, dieser muß dann auch in den beiden andern β-Ecken auftreten, und zwar mit derselben Ordnungszahl. Da nun $\eta - \beta_k$ nach Potenzen von $\frac{1}{x^{\frac{1}{2}}}$ entwickelbar ist, so zählen wir zunächst jeden dieser Einzelpole nur mit der Ordnung $\frac{n}{2}$. Da aber ferner die drei einen Zyklus bildenden Ecken $\beta_1, \beta_2, \beta_3$ nur einem Punkte des Tetraeders, d. h. also einem x-Werte (nämlich $x = \infty$) entsprechen, so legen wir allen dreien zusammen die Ordnungszahl $\frac{n}{2}$, d. h. also jedem einzelnen die Ordnungszahl $\frac{n}{6}$ bei. In ähnlicher Weise zählen wir für die automorphe Funktion $\Phi(\eta)$ auch die Anzahl der Nullstellen und überhaupt die Anzahl der Stellen, wo $\Phi(\eta)$ einen und denselben endlichen Wert annimmt. Die eigentliche Bedeutung dieser Zählweise besteht darin, daß für die Bestimmung der Ordnungszahl nicht das Inkrement von η, sondern das von x als Maßstab gilt.

Es möge nun $\Phi(\eta)$ im Fundamentalbereiche $H^{(0)}$ in dieser Weise gezählt N Nullstellen und P Pole erster Ordnung haben. Nach einem bekannten Satze der Funktionentheorie ist dann

$$\frac{1}{2\pi i}\int \frac{d \log \Phi(\eta)}{d\eta}\, d\eta = N - P, \tag{27}$$

das Integral erstreckt über die Begrenzung von $H^{(0)}$ im positiven Sinne. Dabei ist in bezug auf den Integrationsweg noch folgendes zu beachten. Liegt eine Nullstelle oder ein Pol auf einem Begrenzungsstück von $H^{(0)}$, dann wollen wir bei der Integration diese Stelle in der Weise umgehen, daß wir auf einem kleinen um die Stelle gelegten Halbkreise integrieren und dann entsprechend bei der korrespondierenden Stelle die Integration über den Halbkreis vornehmen, der aus dem ersten durch die in Betracht kommende Drehung hervorgeht (siehe Fig. 15). Liegt ein Pol oder eine Nullstelle in einer Ecke α_k oder β_k, so legen wir um diese Ecke einen kleinen Kreis. Dieser schneidet von dem Fundamentalbereiche $H^{(0)}$ ein gewisses Stück ab. Wenn z. B. in der Ecke β_1 ein Pol von der natürlichen Ordnungszahl p gelegen ist, der also nach unserer verabredeten Zählweise als Pol von der Ordnung $\frac{p}{6}$ zu gelten hat, so schlagen wir um β_1 einen kleinen Kreis von der Beschaffenheit, daß im Innern und auf der Peripherie kein zweiter Pol und keine Nullstelle von $\Phi(\eta)$ liegen. Von dem Fundamentaldreieck $H^{(0)}$ wird dann zunächst bei β_1 ein Sektor abgeschnitten. Weiter schneidet der Kreis von den um β_1 sich herumlagernden Dreiecken I, II (siehe Fig. 15) je einen Sektor ab. Diese übertragen wir auf das Fundamentaldreieck $H^{(0)}$ zurück. Wir bekommen auf diese Weise zwei Sektoren, die β_3 und β_2 wegschneiden. Integrieren wir nun statt über die ursprüngliche Begrenzung von $H^{(0)}$ über die Begrenzung des durch diese drei Sektoren abgestumpften Dreiecks im positiven Sinne, d. h. also so, daß die Fläche dieses Dreiecks zur Linken bleibt, so begehen wir einen Fehler, den wir zunächst berechnen wollen. Das Integral erstreckt im positiven Sinne über den um β_1 geschlagenen Vollkreis, d. h. also so, daß der Punkt β_1 zur Linken bleibt, ergibt, weil in β_1 ein Pol von der natürlichen Ordnung p liegt,

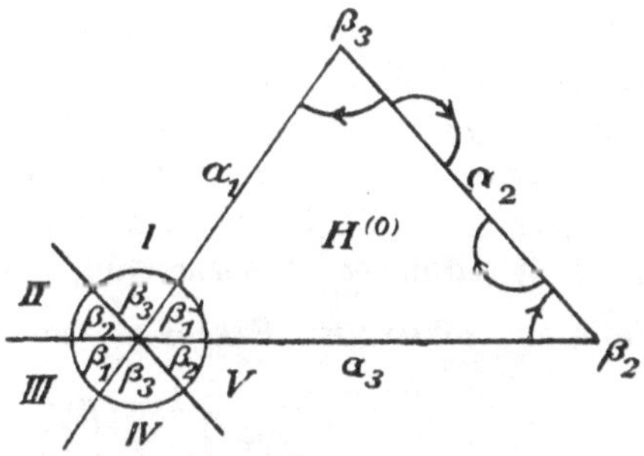

Fig. 15.

$$\frac{1}{2\pi i}\int \frac{d \log \Phi(\eta)}{d\eta}\, d\eta = -p.$$

Nun lagern sich um β_1 zwei durchaus gleichwertige Bereichgruppen, nämlich $H^{(0)}$, I, II und III, IV, V (siehe die Fig. 15). Auf jede von ihnen entfällt deshalb die Hälfte des vorstehenden Integrals, also $-\frac{p}{2}$. Aber die Integration über den in den Bereichen $H^{(0)}$, I, II verlaufenden Halbkreis ist gleichwertig der Integration über die in $H^{(0)}$ verlaufenden, die Ecken $\beta_1, \beta_2, \beta_3$ umspannenden Kreisbogen. Wir haben also durch die beschriebene Änderung des Integrationsweges den Fehler $-\frac{p}{2}$ begangen, den wir noch dem Integralwert in (27) hinzufügen müssen, um die richtige Zahl $N - P$ zu erhalten; d. h. diese Änderung des Integrationsweges bedingt die Verminderung von P gerade um die unserer Verabredung gemäße Ordnungszahl des durch die gedachte Änderung ausgeschlossenen Pols und ähnliches würde gelten, wenn es sich um eine Nullstelle handelte.

Indem wir uns nun die auf der Begrenzung von $H^{(0)}$ gelegenen Nullstellen und Pole in der angegebenen Weise durch unendlich kleine Kreisbogen ausgeschlossen denken, können wir die dadurch in Wegfall kommenden Stücke der Dreiecksseiten vernachlässigen und bei der Berechnung des Integrals (27) die Integration einfach über die übrig bleibenden Teile dieser geradlinigen Dreiecksseiten erstrecken. Das Integral (27) zerfällt dann abgesehen vom Faktor $\frac{1}{2\pi i}$ in

$$\int_{\beta_1}^{\alpha_3} + \int_{\alpha_3}^{\beta_2} + \int_{\beta_2}^{\alpha_2} + \int_{\alpha_2}^{\beta_3} + \int_{\beta_3}^{\alpha_1} + \int_{\alpha_1}^{\beta_1},$$

wo für jede Dreiecksseite nur ihr übriggebliebener Teil zu nehmen ist. Nun ist, wenn wir $\eta = S_3\xi = 2\alpha_3 - \xi$ setzen,

$$\int_{\beta_2}^{\alpha_3} \frac{d \log \Phi(\eta)}{d\eta}\, d\eta = \int_{\beta_1}^{\alpha_3} \frac{d \log \Phi(S_3\xi)}{dS_3\xi} \frac{dS_3\xi}{d\xi}\, d\xi,$$

und da $\Phi(S_3\xi) = \Phi(\xi)$ ist, so folgt weiter

$$\int_{\beta_2}^{\alpha_3} \frac{d \log \Phi(\eta)}{d\eta}\, d\eta = -\int_{\beta_1}^{\alpha_3} \frac{d \log \Phi(\xi)}{d\xi}\, d\xi,$$

es ist also

$$\int_{\beta_1}^{\alpha_3} + \int_{\alpha_3}^{\beta_2} = \int_{\beta_1}^{\alpha_3} - \int_{\beta_1}^{\alpha_3} = 0.$$

Ähnliches gilt für die Summen der über die andern Paare korrespondierender Seiten erstreckten Integrale, so daß also das Integral (27) den Wert Null erhält; bei der verabredeten Zählweise ist also im Fundamentalbereich die Anzahl der Pole von $\Phi(\eta)$ gleich der Anzahl der Nullstellen.

Mit $\Phi(\eta)$ ist aber auch $\Phi(\eta) - c$ für jeden konstanten Wert von c eine automorphe Funktion mit denselben Polen wie $\Phi(\eta)$. Hat also $\Phi(\eta)$ im Fundamentalbereich n Pole erster Ordnung, so nimmt diese Funktion daselbst auch jeden Wert genau n-mal an. Man sagt dann, die automorphe Funktion $\Phi(\eta)$ sei vom n-ten Grade.

15. Darstellung der allgemeinsten automorphen Funktion durch x. Darstellung von $x = \varphi(\eta)$ durch die Thetafunktion.

Die automorphe Funktion n-ten Grades $\Phi(\eta)$ ist eine eindeutige Funktion der Funktion ersten Grades $x = \varphi(\eta)$. In der Tat erfährt η bei einem beliebigen geschlossenen Wege von x nur eine Transformation der Gruppe G und bei dieser ist ja $\Phi(\eta)$ automorph. Ferner hat $\Phi(\eta)$ an jeder endlichen oder unendlichen Stelle von x den Charakter einer rationalen Funktion, denn alle Werte von x kommen im Fundamentaldreieck einmal und nur einmal zum Vorschein. $\Phi(\eta)$ ist also selbst rational durch x darstellbar.

Es liegt auf der Hand, daß umgekehrt jede rationale Funktion von x eine zu G gehörige automorphe Funktion von η ist. Bezeichnet man als Grad der rationalen Funktion den höchsten Exponenten von x, der im Zähler oder Nenner auftritt, so stimmt dieser Grad mit dem Grade der automorphen Funktion in dem vorhin festgelegten Sinne überein.

Bedeutet x' irgendeine automorphe Funktion ersten Grades, so sind x und x' gegenseitig rational durcheinander ausdrückbar, es ist also x' eine linear gebrochene Funktion von x mit konstanten Koeffizienten; durch die Forderung, daß x im Fundamentalbereich $H^{(0)}$ jeden Wert nur einmal annehmen soll, ist also diese automorphe Funktion von einer linear gebrochenen Transformation abgesehen eindeutig bestimmt.

Die aus dem Integral (8) durch Umkehrung gewonnene Funktion $x = \varphi(\eta)$ verschwindet für $\eta = 0$. Wir wollen als Fundamentalbereich $H^{(0)}$ dasjenige Dreieck unserer Teilung gewählt denken, das den Nullpunkt im Innern enthält. Es ist dann (vgl. Nr. 8, Seite 18)

$$\alpha_4 = \int_0^\infty \frac{dx}{\sqrt{(x-a_1)(x-a_2)(x-a_3)}},$$

wobei $\alpha_4 = \alpha_1 - \alpha_2 + \alpha_3$ ist. Trägt man nun von $\eta = 0$ aus die Vektoren $+\alpha_1$, $-\alpha_2$, $+\alpha_3$ aneinander gereiht ab, so kommt man (vgl. S. 28 Fußnote), wie die Fig. 16 zeigt, zu der Ecke β_1. In $\beta_1 = \alpha_1 - \alpha_2 + \alpha_3$ liegt also ein Pol der Funktion $x = \varphi(\eta)$, und folglich sind auch β_2 und β_3 für diese Funktion Pole von derselben Ordnung. Die Entwicklung von η in der Umgebung von $x = \infty$ liefert aber (vgl. Nr. 6, Seite 13)

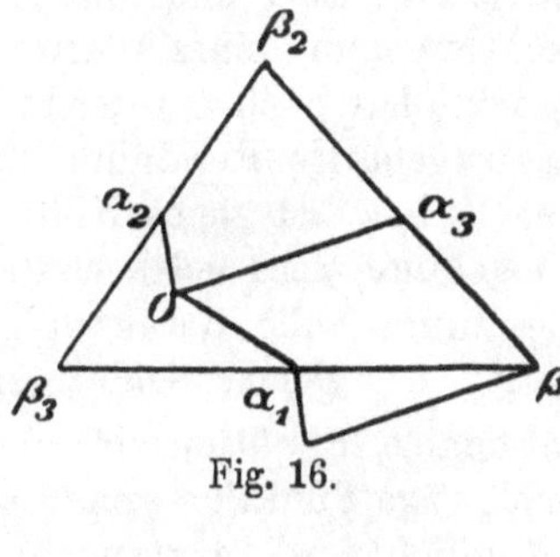

Fig. 16.

$$\eta = \beta_1 + \left(\frac{1}{x}\right)^{\frac{1}{2}} \mathfrak{P}\left(\frac{1}{x}\right),$$

wo $\mathfrak{P}$ eine gewöhnliche Potenzreihe bedeutet; durch Inversion ergibt sich daraus

$$(*) \qquad x = (\eta - \beta_1)^{-2}\, \mathfrak{P}_1\left((\eta - \beta_1)^2\right),$$

wo auch $\mathfrak{P}_1$ eine gewöhnliche Potenzreihe bedeutet. Wir haben demnach gemäß der verabredeten Zählweise jede der Ecken β_1, β_2, β_3 als einen Pol von der Ordnung $\frac{2}{2 \cdot 3}$ zu zählen. Alle drei β-Ecken zusammen ergeben also einen Pol erster Ordnung. Mit β_k sind natürlich auch alle daraus durch die Transformationen unserer Gruppe G hervorgehenden Punkte der η-Ebene Pole von derselben Ordnung für die Funktion $x = \varphi(\eta)$, also die Stellen

$$\beta_k + 2m_1\omega_1 + 2m_3\omega_3.$$

Ebenso sind alle aus $\eta = 0$ durch die Transformationen von G hervorgehenden Stellen

$$2m_1\omega_1 + 2m_3\omega_3, \quad 2a_1 + 2m_1\omega_1 + 2m_3\omega_3$$

Nullstellen von $x = \varphi(\eta)$.

Wir können jetzt auch zeigen, daß die Funktion y, die durch das Integral (7) dargestellt wird und deren Uniformisierung wir uns (Nr. 6) zur Aufgabe gestellt hatten, tatsächlich eine eindeutige Funktion von η ist. Führen wir η als Integrationsveränderliche ein, so erhält (7) die Form

$$(7a) \qquad y = \int_0^{\varphi(\eta)} (x - a_1)(x - a_2)(x - a_3)\, d\eta.$$

In der Umgebung eines jeden η-Wertes, dem ein endlicher Wert von x entspricht, ist x und folglich auch der Integrand in (7a) holomorph. In der Umgebung eines Wertes $c = \beta_1 + 2m_1\omega_1 + 2m_3\omega_3$, dem $x = \infty$ entspricht, hat nach (*) der Integrand in (7a) einen Pol 6-ter Ordnung und das zugehörige Residuum, d. h. der Koeffizient der minus ersten Potenz von $(\eta - c)$ ist gleich Null. Der Integrand von (7a) ist demnach in der Umgebung eines jeden endlichen Wertes von η meromorph und hat das Residuum Null; daraus folgt aber, daß y eine eindeutige Funktion von η ist. Die gleiche Schlußweise zeigt, daß allgemein jedes Integral einer rationalen Funktion R von x und $\sqrt{(x - a_1)(x - a_2)(x - a_3)}$ eine eindeutige Funktion von η wird, für das bei allen Stellen x, für die R unendlich wird, das zugehörige Residuum verschwindet. Da, wie uns bereits bekannt ist, x eine eindeutige Funktion von η ist, so haben wir damit gezeigt, daß in der Tat jedes elliptische Integral von der angegebenen Beschaffenheit, also insbesondere auch (7) durch η uniformisiert wird.

Wir können nun die in der Nummer 11 eingeführte Thetafunktion dazu benutzen, um eine in der ganzen η-Ebene gültige Darstellung von $\varphi(\eta)$ anzugeben. Dazu bilden wir den Quotienten

$$X = \frac{\theta(u+\alpha)\,\theta(u+\gamma)}{\theta(u+\beta)\,\theta(u+\delta)},$$

wo $\alpha, \beta, \gamma, \delta$ irgendwelche Konstanten bedeuten. Bei Änderungen von u um ganze Vielfache von $2\pi i$ bleiben die einzelnen Thetafunktionen, also auch der Quotient X ungeändert. Erteilt man aber u den Zuwachs $2a$, so multipliziert sich gemäß der Gleichung (III) (Seite 24) X mit dem Faktor $e^{-\alpha+\beta-\gamma+\delta}$. Wählt man nun die Konstanten $\alpha, \beta, \gamma, \delta$, so daß

$$\alpha - \beta + \gamma - \delta = 0 \tag{28}$$

ist, so bleibt X auch bei der Vermehrung von u um ein ganzzahliges Vielfaches von $2a$ ungeändert. Für

$$u = \frac{\pi i}{\omega_1}\eta, \quad a = \pi i\frac{\omega_3}{\omega_1}$$

stellt der Quotient X also eine zu dem Periodenparallelogramm $\Phi^{(0)}$ der Funktion $x = \varphi(\eta)$ gehörige doppeltperiodische Funktion x von η dar, d. h. eine Funktion, die bei den Transformationen der Gruppe Γ ungeändert bleibt. Wir wollen nun zu erreichen suchen, daß der Quotient X in $\Phi^{(0)}$ an denselben Stellen und von derselben Ordnung verschwindet und unendlich wird, wie die Funktion $x = \varphi(\eta)$.

Der Quotient X wird in $\Phi^{(0)}$ an den Stellen

$$u = -\alpha + a + \pi i, \quad u = -\gamma + a + \pi i$$

von der ersten Ordnung Null und an den Stellen

$$u = -\beta + a + \pi i, \quad u = -\delta + a + \pi i$$

von der ersten Ordnung unendlich. Die Funktion $x = \varphi(\eta)$ dagegen hat in $\Phi^{(0)}$ die Nullstellen erster Ordnung $\eta = 0$, $\eta = 2a_2$ und die Pole erster Ordnung $\eta = \beta_1$, $\eta = \beta_1'$. Um diese beiderseitigen Pole und Nullstellen zu identifizieren, haben wir also $\alpha, \beta, \gamma, \delta$ so zu bestimmen, daß

$$\begin{cases} \alpha = a + \pi i, & 2a_2\dfrac{\pi i}{\omega_1} + \gamma = a + \pi i, \\ \beta_1\dfrac{\pi i}{\omega_1} + \beta = a + \pi i, & \beta_1'\dfrac{\pi i}{\omega_1} + \delta = a + \pi i; \end{cases}$$

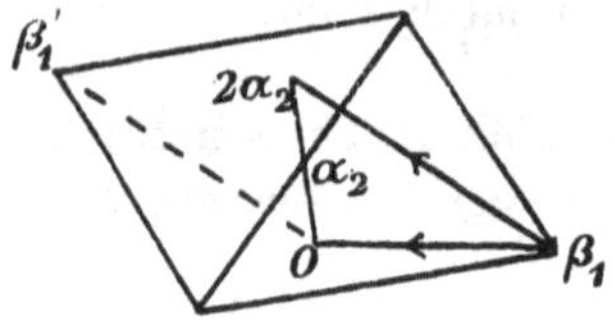

Fig. 17.

die diesen Gleichungen gemäß bestimmten $\alpha, \beta, \gamma, \delta$ erfüllen auch die Relation (28), denn es ist offenbar (vgl. die Fig. 17)

$$-\beta_1 + 2a_2 - \beta_1' = 0.$$

Man findet, da, wie oben gezeigt wurde, $\beta_1 = a_1 - a_2 + a_3$ ist,

$$\alpha = \pi i \frac{a_3 - a_1}{a_3 - a_2}, \quad \beta = \pi i \frac{a_2 - 2a_1}{a_3 - a_2}, \quad \gamma = \pi i \frac{a_3 - a_1 - 2a_2}{a_3 - a_2}, \quad \delta = \pi i \frac{2a_3 - 3a_2}{a_3 - a_2}$$

und somit

$$(29) \quad X = \frac{\theta\left(\frac{\pi i}{a_3 - a_2}(\eta + a_3 - a_1)\right)\theta\left(\frac{\pi i}{a_3 - a_2}(\eta + a_3 - a_1 - 2a_2)\right)}{\theta\left(\frac{\pi i}{a_3 - a_2}(\eta + a_2 - 2a_1)\right)\theta\left(\frac{\pi i}{a_3 - a_2}(\eta + 2a_3 - 3a_2)\right)}.$$

Das Verhältnis dieses Quotienten X zu $x = \varphi(\eta)$ ist doppeltperiodisch und hat innerhalb $\Phi^{(0)}$, also auch in der ganzen η-Ebene keinen Pol; es ist folglich eine Konstante, so daß

$$\varphi(\eta) = \text{const}\, X.$$

Die Bestimmung dieser Konstanten kann erfolgen, indem man η einen geeigneten speziellen Wert beilegt. Die gewünschte Darstellung von $\varphi(\eta)$ ist also vollzogen. Sie besitzt den Vorzug, daß sie die Eigenschaft von $\varphi(\eta)$, bei den Transformationen der Gruppen G und Γ ungeändert zu bleiben, direkt hervortreten läßt, auch eignet sie sich wegen der starken Konvergenz der Thetareihe für die numerische Rechnung.

16. Die Dreiecksteilung als Ausgangspunkt.

Bisher waren wir von einem elliptischen Integral η ausgegangen und hatten die zugehörige Umkehrungsfunktion $x = \varphi(\eta)$ studiert. Wir ändern jetzt den Ausgangspunkt, indem wir uns die Punkte a_1, a_2, a_3 in der η-Ebene willkürlich gegeben denken, aus diesen die Größen $\omega_1, \omega_3, \beta_1, \beta_2, \beta_3$ bilden und die Gruppen G, Γ aufbauen. Ist der Koeffizient von i in $\frac{\omega_3}{\omega_1}$ von Null verschieden, d. h. liegen a_1, a_2, a_3 nicht auf einer Geraden, so kann man, nötigenfalls nach Umnumerierung der a_1, a_2, a_3, stets annehmen, daß

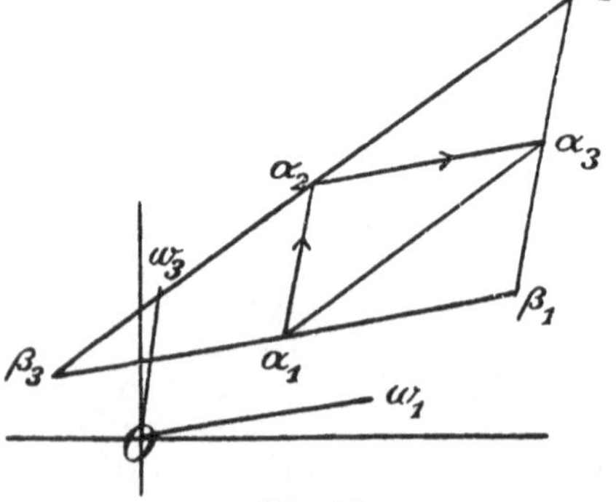

Fig. 18.

dieser Koeffizient von i positiv ist (siehe Fig. 18). Man kann dann den Quotienten X und mit ihm eine Funktion $\varphi(\eta)$ herstellen, die eine zu der aus a_1, a_2, a_3 hervorgehenden Dreiecksteilung gehörige automorphe Funktion ersten Grades ist, d. h. die Funktionalgleichungen

$$\varphi(\eta) = \varphi(2a_k - \eta) \qquad (k=1,2,3) \tag{30}$$

erfüllt und in $\beta_1, \beta_2, \beta_3$ wie $(\eta - \beta_k)^{-2}$ unendlich wird. Es ist nun leicht zu zeigen, daß diese Funktion auch stets durch Umkehrung eines elliptischen Integrals erster Gattung von der Form (8) erhalten werden kann.

Durch Differentiation der Gleichung (30) erhalten wir nämlich

$$\varphi'(\eta) = -\varphi'(2a_k - \eta);$$

es ist also $\varphi'^2(\eta)$ eine zur Gruppe G gehörige automorphe Funktion, die folglich durch $x = \varphi(\eta)$ rational ausdrückbar sein muß. Nun kann aber offenbar $\varphi'(\eta)$ nur dort unendlich werden, wo $\varphi(\eta)$ unendlich ist; also ist $\varphi'^2(\eta)$ eine ganze rationale Funktion von x. In β_1 wird $\varphi(\eta)$ unendlich wie $(\eta - \beta_1)^{-2}$, also wird φ'^2 dort unendlich wie $(\eta - \beta_1)^{-6}$. Also ist $\varphi'^2(\eta)$ eine automorphe Funktion vom Grade $\frac{6}{2} = 3$ und folglich eine ganze Funktion dritten Grades von $\varphi(\eta)$:

$$\varphi'^2(\eta) = c(\varphi(\eta) - a_1)(\varphi(\eta) - a_2)(\varphi(\eta) - a_3),$$

wo c, a_1, a_2, a_3 Konstanten bedeuten. Durch geeignete Wahl des in $\varphi(\eta)$ noch verfügbaren konstanten Faktors (siehe S. 40) kann $c = 1$ gemacht werden, dann ist also in der Tat

$$\eta = \int \frac{dx}{\sqrt{(x - a_1)(x - a_2)(x - a_3)}}.$$

Die Werte a_1, a_2, a_3 sind endlich und voneinander verschieden; wäre dies nämlich nicht der Fall, so bekämen wir Entartungen für $\alpha_1, \alpha_2, \alpha_3$. Wenn also $\alpha_1, \alpha_2, \alpha_3$ ein richtiges Dreieck bilden, so erscheint unsere Funktion $x = \varphi(\eta)$ tatsächlich als Umkehrungsfunktion eines elliptischen Integrals erster Gattung.

Wenn $\alpha_1, \alpha_2, \alpha_3$ auf einer Geraden liegen, so ist $\frac{\omega_3}{\omega_1}$ reell. Wäre

$$\frac{\omega_3}{\omega_1} = \frac{\alpha_2 - \alpha_1}{\alpha_3 - \alpha_2}$$

eine rationale Zahl, so könnten, wie wir in der Nummer 10 gezeigt haben, ω_3 und ω_1 als ganzzahlige Vielfache einer Zahl $\bar{\omega}$ dargestellt werden. Wir hätten also in diesem Falle eine einfach periodische Funktion. Wäre $\frac{\omega_3}{\omega_1}$ reell und irrational, so ließe sich dieser Quotient durch einen unendlichen Kettenbruch darstellen. Bezeichnet $\frac{z_k}{n_k}$ den k-ten Näherungsbruch, so wäre

$$\left|\frac{\omega_3}{\omega_1} - \frac{z_k}{n_k}\right| < \frac{1}{n_k^2},$$

wo n_k mit wachsendem k über alle Grenzen wächst. Es ist also

$$n_k\omega_3 - z_k\omega_1 = \frac{\vartheta\omega_1}{n_k},$$

wo $|\vartheta| < 1$ ist. Die Periode $n_k\omega_3 - z_k\omega_1$ könnte also für ein hinreichend großes k beliebig klein gemacht werden. Es kann aber offenbar keine eindeutige Funktion $\varphi(\eta)$ geben, die die beliebig kleine Periode $n_k\omega_3 - z_k\omega_1$ besitzt, da ja eine eindeutige Funktion einen Wert a immer nur in isolierten Punkten annehmen kann, d. h. wenn η eine Wurzel der Gleichung $\varphi(\eta) = a$ ist, so kann man stets um η einen Kreis von endlichem Halbmesser so beschreiben, daß er keine zweite Wurzel dieser Gleichung in seinem Innern enthält. Damit ist dargetan, daß nur der Fall, wo $\alpha_1, \alpha_2, \alpha_3$ ein richtiges Dreieck bilden, zu automorphen Funktionen führt, wie wir sie im Auge haben. Aber der wesentliche Unterschied, der zwischen den beiden Fällen besteht, wo $\frac{\omega_3}{\omega_1}$ einen rationalen oder einen reellen und irrationalen Wert besitzt, bedarf noch einer genaueren Erörterung.

Für ein rationales $\frac{\omega_3}{\omega_1}$ haben wir nur eine wesentliche Periode und die Konstruktion einer zugehörigen automorphen eindeutigen Funktion bietet keinerlei Schwierigkeiten; die doppeltperiodische Funktion ist in eine einfachperiodische entartet. Für ein irrationales $\frac{\omega_3}{\omega_1}$ dagegen kann es eine zu der entsprechenden Gruppe gehörige eindeutige automorphe Funktion überhaupt nicht geben. Das liegt daran, daß in diesem Falle die durch $\alpha_1, \alpha_2, \alpha_3$ bestimmte Gruppe G bzw. Γ eine Eigenschaft nicht besitzt, die jeder Gruppe von Transformationen zukommen muß, bei denen eine eindeutige Funktion ihren Wert nicht verändert. — Diese Eigenschaft fließt aus der oben hervorgehobenen Eigenart einer eindeutigen Funktion, einen und denselben Wert nur in isolierten Punkten annehmen zu können; man bezeichnet sie nach Poincaré[1]) als Diskontinuität der Gruppe. — Eine Gruppe von Transformationen heißt nämlich in einem Punkte η diskontinuierlich, wenn η keine Häufungsstelle der Punkte ist, die aus η durch die Transformationen der Gruppe hervorgehen; ist die Gruppe für alle inneren Punkte eines Bereichs diskontinuierlich, so heißt sie in diesem Bereich diskontinuierlich. Eine

[1]) Poincaré (1882), Oeuvres II, S. 117, 265.

Gruppe von Transformationen, zu der eine eindeutige automorphe Funktion gehören soll, muß also in dem Existenzbereich dieser Funktion diskontinuierlich sein. — Die aus $\alpha_1, \alpha_2, \alpha_3$ entstehende Gruppe G enthält nun, wenn $\frac{\omega_3}{\omega_1}$ reell und irrational ist, wie wir gesehen haben, eine Transformation, die jedes η in ein η' überführt, so daß $|\eta' - \eta|$ beliebig klein ist; man nennt eine solche Transformation eine infinitesimale. Eine Gruppe, die eine infinitesimale Transformation enthält, ist offenbar für keinen Wert von η diskontinuierlich, eine solche Gruppe ist also für die Theorie der eindeutigen automorphen Funktionen von vornherein unbrauchbar. Dagegen kann man zeigen — und wir kommen an späterer Stelle auf diese Bemerkung zurück —, daß, wenn eine Gruppe von Transformationen im Innern eines Bereichs B diskontinuierlich ist, stets eindeutige Funktionen hergestellt werden können, die im Innern von B meromorph sind und bei den Transformationen der Gruppe ihren Wert nicht verändern.

Wir haben also jetzt die folgende Gegenseitigkeit gefunden.

1. Gehen wir von einem beliebigen Dreieck $\alpha_1, \alpha_2, \alpha_3$ der η-Ebene aus, so bestimmt dieses eine gewisse Gruppe G von Verschiebungen der η-Ebene in sich selbst, die für alle endlichen Werte von η diskontinuierlich ist. Wir können dann durch unsere Thetafunktion eine zu dieser Gruppe gehörige automorphe Funktion ersten Grades herstellen, die als Umkehrung eines gewissen elliptischen Integrals erster Gattung mit den singulären Punkten $a_1, a_2, a_3, a_4 = \infty$ erscheint.

2. Gehen wir von einer Funktion aus, die in der x-Ebene die vorgeschriebenen Verzweigungspunkte $a_1, a_2, a_3, a_4 = \infty$ mit den zugehörigen Verzweigungszahlen 2 besitzt, so liefert das zugehörige elliptische Integral erster Gattung (8) die diese Funktion uniformisierende Veränderliche η. Durch die gegebenen a_1, a_2, a_3 ist dann das Dreieck $\alpha_1, \alpha_2, \alpha_3$ der η-Ebene oder genauer das zugehörige Dreiecksnetz bestimmt.

17. Die Modulfunktion.

Es entsteht nun die Frage, welche Beziehung zwischen den Bestimmungsstücken $\alpha_1, \alpha_2, \alpha_3$ einerseits und a_1, a_2, a_3 andererseits besteht. Wenn die a_1, a_2, a_3 den Ausgangspunkt bilden, so sind die $\alpha_1, \alpha_2, \alpha_3$ durch die Integrale (13) der Nr. 7 gegeben; um umgekehrt bei beliebig vorgeschriebenen $\alpha_1, \alpha_2, \alpha_3$ die a_1, a_2, a_3 zu finden, greifen wir auf die in der Nr. 15 gegebene Darstellung von $x = \varphi(\eta)$ durch die Thetafunktion zurück. Setzen wir in der Gleichung

$$x = \varphi(\eta) = c \cdot X,$$

wo c eine noch zu bestimmende Konstante, X den Quotienten (29) der

Nr. 15 bedeutet, für η die Werte $\alpha_1, \alpha_2, \alpha_3$ ein, so ergeben sich für x die Werte a_1, a_2, a_3. Man findet mit Rücksicht auf die in der Nr. 11 angegebenen Eigenschaften der Thetafunktion:

$$a_1 = c \cdot \frac{\theta^2\left(\frac{\pi i \alpha_3}{\alpha_3 - \alpha_2}\right)}{\theta^2(a)},$$

$$a_2 = c \cdot \frac{\theta\left(\frac{\pi i}{\alpha_3 - \alpha_2}\alpha_3 + a\right)\theta\left(\frac{\pi i \alpha_1}{\alpha_3 - \alpha_2} - \pi i\right)}{e^{-a}\theta^2(0)},$$

$$a_3 = c \cdot \frac{\theta\left(\frac{\pi i}{\alpha_3 - \alpha_2}\alpha_3 + a + \pi i\right)\theta\left(\frac{\pi i}{\alpha_3 - \alpha_2}\alpha_1\right)}{-e^{-a}\theta^2(\pi i)}.$$

Es zeigt sich nun, daß das Abstandsverhältnis $z = \frac{a_3 - a_2}{a_1 - a_2}$ der drei Punkte a_1, a_2, a_3 als bloße Funktion des Abstandsverhältnisses der drei Punkte $\alpha_1, \alpha_2, \alpha_3$, d. h. also der Größe

$$a = \pi i \frac{\alpha_2 - \alpha_1}{\alpha_3 - \alpha_2}$$

dargestellt werden kann. Um nämlich z zu berechnen, beachten wir, daß für $a_k = \alpha b_k + \beta$ das Abstandsverhältnis der b_1, b_2, b_3 mit dem der a_1, a_2, a_3 übereinstimmt, und daß ferner durch die Transformation $x = \alpha\xi + \beta$

$$\int \frac{dx}{\sqrt{(x - a_1)(x - a_2)(x - a_3)}} = \frac{1}{\sqrt{\alpha}} \int \frac{d\xi}{\sqrt{(\xi - b_1)(\xi - b_2)(\xi - b_3)}}$$

wird, so daß also der Periodenquotient des Integrals mit den Verzweigungspunkten b_1, b_2, b_3 mit dem Periodenquotienten $\frac{a}{\pi i}$ von η übereinstimmt. Wählen wir also α, β so, daß $b_1 = 1$, $b_2 = 0$ und folglich $b_3 = z$ wird, so ist die dem α_2 entsprechende Größe

$$\int_0^{b_3} \frac{dx}{\sqrt{(x - 1)(x - z)\,x}} = 0$$

und wir erhalten aus den Formeln für a_1 und a_3

$$1 = c \cdot \frac{\theta^2(\pi i)}{\theta^2(a)}, \quad z = -ce^a \frac{\theta^2(a)}{\theta^2(\pi i)},$$

also

$$z = -e^a \frac{\theta^4(a)}{\theta^4(\pi i)}.$$

Um mit den historischen Bezeichnungen in Übereinstimmung zu kommen, setzen wir

$$\tau = -\frac{\omega_2}{\omega_1} = \frac{\omega_3}{\omega_1} + 1 = \frac{a_3 - a_1}{a_3 - a_2} = \frac{a + \pi i}{\pi i}, \quad q = e^{\tau \pi i} = e^{a + \pi i},$$

dann ist

$$\theta(a) = \sum_{n=-\infty}^{+\infty} e^{n^2 a + na} = \sum_{n=-\infty}^{+\infty} q^{n^2+n} = q^{-\frac{1}{4}} \sum_{n=-\infty}^{+\infty} q^{(n+\frac{1}{2})^2} = q^{-\frac{1}{4}} \cdot 2 \sum_{n=0}^{\infty} q^{(n+\frac{1}{2})^2},$$

$$\theta(\pi i) = \sum_{n=-\infty}^{+\infty} e^{n^2 a + n\pi i} = \sum_{n=-\infty}^{+\infty} q^{n^2} = 1 + 2 \sum_{n=1}^{\infty} q^{n^2}.$$

Wir setzen mit Gauß[1])

$$2 \sum_{n=0}^{\infty} q^{(n+\frac{1}{2})^2} = P(q), \quad 1 + 2 \sum_{n=1}^{\infty} q^{n^2} = R(q),$$

dann ist also

$$z = \frac{R^4(q)}{P^4(q)}.$$

Man nennt z den Legendreschen Modul des elliptischen Integrals η; er erscheint hier als eindeutige Funktion von τ dargestellt und zwar für diejenigen Werte von τ, deren Koeffizient von i wesentlich positiv ist, denn wir hatten (Nr. 16, S. 40) die a_1, a_2, a_3 so angeordnet, daß der Koeffizient von i in $\frac{\omega_3}{\omega_1}$ positiv ausfällt. Diese Bedingung ist schon darum unvermeidlich, weil die beiden Reihen $P(q)$ und $R(q)$ nur für $|q| < 1$ konvergieren. Wir werden aber später sehen, daß z als Funktion von τ über die reelle τ-Achse hinweg überhaupt nicht analytisch fortgesetzt werden kann; man nennt diese merkwürdige eindeutige Funktion die Modulfunktion; wir werden uns noch ausführlicher mit ihr zu beschäftigen haben. — An dieser Stelle kommt es uns nur darauf an, daß die Modulfunktion zu jedem Dreieck a_1, a_2, a_3, d. h. also zu jedem oberhalb der reellen Achse gelegenen Werte von τ ein eindeutig bestimmtes z liefert. Durch z ist das Integral η abgesehen von einer linearen Transformation $\alpha x + \beta$ von x bestimmt.

---

18. Das hyperelliptische Gebilde. Das Jacobische Paradoxon.

Wir wollen nun die hier in ihren Grundzügen entwickelte Theorie der elliptischen Funktionen zu erweitern suchen. Dazu betrachten wir zunächst das einfachste hyperelliptische Gebilde. Als Verzweigungspunkte mögen im Endlichen a_1, a_2, a_3, a_4, a_5 und überdies $a_6 = \infty$ auftreten; die zugehörigen Verzweigungszahlen seien sämtlich gleich 2. Als zu uniformisierende Funktion möge etwa

$$(31) \quad y = \int \sqrt{(x - a_1)(x - a_2)(x - a_3)(x - a_4)(x - a_5)}\, dx$$

[1]) C. F. Gauß, Werke III, S. 465.

zugrundegelegt werden. Der nächstliegende Gedanke ist dann, die Uniformisierung mit Hilfe eines zu dem hyperelliptischen Gebilde gehörigen (allenthalben endlichen) Integrals erster Gattung zu versuchen, also mit

$$\eta = \int_{x_0}^{x} \frac{(Ax + B)\,dx}{\sqrt{(x - a_1)(x - a_2)(x - a_3)(x - a_4)(x - a_5)}}, \tag{32}$$

wo A, B Konstanten bedeuten. In der Tat ist dieser Gedanke in der geschichtlichen Entwicklung bei Abel und Jacobi hervorgetreten, er führte aber auf Schwierigkeiten, die wir nun kurz zu besprechen haben.

Wir denken uns die Punkte a_1, a_2, a_3, a_4, a_5 durch Querschnitte l_k mit dem Punkte $a_6 = \infty$ verbunden und bezeichnen das von dem Anfangspunkte x_0 aus um a_k herumgeführte Schleifenintegral mit $2\alpha_k$. Es sei wieder $\eta^{(0)}$ ein in der zerschnittenen x-Ebene $T^{(0)}$ eindeutig definierter Zweig der Funktion (32). Bedeutet dann, bei Integration innerhalb $T^{(0)}$, $\eta^{(0)}$ den Wert des Integrals auf dem $\overset{+}{\text{Ufer}}$ $\overset{+}{l_k}$, so lautet der Integralwert auf dem gegenüberliegenden Ufer $\overset{-}{l_k}$ (vgl. Fig. 19)

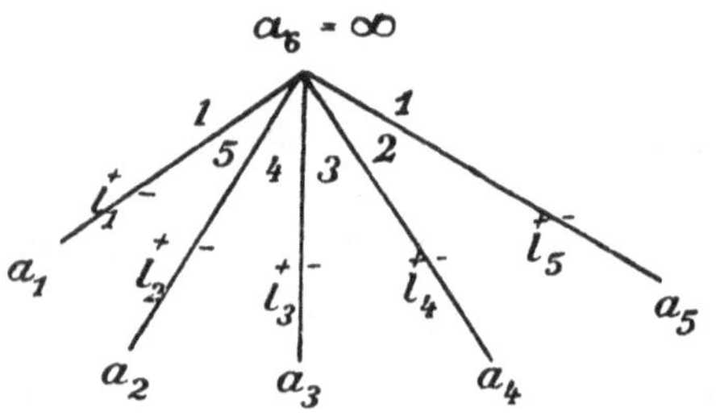

Fig. 19.

$$S_k\eta^{(0)} = 2\alpha_k - \eta^{(0)}. \qquad (k = 1, 2, 3, 4, 5)$$

Diese fünf Transformationen stellen dann wieder Drehungen um die Punkte α_k mit dem Winkel 180^0 dar. Setzen wir

$$\alpha_1 - \alpha_k = \omega_{k-1}, \qquad (k = 2, 3, 4, 5)$$

so lassen sich alle Transformationen der aus den fünf Fundamentaltransformationen $S_k\eta$ zusammengesetzten Gruppe G in einer der beiden Formen

$$T\eta = \eta + 2\sum_{k=1}^{4} m_k\omega_k,$$

$$S\eta = 2\alpha_1 - \eta + 2\sum_{k=1}^{4} m_k\omega_k$$

darstellen. Die Anwendung aller Transformationen von G auf den eindeutig definierten Zweig $\eta^{(0)}$ liefert die Gesamtheit der Werte, deren die Funktion (32) fähig ist. Suchen wir die Abbildung der zerschnittenen x-Ebene $T^{(0)}$ auf die η-Ebene zu entwerfen, so entsprechen zunächst den Punkten a_k die Punkte $\eta = \alpha_k$ und für $a_6 = \infty$ erhalten wir entsprechend den fünf Zwickeln, in die $T^{(0)}$ durch die Schnitte l_k zerlegt wird, fünf Punkte $\beta_1, \beta_2, \beta_3, \beta_4, \beta_5$ der η-Ebene, die einen fünfgliedrigen Zyklus von Ecken des Bereiches der η-Werte, $H^{(0)}$, ausmachen, der das gegenseitig eindeutige und konforme Bild von $T^{(0)}$ darstellt. Es ist aber sofort zu sehen, daß der Bereich $H^{(0)}$ hier ganz anders beschaffen ist, als es der analoge für das elliptische Integral war, indem nämlich hier der Bereich $H^{(0)}$ kein schlichter ist, sondern sich selbst mehrfach überdecken muß [1]). Es ist nämlich in unserem Falle die Umkehrungsfunktion x von η nicht eindeutig, da ja aus (32) unmittelbar zu ersehen ist, daß $\frac{d\eta}{dx}$ für $x = -\frac{B}{A}$ verschwindet, so daß sich x in den entsprechenden η-Punkten verzweigt.

Man kann die Einsicht, daß die Umkehrungsfunktion $x = \varphi(\eta)$ hier keine eindeutige ist, auch durch arithmetische Überlegungen gewinnen, die wir ihrer grundsätzlichen und geschichtlichen Wichtigkeit wegen andeuten wollen. Es zeigt sich nämlich, daß unter den Transformationen $T\eta$ unserer Gruppe G stets infinitesimale Transformationen vorkommen, wenn die Punkte a_1, a_2, a_3, a_4, a_5 alle endlich und voneinander verschieden sind. Bedeuten nämlich ω_1, ω_2 und ω_3 drei komplexe Zahlen, zwischen denen keine homogene lineare Beziehung mit ganzzahligen Koeffizienten besteht, und setzen wir

$$\omega_k = p_k + iq_k,$$

so zeigt Jacobi [2]), daß sich drei ganze Zahlen m_1, m_2, m_3 stets so finden lassen, daß die beiden Größen

$$m_1p_1 + m_2p_2 + m_3p_3, \quad m_1q_1 + m_2q_2 + m_3q_3$$

dem absoluten Betrage nach kleiner werden als eine beliebig klein vorgeschriebene positive Größe ε. Da nun unter den über die a_k gemachten Voraussetzungen zwischen den vier Größen $\omega_1, \omega_2, \omega_3, \omega_4$ keine lineare homogene Beziehung mit ganzzahligen Koeffizienten bestehen kann, so folgt aus dem Satze von Jacobi, daß in jeder Nähe eines jeden Punktes η unendlich viele Punkte liegen, die aus ihm durch die Transformationen $T\eta$ der Gruppe G hervorgehen. Die Gruppe G ist also für keinen Wert von η diskontinuierlich, es ist also unmöglich, daß eine eindeutige automorphe Funktion zu ihr gehört [3]). Dies war das Paradoxon, auf das Ja-

[1]) Die durch das allgemeine Integral $\int (x-a_1)^{\lambda_1}(x-a_2)^{\lambda_2}\cdots(x-a_\sigma)^{\lambda\sigma}\,dx$ vermittelte Abbildung wurde von H. A. Schwarz (1869), Ges. Math. Abh. II, S. 65 untersucht; vgl. z. B. E. Study, Vorlesungen über Geometrie, II, 1913, S. 72 ff.

[2]) C. G. J. Jacobi (1834), Werke, Bd. II, S. 23 ff.

[3]) Man kann auch durch eine einfache geometrische Überlegung direkt einsehen, daß eine eindeutige Funktion einer Veränderlichen nicht mehr als zwei von einander unabhängige Perioden haben kann. Vgl. z. B. L. Bieberbach, Lehrbuch der Funktionentheorie I, 1921, S. 240.

cobi stieß, als er die bei den elliptischen Integralen gelungene Umkehrung auf die hyperelliptischen erweitern wollte. Jacobi wählte nun, geleitet durch das Abelsche Theorem, den Ausweg, daß er an die Stelle von Funktionen einer Veränderlichen Funktionen von mehreren Veränderlichen einführte. Dieser geniale Gedanke Jacobis beherrschte durch die aus ihm entspringende Theorie der Abelschen Funktionen während etwa 50 Jahren die gesamte Analysis. Die Arbeiten von Riemann (1857) brachten diese Theorie zu einem ersten Abschluß. Sie zeigten, wie die Uniformisierung aller algebraischen Funktionen und ihrer Integrale durch $2p$-fach periodische Funktionen von p Veränderlichen geleistet werden kann, wenn p eine der betreffenden algebraischen Funktion eigentümliche ganze Zahl (das Geschlecht) bedeutet. Daß diese Uniformisierung aber auch durch Funktionen von einer Veränderlichen bewirkt werden kann, wurde erst entdeckt, nachdem man durch die 1866 einsetzenden Arbeiten von Fuchs über lineare Differentialgleichungen auf die Bedeutung von Gruppen von Transformationen aufmerksam geworden war, die allgemeiner sind als die in der Theorie der periodischen Funktionen allein auftretenden Gruppen von Verschiebungen einer Ebene in sich selbst. Wir wenden uns, ohne bei der Methode Jacobis zu verweilen, gleich dieser neueren Theorie zu, deren Tragweite über die der Abelschen Funktionen erheblich hinausreicht, indem sie nicht nur die Uniformisierung der algebraischen Funktionen und ihrer Integrale, sondern die von sehr viel allgemeineren Funktionsklassen ermöglicht.

II. Abschnitt.

Die geometrischen Grundlagen der Lehre von den automorphen Funktionen.

La géométrie non-euclidienne est la clef véritable du problème qui nous occupe.
Poincaré, Acta Mathem. 39, 1923, S. 100.

19. Die Überlagerungsfläche für eine endliche Anzahl von Verzweigungspunkten.

In unserem Beispiel der Nummer 18 hatten wir sechs Verzweigungspunkte mit den zugehörigen Verzweigungszahlen 2. Ausgehend von der Fläche $T^{(0)}$ ließe sich auch in diesem Falle wie in dem Falle des elliptischen Integrals eine einfach zusammenhängende Überlagerungsfläche aufbauen, in der sowohl das Integral (31) als auch die Integrale erster Gattung (32) der Nummer 18 eindeutige Funktionen des Ortes sind. Wenn es dann gelänge, diese Überlagerungsfläche durch eine auf ihr eindeutige Funktion $\eta = \varphi(x)$ homöometrisch, d. h. gegenseitig eindeutig und konform etwa auf die schlichte η-Ebene abzubilden, so würde jede in der Überlagerungsfläche eindeutige Funktion auch eindeutig in η sein, die Uniformisierung wäre also vollzogen. Daß ein Integral erster Gattung hier als dieses η nicht gelten kann, haben wir bereits gesehen. Aber man kann weiter einsehen, daß eine homöometrische Abbildung der Überlagerungsfläche auf die ganze schlichte η-Ebene hier überhaupt unmöglich ist. Eine solche Abbildung würde nämlich bei geeigneter Wahl der Gestalt der Schnitte l_k $(k = 1, 2, 3, 4, 5)$ das einzelne Blatt $T^{(0)}$ der Überlagerungsfläche auf einen von geraden Linien begrenzten, schlichten Bereich $H^{(0)}$ der η-Ebene abbilden und diese Abbildung wäre winkeltreu, abgesehen von den Punkten $x = a_1, \ldots, a_5, a_6 = \infty$, in denen — wie im elliptischen Falle — die Winkel auf ihren halben Betrag verkleinert würden. Denken wir uns wie oben, wo wir die Abbildung durch das Integral erster Gattung untersuchten, die dem Punkte a_k entsprechenden

η-Werte mit a_k $(k = 1, 2, 3, 4, 5)$ und die dem Punkte $a_6 = \infty$ in den fünf Zwickeln von $T^{(0)}$ entsprechenden η-Werte mit $\beta_1, \ldots, \beta_5$ bezeichnet, so ergäbe sich entsprechend dem die Fläche $T^{(0)}$ begrenzenden Linienzuge $(a_6\, a_5\, a_6\, a_4\, a_6\, a_3\, a_6\, a_2\, a_6\, a_1\, a_6)$ in der η-Ebene das Zehneck $(\beta_1\, a_5\, \beta_2\, a_4\, \beta_3\, a_3\, \beta_4\, a_2\, \beta_5\, a_1\, \beta_1)$, das bei den Ecken a_k die Winkel 180^0 und bei dem Eckenzyklus $\beta_k\,(k = 1, 2, 3, 4, 5)$ die Winkelsumme 180^0 aufzuweisen hätte. Bei geradliniger Begrenzung hätten wir also ein Fünfeck $(\beta_1\beta_2\beta_3\beta_4\beta_5)$ mit der Winkelsumme 180^0, was für ein schlichtes (sich selbst nicht überdeckendes) geradliniges Fünfeck unmöglich ist. Diese Unmöglichkeit hatte Jacobi, wenn auch vielleicht in etwas anderer Form, erkannt. Sie führte ihn dazu, am Schluß des Artikels 19 seiner „Fundamenta nova theoriae functionum ellipticarum“ [1]) in bezug auf das von ihm für die elliptischen Funktionen entdeckte Prinzip der doppelten Periodizität das Folgende auszusprechen: „Da dieses Prinzip das denkbar allgemeinste umfaßt, was man in bezug auf analytische Periodizität sich vorstellen kann, so ist klar, daß die elliptischen Funktionen nicht irgendwelchen anderen Transzendenten zugezählt werden können, die sich gewisser allgemeinerer Eigenschaften erfreuen, sondern daß sie eine besondere Art bilden, die in sich absolut und abgeschlossen ist.“ Dieser Ausspruch Jacobis bewährt sich in der Tat, wenn man das, was er als analytische Periodizität bezeichnet, auf Transformationen einer Gruppe bezieht, die aus Verschiebungen einer Euklidischen Ebene in sich selbst bestehen. Die von uns gefundene Unmöglichkeit eines geradlinigen Fünfecks mit der Winkelsumme 180^0 findet ja auch nur in der Euklidischen Ebene statt. Und damit haben wir den Punkt bezeichnet, wo der neue, über die analytische Periodizität Jacobis hinausführende Gedanke einsetzt, nämlich der Gedanke, die Abbildung der Fläche $T^{(0)}$ statt auf ein geradliniges Fünfeck der Euklidischen Ebene auf ein solches einer Nichteuklidischen vorzunehmen.

Wir verlassen jetzt unser Beispiel und betrachten gleich allgemein eine Funktion y von x, mit einer beliebigen endlichen Anzahl von Verzweigungspunkten $a_1, \ldots, a_\sigma$ im Endlichen und $a_{\sigma+1} = \infty$. Zu diesen Punkten mögen die Verzweigungszahlen $g_1, \ldots, g_\sigma, g_{\sigma+1}$ gehören, die ganze positive Zahlen oder unendlich groß sind. Beispiele solcher Funktionen liefern die algebraischen Funktionen einer Veränderlichen und die Lösungen linearer Differentialgleichungen mit rationalen Koeffizienten.

Wir verbinden wieder die Punkte $a_1, \ldots, a_\sigma$ mit $a_{\sigma+1} = \infty$ durch einander nicht schneidende, längs analytischer Kurven gelegte Quer-

[1]) Königsberg 1829, Jacobis Werke I, S. 87.

schnitte $l_1, \ldots, l_\sigma$, deren Ufer wir durch die Zeichen $+$, $-$ voneinander unterscheiden (siehe Fig. 20). In der so entstehenden einfach zusammenhängenden Fläche $T^{(0)}$ ist dann ein Zweig von y durch seinen Wert in einem beliebigen Punkte x_0 eindeutig festgelegt. Die zugehörige Überlagerungsfläche T besteht aus abzählbar unendlich vielen mit $T^{(0)}$ kongruenten Blättern, die längs der Querschnittufer gemäß den Verzweigungszahlen g_k miteinander zu verschmelzen sind. Die genaue Vorschrift für die Konstruktion dieser Überlagerungsfläche T werden wir an späterer Stelle geben, hier genügt es, wenn wir ganz abstrakt T in folgender Weise definieren. Anfangs- und Endpunkt einer in der x-Ebene geschlossenen Kurve C sollen in der Fläche T dann und nur dann als demselben Blatte angehörig betrachtet werden, wenn alle Zweige der Funktion y längs C fortgesetzt zu ihrem Ausgangswerte zurückkehren, und wenn C durch stetige Gestaltsänderung so auf einen Punkt zusammengezogen werden kann, daß die hervorgehobene Eigenschaft dieser Kurve in jedem Zustande gewahrt bleibt[1]. Diese Fläche T ist dann sicher einfach zusammenhängend. In den bisher behandelten Beispielen konnte die Überlagerungsfläche T homöometrisch auf die schlichte η-Ebene abgebildet werden und diese Abbildung lieferte direkt die uniformisierende Veränderliche; wir fragen darum allgemein, ob und wie es möglich ist, die Überlagerungsfläche T im allgemeinsten Falle homöometrisch auf einen schlichten ebenen Bereich abzubilden.

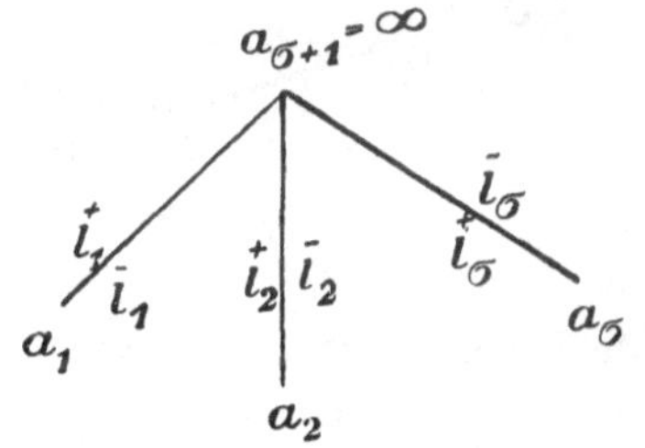

Fig. 20.

20. Notwendige Bedingungen für die Verzweigungszahlen. Die Fälle der Euklidischen Ebene und der Kugel.

Wir wollen zunächst notwendige Bedingungen dafür aufstellen, daß eine homöometrische Abbildung der Überlagerungsfläche T auf die schlichte η-Ebene möglich sei. Das Blatt $T^{(0)}$ von T wird dann homöometrisch einem gewissen Gebiete der η-Ebene entsprechen und wir wollen uns im Anschluß an unsere Beispiele vorstellen, die Querschnitte ließen sich so legen und die Abbildungsfunktion so einrichten, daß dieses Gebiet von geraden Linien begrenzt wird. Denken wir uns wie in den Beispielen die Begrenzung von $T^{(0)}$ von $a_{\sigma+1} = \infty$ ausgehend im positiven Sinne durchlaufen, so erhalten wir als Begrenzung des $T^{(0)}$ entsprechenden

[1]) H. Poincaré, Oeuvres II, S. 61, Bulletin de la soc. math. XI, 1883, S. 112; Acta math. 31, 1907, S. 1; P. Koebe, Gött. Nachr. 1907, S. 191.

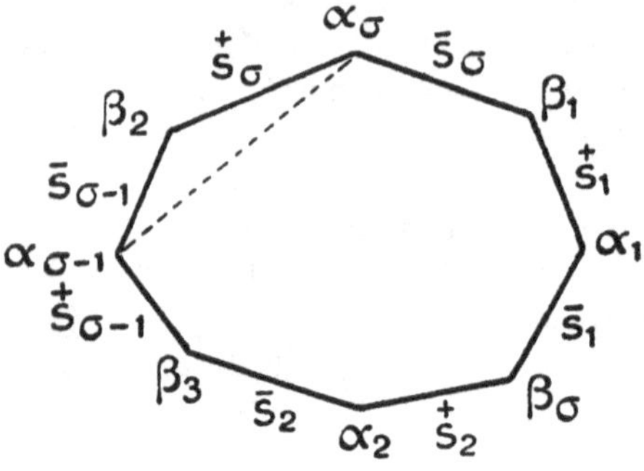

Fig. 21.

Gebietes $H^{(0)}$ ein geradliniges Polygon von 2σ sich nicht überkreuzenden Seiten. Die Ecken von $H^{(0)}$ bezeichnen wir wie in den Beispielen so, daß $\alpha_1, \ldots, \alpha_\sigma$ den Punkten $a_1, \ldots, a_\sigma$ und $\beta_1, \ldots, \beta_\sigma$ dem Punkte $a_{\sigma+1} = \infty$ in den σ verschiedenen Zwickeln von $T^{(0)}$ entspricht. Die σ Ecken β_k bilden dann einen σ-gliedrigen Eckenzyklus, und wenn wir das Polygon von β_1 ausgehend im positiven Sinne durchlaufen, so treffen wir der Reihe nach die Ecken

$$\beta_1, \alpha_\sigma, \beta_2, \alpha_{\sigma-1}, \beta_3, \ldots, \alpha_2, \beta_\sigma, \alpha_1, \beta_1.$$

Die Abbildung muß in allen von den a_k verschiedenen Punkten konform sein, in a_k verkleinern sich die Winkel auf ihren g_k-ten Teil. Unser Polygon hat demnach bei α_k den Winkel $\frac{2\pi}{g_k}$ und bei dem Eckenzyklus $\beta_1, \ldots, \beta_\sigma$ die Winkelsumme $\frac{2\pi}{g_{\sigma+1}}$. Den übrigen Blättern der Überlagerungsfläche mögen dann mit $H^{(0)}$ kongruente Bereiche entsprechen, die aus $H^{(0)}$ durch Verschiebungen der η-Ebene in sich selbst hervorgehen. In einem schlichten geradlinigen 2σ-Eck ist die Summe der Winkel gleich $2\pi(\sigma - 1)$. Es müßte deshalb

$$(1) \qquad \frac{1}{g_1} + \frac{1}{g_2} + \cdots + \frac{1}{g_\sigma} + \frac{1}{g_{\sigma+1}} = \sigma - 1$$

sein, wenn die Abbildung von $T^{(0)}$ in der angenommenen Weise möglich sein soll. Diese Beziehung ergibt für σ und die g_k erhebliche Beschränkungen. Da nämlich die g_k Verzweigungszahlen sein sollen, so ist stets $g_k \geqq 2$, also hätten wir

$$\sum_{k=1}^{\sigma+1} \frac{1}{g_k} \leqq \frac{\sigma+1}{2}.$$

Soll also die Relation (1) erfüllt sein, so muß $\sigma - 1 \leqq \frac{\sigma+1}{2}$, also $\sigma \leqq 3$ sein. Hiernach bleiben, von dem bereits erledigten Falle $\sigma = 1$ und von Permutationen abgesehen, nur die folgenden Möglichkeiten, um die Relation (1) in positiven ganzen Zahlen $g_k \geqq 2$ zu befriedigen:

	σ	g_1	g_2	g_3	g_4
1)	3	2	2	2	2
2)	2	2	2	∞	
3)	2	2	4	4	
4)	2	2	3	6	
5)	2	3	3	3	

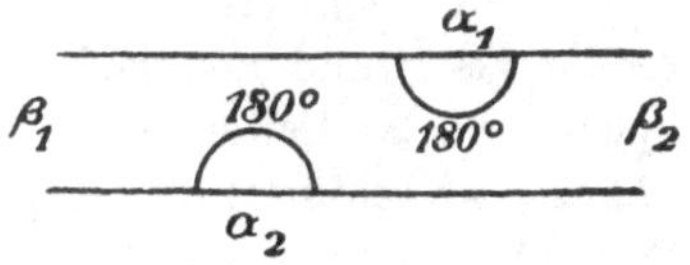

Fig. 22.

Der erste der aufgezählten Fälle ist uns von dem Beispiel der elliptischen Funktionen her geläufig. Der zweite Fall ergibt einen Parallelstreifen (Fig. 22), also eine einfach periodische Funktion. Im 3., 4. und 5. Fall erhalten wir die in der Fig. 23 dargestellten Dreiecke. Diese Fälle sind als Sonderfälle unter dem ersten enthalten [1]).

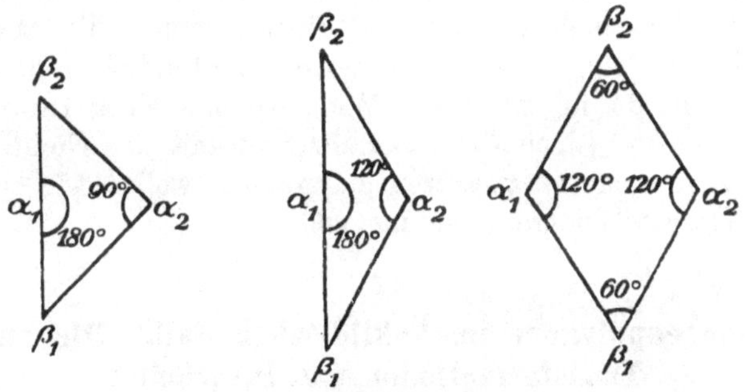

Fig. 23.

Für alle in der vorstehenden Tabelle nicht enthaltenen Werte von σ und den g_k ist die Winkelsumme entweder zu groß oder zu klein, um eine konforme Abbildung von $T^{(0)}$ auf ein geradliniges 2σ-Eck zu ermöglichen. Wir untersuchen zunächst die Fälle, in denen die Winkelsumme zu groß ist. Dann muß

$$\sum_{k=1}^{\sigma+1} \frac{1}{g_k} > \sigma - 1$$

sein, d. h. es ist $\sigma - 1 < \frac{\sigma+1}{2}$ und folglich $\sigma \leqq 2$. Wir haben also wieder, abgesehen von $\sigma = 1$ und von Permutationen, die folgenden Möglichkeiten für σ und die Zahlen g_k [2])

[1]) Vgl. H. Poincaré, Oeuvres II, S. 322.

[2]) H. A. Schwarz, Ges. Abhandl. II, S. 243ff.

	σ	g_1	g_2	g_3
1)	2	2	2	beliebig $= n$
2)	2	2	3	3
3)	2	2	3	4
4)	2	2	3	5

Es besteht hier nicht mehr die Möglichkeit, die Fläche $T^{(0)}$ auf ein geradliniges Polygon der η-Ebene abzubilden. Da aber in einem geodätischen Dreieck auf der Kugel die Winkelsumme größer als π und demnach in einem von größten Kreisen begrenzten Polygon von 2σ Seiten auf der Kugel die Winkelsumme größer als $2\pi(\sigma - 1)$ ist, so bestünde die Möglichkeit der homöometrischen Abbildung von $T^{(0)}$ auf ein sphärisches Viereck.

In allen von den bisher aufgezählten verschiedenen Fällen erweist sich die Winkelsumme als zu klein, um eine konforme Abbildung auf die η-Ebene zu gestatten. Der mit der Nichteuklidischen Geometrie Vertraute wird deshalb auf den Gedanken kommen, die Abbildung auf ein geradliniges Polygon der Bolyai-Lobatscheffskijschen Ebene zu bewerkstelligen, da in dieser die Winkelsumme eines Dreiecks kleiner ist als 180°. Um jedoch die Bekanntschaft mit der Nichteuklidischen Geometrie hier nicht voraussetzen zu müssen, wollen wir zunächst der ganzen Frage eine andere Wendung geben.

---

21. Kreisbogenpolygone im Euklidischen Fall. Die zugehörigen Transformationen und Invarianten.

Wenn die homöometrische Abbildung der Überlagerungsfläche auf die Euklidische Ebene möglich und durch die Funktion η verwirklicht ist, so ändert sich an dem Charakter der Abbildung nichts Wesentliches, wenn wir durch die Beziehung

$$\eta = \frac{\alpha\zeta + \beta}{\gamma\zeta + \delta}, \quad \alpha\delta - \beta\gamma \neq 0 \tag{2}$$

an Stelle von η die linear gebrochene Funktion ζ einführen. Die Beziehung (2) stellt eine sogenannte Möbiussche Kreisverwandtschaft dar, sie hat nämlich die Eigenschaft, Kreise der η-Ebene in Kreise der ζ-Ebene und umgekehrt überzuführen; dabei haben die Geraden als Kreise zu gelten, die durch den unendlich fernen Punkt der betreffenden Ebene hindurchgehen. Den Geraden der η-Ebene entsprechen also Kreise der ζ-Ebene, die durch den Punkt $\zeta = -\frac{\delta}{\gamma}$ hindurchgehen, da dieser Punkt dem $\eta = \infty$ entspricht. Dem geradlinigen Polygon der η-Ebene, das als Abbildung der zerschnittenen x-Ebene $T^{(0)}$ erscheint, entspricht also in der ζ-Ebene ein von Kreisbogen begrenztes Polygon, dessen Begrenzungskreise alle durch den Punkt $-\frac{\delta}{\gamma}$ hindurchgehen. Die Winkelsumme in einem solchen Kreisbogenpolygon stimmt, da die durch (2) vermittelte Abbildung konform, also winkeltreu ist, mit der eines geradlinigen Polygons überein, für ein Kreisbogendreieck (siehe Fig. 24) ist sie im einfachsten Falle 180°.

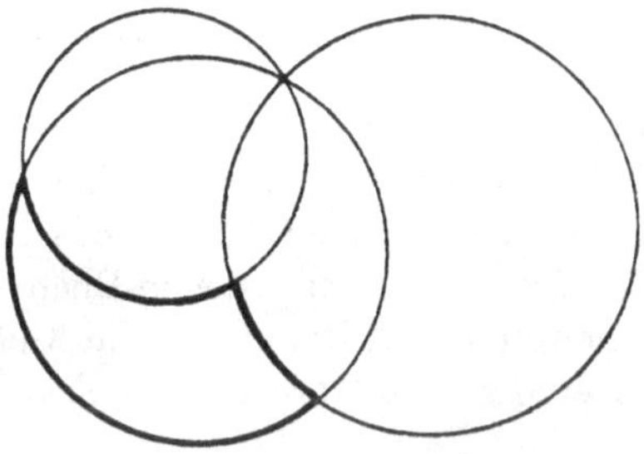

Fig. 24.

Wir wollen zusehen, was bei dem Übergang zur ζ-Ebene aus den Verschiebungen

$$\eta' = e^{\varphi i}\eta + p \tag{3}$$

der η-Ebene in sich selbst wird; es ist dies für uns darum von Bedeutung, weil ja die den verschiedenen Blättern der Überlagerungsfläche entsprechenden Bereiche durch solche Verschiebungen auseinander hervorgehen sollten. Bei den Verschiebungen (3) bleibt der unendlich ferne Punkt in Ruhe; ist $e^{\varphi i} \neq 1$, so ist noch ein zweiter im Endlichen gelegener Doppelpunkt

$$l = \frac{p}{1 - e^{\varphi i}}$$

vorhanden. Um die entsprechende Transformation der ζ-Ebene herzustellen, beachten wir, daß der Punkt $\eta = \infty$ auf den Punkt $\mu = -\frac{\delta}{\gamma}$ der ζ-Ebene abgebildet wird, dem Doppelpunkte $\eta = l$ möge $\zeta = \lambda$ entsprechen. Die Ausdrücke

$$\frac{\zeta - \lambda}{\zeta - \mu} \text{ und } \frac{\zeta' - \lambda}{\zeta' - \mu},$$

wo ζ' aus ζ durch die (3) entsprechende Transformation hervorgeht, verschwinden also gleichzeitig und werden gleichzeitig unendlich, sie können sich folglich nur durch einen konstanten Faktor unterscheiden und dieser kann nur $e^{\varphi i}$ sein. Die (3) entsprechende ζ-Transformation lautet also

$$\frac{\zeta' - \lambda}{\zeta' - \mu} = e^{\varphi i}\frac{\zeta - \lambda}{\zeta - \mu}. \tag{3a}$$

Wenn $e^{\varphi i} = 1$, also (3) eine Parallelverschiebung der η-Ebene ist, so bilden wir $\frac{1}{\zeta' - \mu}$ und $\frac{1}{\zeta - \mu}$. Diese beiden Ausdrücke werden gleichzeitig unendlich groß. Es ist deshalb

$$\frac{1}{\zeta' - \mu} = a \frac{1}{\zeta - \mu} + b,$$

wo a, b Konstanten bedeuten. Wäre $a \neq 1$, so bekämen wir außer dem Doppelpunkte $\zeta = \mu$ noch einen zweiten, von μ verschiedenen Doppelpunkt der Transformation, das ist aber nicht möglich, weil ja für die Parallelverschiebung der η-Ebene die beiden Doppelpunkte im Unendlichen vereinigt liegen. Es muß also $a = 1$ sein und die den Parallelverschiebungen entsprechenden Transformationen der ζ-Ebene haben demnach die Form

$$\frac{1}{\zeta' - \mu} = \frac{1}{\zeta - \mu} + b. \tag{4}$$

Man nennt die Transformation (3a) eine elliptische, die Transformation (4) eine parabolische.

Bei den Verschiebungen der η-Ebene bleibt jede Länge invariant. Wir können dies auch etwas anders formulieren. Setzen wir $\eta = p + qi$, so ist

$$|d\eta|^2 = dp^2 + dq^2$$

das Quadrat des Linienelements der η-Ebene. Aus (3) folgt nun

$$|d\eta'|^2 = |d\eta|^2, \tag{5}$$

d. h. die Verschiebungen der η-Ebene lassen das Linienelement ungeändert. Nun folgt aus (2)

$$d\eta = \frac{d\zeta}{(\gamma\zeta + \delta)^2},$$

wenn wir annehmen, was ohne Beschränkung der Allgemeinheit möglich ist, daß $\alpha\delta - \beta\gamma = 1$ ist. Dann ist also

$$|d\eta|^2 = \frac{|d\zeta|^2}{|\gamma\zeta + \delta|^4}.$$

Der Gleichung (5) entspricht also

$$\frac{|d\zeta'|^2}{|\gamma|^4 |\zeta' - \mu|^4} = \frac{|d\zeta|^2}{|\gamma|^4 |\zeta - \mu|^4}. \tag{5a}$$

Setzen wir

$$\zeta = r + si, \qquad \mu = m + ni,$$

so haben wir demnach entsprechend dem Linienelement der η-Ebene den Ausdruck

$$\frac{dr^2 + ds^2}{[(r - m)^2 + (s - n)^2]^2} \tag{6}$$

als Differentialinvariante für die den Verschiebungen der η-Ebene entsprechenden ζ-Transformationen. Man kann den Ausdruck (6) nunmehr als das Quadrat des Linienelements einer krummen Fläche deuten. Berechnet man für diese Fläche das Gaußsche Krümmungsmaß, so ergibt sich der Wert Null, die Fläche ist also abwickelbar. Die geodätischen Linien der Fläche werden durch Gleichungen zwischen r und s gegeben, die die durch den Punkt μ hindurchgehenden Kreise der ζ-Ebene darstellen. Wir führen diese Rechnung hier nicht im einzelnen durch, da wir später bei allgemeineren Untersuchungen darauf zurückzukommen haben. Für das Folgende wichtig ist uns dies: wir haben durch die Abbildung der η-Ebene auf die ζ-Ebene uns in dieser eine Geometrie konstruiert, in der den Geraden der η-Ebene Kreise entsprechen, die durch den Punkt μ hindurchgehen. Wir können diese Kreise geradezu „Geraden" nennen. Dem Linienelement der η-Ebene entspricht ein gewisses Linienelement (6) der ζ-Ebene. Das Integral über dieses Linienelement längs einer Kurve kann als die „Länge" der Kurve bezeichnet werden, speziell das Integral längs einer „Geraden" zwischen zwei Punkten als der „Abstand" der Punkte. Für diese Geometrie in der ζ-Ebene, die ja natürlich nichts anderes ist als die Geometrie auf der abwickelbaren Fläche mit dem Linienelement (6), gelten dann alle Sätze der gewöhnlichen Euklidischen Geometrie, insbesondere ist z. B. im „geradlinigen" Dreieck die Winkelsumme gleich 180°.

22. Geometrie der Kreisnetze. Orthogonalkreis.

Wir wollen diese Betrachtungen nunmehr in folgender Weise verallgemeinern. Statt zu verlangen, daß die drei Kreise, die ein Dreieck in der ζ-Ebene begrenzen, sich in einem Punkte schneiden, wollen wir von dieser Forderung absehen und in einer Ebene, als die wir gleich unsere η-Ebene nehmen, drei ganz beliebige Kreise ins Auge fassen.

Die Gleichung eines Kreises schreiben wir in der Form

$$a\eta\bar{\eta} + b\eta + \bar{b}\bar{\eta} + d = 0,$$

dabei sind a und d reelle Größen, während durch Überstreichen einer komplexen Größe, wie hier η und b, angedeutet werden soll, daß ihr konjugiert komplexer Wert gemeint ist. In dieser Form sind insbesondere auch die Geraden mit umfaßt, nämlich für $a = 0$. Wir betrachten nunmehr die drei Kreise

$$k_\lambda(\eta) = \eta\bar{\eta} + a_\lambda\eta + \bar{a}_\lambda\bar{\eta} + b_\lambda = 0 \qquad (\lambda = 0, 1, 2)$$

und bilden den Ausdruck

$$\alpha k_0(\eta) + \beta k_1(\eta) + \gamma k_2(\eta) = 0,$$

dann stellt dieser offenbar für alle Werte der Konstanten α, β, γ wieder einen Kreis dar. Die Gesamtheit aller dieser Kreise hängt von zwei wesentlichen Konstanten linear ab und bildet ein sogenanntes Kreisnetz.

Insbesondere enthält das Kreisnetz eine Geradenschar, nämlich die gemeinsamen Sekanten je zweier Kreise des Netzes. Sind

$$\alpha k_0 + \beta k_1 + \gamma k_2 = 0, \qquad \alpha' k_0 + \beta' k_1 + \gamma' k_2 = 0$$

zwei beliebige Kreise des Netzes, so ist

$$\frac{\alpha k_0 + \beta k_1 + \gamma k_2}{\alpha + \beta + \gamma} - \frac{\alpha' k_0 + \beta' k_1 + \gamma' k_2}{\alpha' + \beta' + \gamma'} = 0$$

die Gleichung ihrer gemeinsamen Sekante (Chordale). Diese sämtlichen Chordalen gehen, wie man sofort sieht, durch den Schnittpunkt der beiden Chordalen

$$k_1 - k_0 = 0, \qquad k_2 - k_0 = 0$$

hindurch. Wir bezeichnen diesen stets reellen Schnittpunkt mit dem komplexen Werte η_0. Er hat bekanntlich in bezug auf alle Kreise des Netzes dieselbe Potenz, d. h. die von η_0 aus an die Kreise des Netzes gezogenen Tangenten haben gleiche Länge. Man findet diese Potenz, indem man η_0 in die Gleichung eines Kreises des Netzes einsetzt, nachdem man vorher den Koeffizienten des quadratischen Gliedes gleich 1 gemacht hat. Es sei

$$\eta_0\bar{\eta}_0 + a_\lambda \eta_0 + \bar{a}_\lambda \bar{\eta}_0 + b_\lambda = c \qquad (\lambda = 0, 1, 2)$$

die Potenz von η_0. Ist $c = 0$, so laufen alle Kreise des Netzes durch den Punkt η_0 und wir haben die in der vorigen Nummer betrachteten Verhältnisse. Ist c positiv, so schneidet der Kreis mit dem Halbmesser $\sqrt{c}$ und dem Mittelpunkt η_0 alle Kreise des Netzes unter rechtem Winkel; wir nennen ihn den Orthogonalkreis, er hat die Gleichung

$$(7) \qquad (\eta - \eta_0)(\bar{\eta} - \bar{\eta}_0) - c = 0.$$

Ist c negativ, so hat das Kreisnetz keinen oder, wie wir lieber sagen wollen, einen imaginären Orthogonalkreis. Dabei verstehen wir unter einem imaginären Kreise einen solchen, dessen Mittelpunkt reell und dessen Halbmesser rein imaginär ist. Wir gehen nun umgekehrt von dem Orthogonalkreise (7) aus und fragen nach der Gesamtheit aller Kreise, die diesen gegebenen Kreis unter rechtem Winkel schneiden. Sie bilden ein Netz und unter ihnen befindet sich ein und nur ein mit dem Orthogonalkreise konzentrischer Kreis, nämlich

$$(8) \qquad (\eta - \eta_0)(\bar{\eta} - \bar{\eta}_0) + c = 0.$$

Dieser Kreis ist reell, imaginär oder ein Punkt, je nachdem der Orthogonalkreis imaginär, reell oder ein Punkt ist. Außer diesem Kreise (8) gehören noch die beiden durch den Punkt η_0 hindurchgehenden Geraden

$$\eta + \bar{\eta} = \eta_0 + \bar{\eta}_0, \qquad \eta - \bar{\eta} = \eta_0 - \bar{\eta}_0,$$

die zu den Koordinatenachsen parallel laufen, dem Netze an. Wir haben damit drei linear unabhängige Kreise des Netzes gefunden und die Gesamtheit der den Orthogonalkreis (7) rechtwinklig schneidenden Kreise wird daher durch die Gleichung

$$(9)\quad \mathfrak{a}\{(\eta-\eta_0)(\bar\eta-\bar\eta_0)+c\}+\mathfrak{b}(\eta-\eta_0+\bar\eta-\bar\eta_0) \\ -\mathfrak{c}i(\eta-\eta_0-\bar\eta+\bar\eta_0)=0$$

dargestellt, wo $\mathfrak{a}, \mathfrak{b}, \mathfrak{c}$ reelle Konstanten bedeuten.

Drei nicht durch einen Punkt gehende, paarweise einander schneidende Kreise in der Ebene bestimmen acht Kreisbogendreiecke, von denen je zwei gleiche Winkel haben[1]). Bezeichnen wir mit $\pi\delta_1, \pi\delta_2, \pi\delta_3$ die Winkel eines Paares, so sind die Winkel der andern Paare

$$\begin{array}{lll} \pi\delta_1, & \pi(1-\delta_2), & \pi(1-\delta_3); \\ \pi(1-\delta_1), & \pi\delta_2, & \pi(1-\delta_3); \\ \pi(1-\delta_1), & \pi(1-\delta_2), & \pi\delta_3. \end{array}$$

In einem der vier Paare ist die Winkelsumme am kleinsten, wir denken die Bezeichnung so gewählt, daß dies in den Dreiecken mit den Winkeln $\pi\delta_1, \pi\delta_2, \pi\delta_3$ der Fall ist. Um diese einfachen geometrischen Verhältnisse besser übersehen zu können, wollen wir durch eine lineare Transformation $\frac{\alpha\eta+\beta}{\gamma\eta+\delta}$, die ja die Winkel konserviert, zwei der drei Kreise in Gerade verwandeln, indem wir den einen ihrer Schnittpunkte ins Unendliche verlegen. Die beiden Geraden mögen sich in dem Punkte μ schneiden. Liegt dann μ außerhalb des dritten Kreises, so gibt es einen reellen Orthogonalkreis, nämlich den Kreis mit dem Mittelpunkte μ, der durch die Berührungspunkte der von μ aus an den dritten Kreis gelegten Tangenten hindurchgeht (Fig. 25). Im Innern des Orthogonalkreises liegt dann ein und nur ein von den beiden Geraden und dem dritten Kreise begrenztes Dreieck mit einer Winkelsumme, die kleiner als 180° ist.

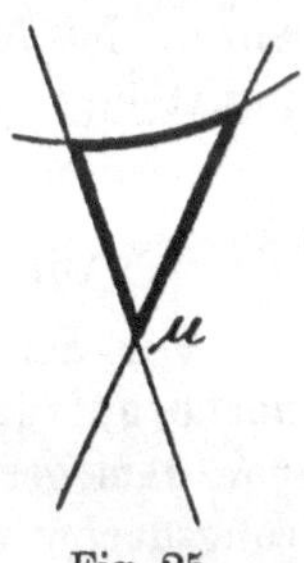

Fig. 25.

Liegt dagegen der Schnittpunkt μ der beiden Geraden im Innern des dritten Kreises, so ist der Orthogonalkreis imaginär und das Paar der acht Kreisbogendreiecke mit der kleinsten Winkelsumme hat (siehe Fig. 26) eine Winkelsumme größer als 180°. Da im Falle, wo der Orthogonalkreis auf einen Punkt zusammenschrumpft, die Winkelsumme im Kreisbogendreieck gleich 180° ist, so haben wir also, je nachdem wir Kreisbogendreiecke mit reellem, imaginärem oder auf einen Punkt zusammenge-

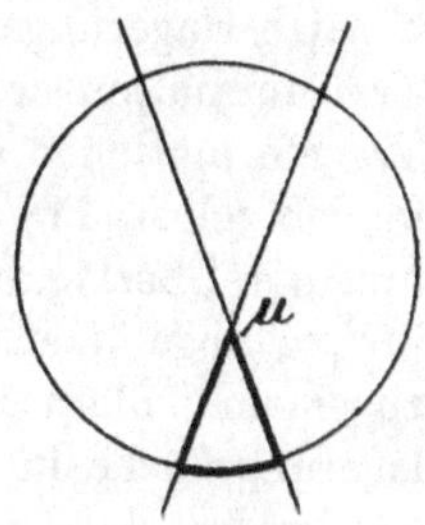

Fig. 26.

[1]) Siehe H. A. Schwarz, Ges. Abhandl. II, S. 234 ff.

schrumpftem Orthogonalkreis betrachten, eine Winkelsumme, die kleiner, größer oder gleich π ist. Das führt uns auf den Gedanken, die Abbildung der zerschnittenen x-Ebene $T^{(0)}$ auf ein Kreisbogenpolygon zu versuchen, dessen Kreise einem und demselben Netz angehören, wobei wir je nach dem Bedürfnis ein Kreisnetz mit reellem, imaginärem oder auf einen Punkt zusammengeschrumpftem Orthogonalkreis zugrundelegen werden, entsprechend den Fällen

$$\sum_{k=1}^{\sigma+1} \frac{1}{g_k} \lesseqgtr \sigma - 1.$$

Im Falle eines reellen Orthogonalkreises wollen wir stets ein ganz im Innern des Orthogonalkreises gelegenes Kreisbogenpolygon heranziehen; für die ganze Überlagerungsfläche T werden wir deshalb daran denken, die Abbildung auf das Innere des Orthogonalkreises zu versuchen. Im Falle, wo der Orthogonalkreis ein Punkt wird, also $c = 0$, verlegen wir diesen Punkt stets ins Unendliche. Die Überlagerungsfläche T würde dann auf die ganze Ebene mit Ausschluß des unendlich fernen Punktes abzubilden sein. Wir sagen kurz, der Fall $c = 0$ entspreche einer Abbildung auf die punktierte Ebene. Wenn endlich der Orthogonalkreis imaginär ist, so wird eine Abbildung auf die Vollebene ins Auge zu fassen sein, ohne daß sich auch nur ein Ausnahmepunkt ergibt.

23. Transformationen einer Kreisscheibe in sich.

Für den Fall der elliptischen Funktionen war die Überlagerungsfläche auf die punktierte Ebene abgebildet worden und der Übergang von dem geradlinigen Polygon $H^{(0)}$, das dem Blatte $T^{(0)}$ der Überlagerungsfläche entsprach, zu den den andern Blättern entsprechenden Polygonen erfolgte durch lineare Transformationen von η, die den unendlich fernen Punkt in Ruhe lassen. Den Übergang von einem Blatte $T^{(0)}$ der Überlagerungsfläche zu einem andern $T^{(1)}$ kann man auch als eine Transformation der Überlagerungsfläche in sich selbst auffassen. Diesen Transformationen entsprechen also lineare Transformationen der η-Ebene in sich selbst, für die der unendlich ferne Punkt in Ruhe bleibt. Würde nun die Überlagerungsfläche T auf das Innere eines reellen Orthogonalkreises abgebildet, so entspräche dem Übergang von einem Blatte $T^{(0)}$ zu einem andern Blatte $T^{(1)}$, d. h. also einer Transformation der Überlagerungsfläche in sich selbst eine gegenseitig eindeutige Transformation des Innern des Orthogonalkreises in sich selbst. Wir stellen uns darum zunächst die Aufgabe, die Form der gegenseitig eindeutigen und konformen, also homöometrischen Transformationen einer Kreisfläche in sich selbst zu ermitteln. Es wird sich zeigen, daß diese Transformationen stets die Form $\frac{\alpha\eta+\beta}{\gamma\eta+\delta}$ haben [1]).

Zunächst kann man, nötigenfalls durch Übergang zu einer neuen Veränderlichen $\eta' = a\eta + b$, stets erreichen, daß die Kreisfläche, die homöometrisch in sich selbst übergeführt werden soll, das Innere des Einheitskreises

$$\eta\bar{\eta} - 1 = 0$$

ist. Es sei $\zeta = f(\eta)$ die Funktion, die diese Überführung leistet. Ohne die Allgemeinheit zu beschränken, können wir annehmen, daß dem Punkte $\eta = 0$ der Punkt $\zeta = 0$ entspricht, da dies stets durch eine lineare Transformation von ζ erreicht werden kann. Wäre nämlich $\lambda = f(0)$, so legen wir durch λ den Kreisdurchmesser; seine Endpunkte seien μ und ν. Bilden wir dann den Ausdruck

$$\frac{\zeta' - \mu}{\zeta' - \nu} = K\frac{\zeta - \mu}{\zeta - \nu},$$

wo K eine positive reelle Konstante bedeutet, so folgt aus dem Umstande, daß $|\mu| = |\nu| = 1$ ist, daß, wenn ζ auf der Peripherie des Einheitskreises gelegen, also $\zeta\bar{\zeta} = 1$ ist, auch die entsprechenden Bildpunkte ζ' dieser Peripherie angehören. Wir können nun K so wählen, daß dem Punkte $\zeta = \lambda$ der Punkt $\zeta' = 0$ entspricht, dazu hat man nur die Gleichung

$$\frac{\mu}{\nu} = K\frac{\lambda - \mu}{\lambda - \nu}$$

zu befriedigen. Das so bestimmte K ist reell positiv. Wir haben jetzt eine homöometrische Transformation $\zeta = f(\eta)$ des Innern des Einheitskreises auf sich selbst, die den Nullpunkt ungeändert läßt. Im Innern des Einheitskreises der η-Ebene ist ζ als Funktion von η holomorph und verschwindet für $\eta = 0$, ferner ist natürlich $|\zeta| < 1$.

Hat man allgemein eine Funktion $f(\eta)$, die für $|\eta| < 1$ holomorph, dem absoluten Betrage nach kleiner als 1 ist und für $\eta = 0$ verschwindet, so gilt für $|\eta| < 1$ eine Entwicklung von der Form

$$f(\eta) = \delta_1\eta + \delta_2\eta^2 + \cdots.$$

Es ist also auch

$$\frac{f(\eta)}{\eta} = \delta_1 + \delta_2\eta + \cdots$$

für $|\eta| < 1$ holomorph. Betrachten wir jetzt einen mit dem Einheitskreis konzentrischen Kreis mit dem Halbmesser $r < 1$, dann ist auf seiner Peripherie $|f(\eta)| < 1$ und $|\eta| = r$, also

[1]) H. Poincaré, Oeuvres II, S. 327 (1884).

$$(10) \qquad \left|\frac{f(\eta)}{\eta}\right| < \frac{1}{r}.$$

Nach einem bekannten Satze der Funktionentheorie kann aber der absolute Betrag einer in einem Bereiche holomorphen Funktion seinen Maximalwert stets nur auf der Begrenzung erreichen [1]). Die Ungleichung (10) gilt also auch für $|\eta| < r$, und da sie für jedes η und jedes $r < 1$ erfüllt ist, solange $|\eta| < r$ ist, so haben wir $\left|\frac{f(\eta)}{\eta}\right| \leqq 1$ für jedes $|\eta| < 1$ oder

$$(10a) \qquad |f(\eta)| \leqq |\eta|, \qquad |\eta| < 1.$$

Diese Ungleichung wird als Schwarzsches Lemma [2]) bezeichnet.

In unserem Falle, $f(\eta) = \zeta$, ist die Beziehung zwischen ζ und η eine gegenseitige, es gelten also die beiden Ungleichungen

$$\left|\frac{\zeta}{\eta}\right| \leqq 1, \qquad \left|\frac{\eta}{\zeta}\right| \leqq 1,$$

also $|\eta| = |\zeta|$. Die monogene Funktion $\frac{\zeta}{\eta}$, deren absoluter Betrag für $|\eta| \leqq 1$ beständig gleich Eins ist, ist also eine Konstante von der Form $e^{\varphi i}$; wir haben folglich

$$\zeta = \eta e^{\varphi i},$$

womit unsere Behauptung bewiesen ist. Zugleich ist gezeigt, daß die allgemeinste Transformation, die das Innere des Einheitskreises in sich selbst überführt, dies auch für die abgeschlossene Kreisscheibe leistet, und daß sie eine linear gebrochene Transformation ist, bei der die Peripherie des Einheitskreises in sich selbst übergeht. Wir sehen überdies, daß in dem Schwarzschen Lemma (10a) das Gleichheitszeichen nur für den Fall gilt, wo $\zeta = \eta e^{\varphi i}$ ist.

Durch den eben bewiesenen Satz ist sichergestellt, daß im Falle der Abbildbarkeit einer Überlagerungsfläche T auf eine Kreisfläche das dem Blatte $T^{(0)}$ entsprechende Kreisbogenpolygon durch die Transformationen der Überlagerungsfläche in sich selbst wieder in ein Kreisbogenpolygon übergeführt wird. Wir bemerken, daß auch die Eigenschaft einer Transformation, Kreise in Kreise überzuführen und gegen-

---

[1]) Siehe z. B. Bieberbach, Funktionentheorie, Leipzig 1922, S. 41. Natürlich kann von einem Maximum des absoluten Betrages nur die Rede sein, wenn der Bereich, innerhalb dessen die Funktion holomorph ist, wie hier, ein abgeschlossener ist. Andernfalls kann man nur von der oberen Schranke der Werte sprechen, deren der absolute Betrag in den inneren Punkten des Bereichs fähig ist.

[2]) H. A. Schwarz, Ges. Abhandlungen II, S. 108; C. Carathéodory, Math. Annalen 72 (1912), S. 110.

seitig eindeutig und stetig zu sein, bedingt, daß man es mit einer linear gebrochenen Transformation zu tun hat [1]).

Daß die Transformationen, die die punktierte Ebene homöometrisch in sich selbst überführen, linear gebrochene Transformationen sind, die den unendlich fernen Punkt dieser Ebene in Ruhe lassen, ist uns bereits bekannt. In dem Falle endlich, wo der Orthogonalkreis imaginär ist, wäre eine Transformation, die die Vollebene homöometrisch ohne jeden Ausnahmepunkt in sich überführt, sicher rational und rational umkehrbar, also wieder eine linear gebrochene.

---

24. Projektive Transformationen, die einen Kreis in sich selbst überführen. Differentialinvariante.

Wir wollen nun die linear gebrochenen Transformationen herzustellen suchen, die einen Kreis

$$\eta\bar{\eta} - c = 0$$

in sich selbst überführen; dabei lassen wir es dahingestellt, ob der Kreis reell ($c > 0$), imaginär ($c < 0$) oder ein Punkt ($c = 0$) ist. Soll die Transformation

$$\zeta = \frac{\alpha\eta + \beta}{\gamma\eta + \delta}, \quad \alpha\delta - \beta\gamma = 1 \tag{11}$$

---

[1]) Wir skizzieren hier einen einfachen geometrischen Beweis für diesen Satz. Die homöomorphe, d. h. gegenseitig eindeutige und stetige Transformation $\zeta = f(\eta)$, die Kreise in Kreise überführt, kann durch eine lineargebrochene Transformation von η so eingerichtet werden, daß die Punkte $\eta = \infty$, $\zeta = \infty$ einander entsprechen, daß also Gerade in Gerade übergehen. Dann wird auch der Parallelismus von Geraden erhalten bleiben, Parallelogrammen entsprechen also Parallelogramme, und da ein einem Kreise eingeschriebenes Parallelogramm ein Rechteck sein muß, so entsprechen auch Rechtecken Rechtecke, also rechten Winkeln rechte Winkel. Das Quadrat ist das Rechteck, dessen Diagonalen aufeinander senkrecht stehen, also entsprechen Quadraten Quadrate. Nun kann man durch eine lineargebrochene Transformation von η weiter erreichen, daß auch die Punkte 0, 1 in beiden Ebenen einander entsprechen; dann entspricht also das ganzzahlige quadratische Zahlengitter in der einen Ebene entweder sich selbst, oder seinem Spiegelbilde in bezug auf die reelle Achse in der andern. Halten wir uns den ersten Fall vor Augen und bedenken, daß die Teilung der Strecke (01) in n gleiche Teile nur das Ziehen von Parallelen erfordert, so erkennen wir, daß alle Punkte mit rationalen Koordinaten in den beiden Ebenen sich selbst entsprechen. Daraus folgt nun vermöge der Stetigkeit, daß $\zeta = \eta$ sein muß. Wir haben somit für $\zeta = f(\eta)$ nur die beiden Möglichkeiten

$$\zeta = \frac{\alpha\eta + \beta}{\gamma\eta + \delta}, \quad \zeta = \frac{\alpha\bar{\eta} + \beta}{\gamma\eta + \delta}.$$

Der Grundgedanke dieses Beweises geht auf eine mündliche Mitteilung von P. Koebe zurück.

den Kreis ungeändert lassen, so muß vermöge $\eta\bar{\eta} - c = 0$ auch $\zeta\bar{\zeta} - c = 0$, also

$$\frac{a\eta + \beta}{\gamma\eta + \delta} \cdot \frac{\bar{a}\bar{\eta} + \bar{\beta}}{\bar{\gamma}\bar{\eta} + \bar{\delta}} - c = 0$$

sein. Die letztere Gleichung muß also nach Multiplikation mit $|\gamma\eta + \delta|^2$ mit der Gleichung des Kreises $\eta\bar{\eta} - c = 0$ übereinstimmen, d. h. es muß

$$|a\eta + \beta|^2 - c|\gamma\eta + \delta|^2 = \varrho(\eta\bar{\eta} - c)$$

sein, wo ϱ einen Proportionalitätsfaktor bedeutet. Daraus ergeben sich die Bedingungen

$$\begin{aligned} a\bar{a} - c\gamma\bar{\gamma} &= \varrho, \\ a\bar{\beta} - c\gamma\bar{\delta} &= 0, \\ \bar{a}\beta - c\bar{\gamma}\delta &= 0, \\ \beta\bar{\beta} - c\delta\bar{\delta} &= -\varrho c. \end{aligned}$$

Diese werden erfüllt durch

$$a = \varrho\bar{\delta}, \quad \beta = \varrho c\bar{\gamma}, \quad c\gamma = \varrho\bar{\beta}, \quad \delta = \varrho\bar{a}.$$

Wenn c von Null verschieden ist, so folgt hieraus und aus $a\delta - \beta\gamma = 1$, daß $\varrho^2 = 1$, also $\varrho = \pm 1$ ist. Wir haben also [1]) für

$$(12) \quad \varrho = +1, \quad a = \bar{\delta}, \quad c\gamma = \bar{\beta}, \quad |\gamma\eta + \delta|^2(\zeta\bar{\zeta} - c) = \eta\bar{\eta} - c$$

und für

$$(13) \quad \varrho = -1, \quad -a = \bar{\delta}, \quad \bar{\beta} = -c\gamma, \quad |\gamma\eta + \delta|^2(\zeta\bar{\zeta} - c) = -(\eta\bar{\eta} - c).$$

Für $c < 0$ ist hiernach der Fall $\varrho = -1$ ausgeschlossen, dagegen ist für $c > 0$ eine Unterscheidung der beiden Fälle $\varrho = +1$, $\varrho = -1$ zu treffen. Die mit $\varrho = +1$ gebildeten Transformationen, die wir als positive bezeichnen, führen das Innere des Kreises $\eta\bar{\eta} - c < 0$ wieder in das Innere über, während die mit $\varrho = -1$ gebildeten, negativen Transformationen das Kreisinnere in das Äußere und umgekehrt transformieren. Für uns kommen nur die positiven Transformationen in Betracht, denn nur für sie geht die Scheibe des Orthogonalkreises in sich selbst über. Unsere Transformationen haben also für $c \neq 0$ die Form

$$(11\text{a}) \qquad \zeta = \frac{a\eta + c\bar{\gamma}}{\gamma\eta + \bar{a}}, \qquad a\bar{a} - c\gamma\bar{\gamma} = 1.$$

Der Fall $c = 0$ ist bereits in der Nummer 21 erledigt, wir haben nur in den Formeln dieser Nummer η an die Stelle von ζ und $\mu = 0$ zu setzen.

---

[1]) Diese Bedingungen ergeben sich auch aus der Erwägung, daß die zwischen η, ζ bestehende Beziehung (11) auch zwischen den Spiegelbildern $\frac{c}{\bar{\eta}}$, $\frac{c}{\bar{\zeta}}$ dieser Punkte in bezug auf den Kreis $\eta\bar{\eta} - c = 0$ bestehen muß.

Dort ergab sich als invarianter Ausdruck für die den Verschiebungen der η-Ebene entsprechenden ζ-Transformationen: $\frac{|d\zeta|}{|\zeta|^2}$. Um nun für $c \neq 0$ eine analoge Differentialinvariante aufstellen zu können, bilden wir aus (11)

$$d\zeta = \frac{d\eta}{(\gamma\eta + \delta)^2},$$

woraus

$$|d\zeta| = \frac{|d\eta|}{|\gamma\eta + \delta|^2}$$

folgt.

Nun ist aber für unsere positiven Transformationen nach (12)

$$\zeta\bar{\zeta} - c = \frac{\eta\bar{\eta} - c}{|\gamma\eta + \delta|^2},$$

wir haben also

$$\frac{|d\zeta|}{\zeta\bar{\zeta} - c} = \frac{|d\eta|}{\eta\bar{\eta} - c},$$

d. h. wenn wir $\eta = p + qi$ setzen, die Differentialinvariante

$$\frac{|d\eta|^2}{(\eta\bar{\eta} - c)^2} = \frac{dp^2 + dq^2}{(p^2 + q^2 - c)^2}.$$

Diesen Ausdruck können wir nun wieder als das Linienelement einer krummen Fläche auffassen und darauf die Methoden der Gaußschen „Disquisitiones generales circa superficies curvas“ anwenden [1]). Der Bequemlichkeit wegen versehen wir unseren Ausdruck noch mit dem Faktor 4, setzen also

$$ds^2 = \frac{4\,(dp^2 + dq^2)}{(p^2 + q^2 - c)^2},$$

es ist dann in den Bezeichnungen von Gauß

$$E = G = \frac{4}{(p^2 + q^2 - c)^2}, \quad F = 0,$$

und für das Gaußsche Krümmungsmaß ergibt sich nach den Nummern 11 und 19 der angeführten Abhandlung der konstante Wert $K = -c$. Während also in dem Falle der Nummer 21 ($c = 0$) die entsprechende Fläche eine abwickelbare war, finden wir für den Fall eines reellen Orthogonalkreises ($c > 0$) eine Fläche von konstantem negativen, und für den Fall eines imaginären Orthogonalkreises ($c < 0$) eine solche von konstantem positiven Krümmungsmaß. Wenn wir hier von einer „Fläche“

[1]) Gauß Werke, Bd. IV, S. 217 (1828), deutsch von Wangerin, Ostwalds Klassiker Nr. 5.

reden, so hat man nicht etwa an eine im dreidimensionalen Raume gelegene Fläche zu denken, es ist vielmehr nur die zweifach ausgedehnte Mannigfaltigkeit der p, q gemeint, der durch das Linienelement ds eine Maßbestimmung aufgeprägt wird. Dabei nehmen p und q für $c > 0$ nur diejenigen reellen Werte an, für die $p^2 + q^2 \leqq c$ ist, während sie für $c \leqq 0$ alle reellen Werte annehmen können. Ein Punkt unserer „Fläche" ist also nichts anderes als ein solches Wertepaar p, q.

Das Linienelement ds wird unendlich, wenn $p^2 + q^2 - c = 0$ ist. Für Flächen mit positivem Krümmungsmaß ist diese Gleichung für keinen reellen Punkt der Fläche erfüllt. Für $c = 0$ wird sie nur durch $p = 0$, $q = 0$ befriedigt; jede in diesen Punkt einmündende Kurve hat eine unendliche Länge, dieser Punkt spielt also die Rolle des unendlich fernen Punktes. Für ein negatives Krümmungsmaß werden die Punkte des reellen Orthogonalkreises $p^2 + q^2 - c = 0$ die Rolle von unendlich fernen Punkten spielen; wenn eine Kurve in einen dieser Punkte einmündet, so wird ihre Bogenlänge unendlich groß.

Für die geodätischen Linien der Fläche finden wir nach Nummer 18 der Gaußschen Abhandlung, gemäß den oben angegebenen Werten von E, F, G, die Differentialgleichung

$$(p^2 + q^2 - c)\frac{d^2q}{dp^2} + 2\left(1 + \left(\frac{dq}{dp}\right)^2\right)\left(q - p\frac{dq}{dp}\right) = 0.$$

Nach Division mit $\left(q - p\frac{dq}{dp}\right)^2$ ergibt sich als erstes Integral

$$p^2 + 2pq\frac{dq}{dp} - q^2 - c = \gamma\left(q - p\frac{dq}{dp}\right)$$

und nach abermaliger Division durch p^2 als allgemeines Integral

$$p^2 + q^2 + c + \gamma q + \beta p = 0, \tag{14}$$

wo γ und β willkürliche Konstanten bedeuten. Unsere Fläche erscheint auf die η-Ebene mit dem Linienelement $d\sigma = \sqrt{dp^2 + dq^2}$ konform abgebildet, es ist ja

$$ds = \frac{2\,d\sigma}{p^2 + q^2 - c}.$$

Die Bilder der geodätischen Linien (14) sind in der η-Ebene nach den Ergebnissen der Nummer 22 die Kreise, die den Orthogonalkreis $p^2 + q^2 - c = 0$ unter rechtem Winkel schneiden. Setzen wir $\gamma = \frac{2\mathfrak{c}}{\mathfrak{a}}$, $\beta = \frac{2\mathfrak{b}}{\mathfrak{a}}$, so kann die Gleichung (14) dieser Kreise in der Form

$$\left(p + \frac{\mathfrak{b}}{\mathfrak{a}}\right)^2 + \left(q + \frac{\mathfrak{c}}{\mathfrak{a}}\right)^2 + c - \left(\frac{\mathfrak{b}}{\mathfrak{a}}\right)^2 - \left(\frac{\mathfrak{c}}{\mathfrak{a}}\right)^2 = 0$$

geschrieben werden. Diese Kreise sind reell, wenn

$$\mathfrak{b}^2 + \mathfrak{c}^2 - c\mathfrak{a}^2 > 0$$

ist. Für $c \leqq 0$ ist das für alle Werte der Konstanten $\mathfrak{a}$, $\mathfrak{b}$, $\mathfrak{c}$ der Fall, für $c > 0$ haben wir aber eine Beschränkung für die Integrationskonstanten $\mathfrak{a}$, $\mathfrak{b}$, $\mathfrak{c}$.

25. Metrik. Absolute Geometrie.

Wir fassen nun die Gesamtheit der geodätischen Linien ins Auge, die durch einen Punkt hindurchgehen. Denken wir uns diesen Punkt nach $p = 0$, $q = 0$ gelegt, so wird das Büschel der durch diesen Punkt hindurchgehenden geodätischen Linien durch die Gleichung

$$\mathfrak{b}p + \mathfrak{c}q = 0$$

dargestellt, in der Abbildung auf die η-Ebene haben wir also das durch den Koordinatenanfangspunkt hindurchgehende Strahlenbüschel. Der Winkel

$$\varphi = \operatorname{arctg} \frac{-\mathfrak{b}}{\mathfrak{c}},$$

den ein Strahl unseres Büschels mit der reellen η-Achse bildet, mißt auch auf der Fläche die Neigung zwischen der entsprechenden geodätischen Linie und der Linie $q = 0$. Wir tragen nun auf den geodätischen Linien unseres Büschels von dem Punkte $p = 0$, $q = 0$ aus die konstante Länge r ab. Bezeichnen wir dann mit p, q den Endpunkt, so ist

$$r = 2 \int_{(0,0)}^{(p,q)} \sqrt{\frac{dp^2 + dq^2}{(p^2 + q^2 - c)^2}},$$

dabei ist das Integral längs der durch die Punkte $(0, 0)$ und (p, q) gehenden geodätischen Linie zu erstrecken. Wir haben dann in r und φ ein *geodätisches Polarkoordinatensystem* auf der Fläche[1]). Führen wir andererseits in der η-Ebene durch die Gleichungen

$$p = \varrho \cos \varphi,$$
$$q = \varrho \sin \varphi$$

Polarkoordinaten ϱ, φ ein, so erhalten wir

$$r = \pm 2 \int_0^{\varrho} \frac{d\varrho}{\varrho^2 - c};$$

das Vorzeichen wollen wir stets so wählen, daß r positiv ist. Wir setzen nun für

[1]) Siehe Gauß a. a. O. Nr. 19.

$$c < 0, \quad \sqrt{-c} = k > 0,$$
$$c > 0, \quad \sqrt{c} = k > 0,$$

dann ist im ersten Falle, also für einen imaginären Orthogonalkreis

$$r = \frac{2}{k}\operatorname{arctg}\frac{\varrho}{k}, \quad \varrho = k \operatorname{tg}\frac{kr}{2}, \tag{15}$$

r hat also für jeden Wert von ϱ einen endlichen Wert, d. h. die auf der Fläche gemessene geodätische Entfernung zweier beliebiger Punkte ist stets endlich. Im zweiten Falle, also für einen reellen Orthogonalkreis ergibt sich

$$r = \frac{1}{k}\log\frac{k+\varrho}{k-\varrho}, \quad \varrho = k\frac{e^{kr}-1}{e^{kr}+1} = k \operatorname{th}\frac{kr}{2}, \tag{16}$$

r ist also nur endlich, wenn $\varrho < k$ ist, d. h. für Punkte der Fläche, die η-Punkten innerhalb des Orthogonalkreises entsprechen. Für die den Punkten des Orthogonalkreises entsprechenden Flächenpunkte ist der geodätische Abstand von dem Punkte $(0, 0)$ unendlich groß, für die Punkte außerhalb des Orthogonalkreises wird er imaginär. Den letzteren entsprechen die sogenannten idealen Punkte der Fläche konstanter negativer Krümmung. Nachdem auf diese Weise mit r das Längenmaß auf der Fläche definiert ist, während das Winkelmaß mit dem der η-Ebene übereinstimmt, da ja die Abbildung konform ist, so bleibt nur noch das Flächenmaß einzuführen. Nach Nummer 17 der Gaußschen Disquisitiones ist das Flächenelement

$$dw = dp\,dq\sqrt{EG - F^2} = \frac{4\,dp\,dq}{(p^2+q^2-c)^2},$$

der Flächeninhalt einer endlichen Figur auf der Fläche wird also durch das Doppelintegral

$$\iint dw = 4\iint\frac{\varrho\,d\varrho\,d\varphi}{(\varrho^2-c)^2} \tag{17}$$

geliefert. Alle diese Maße sind für die Transformationen der Scheibe des Orthogonalkreises in sich invariant.

Es erweist sich nun als bequem, eine neue Sprechweise einzuführen. Mit Johann Bolyai wollen wir statt von einer Fläche mit dem konstanten Krümmungsmaß $-c(c \gtreqless 0)$ von einer absoluten Ebene sprechen. Die geodätischen Linien nennen wir Geraden, die Winkel messen wir in gewöhnlicher Weise, die Länge einer Kurve wird durch das Integral

$$s = 2\int\sqrt{\frac{dp^2+dq^2}{(p^2+q^2-c)^2}},$$

der Flächeninhalt einer Figur durch das Doppelintegral (17) gegeben.

Es gelten dann in dieser Bezeichnungsweise alle Sätze der absoluten, d. h. vom Euklidischen Parallelenaxiom unabhängigen ebenen Geometrie [1]). Als Beispiel betrachten wir die Winkelsumme in einem geradlinigen Dreieck der absoluten Ebene, d. h. also einem von geodätischen Linien gebildeten Dreieck auf der Fläche mit dem konstanten Krümmungsmaß $K = -c$. Nach Nr. 20 der Gaußschen Disquisitiones ist die Gesamtkrümmung (curvatura integra) eines solchen Dreiecks

$$\iint K dw = -c \iint dw = A + B + C - \pi,$$

wo A, B, C die Winkel des Dreiecks bedeuten und das Doppelintegral über die Fläche des Dreiecks zu erstrecken ist. Bezeichnen wir also den Flächeninhalt des Dreiecks $\iint dw$ mit F, so ist

$$-cF = A + B + C - \pi.$$

Dieser allgemeine Satz der absoluten Planimetrie spezialisiert sich für die verschiedenen Werte der Konstanten c in folgender Weise (vgl. oben Nr. 22). Ist $c > 0$, d. h. haben wir es mit einem reellen Orthogonalkreise zu tun, so ist

$$A + B + C < \pi;$$

man bezeichnet die entsprechende Geometrie dann als die Bolyai-Lobatscheffskijsche [2]). In dieser Geometrie hat jede Gerade zwei unendlich ferne Punkte, entsprechend den beiden Schnittpunkten ihres Bildes in der η-Ebene mit dem reellen Orthogonalkreis. Für $c = 0$ haben wir

$$A + B + C = \pi;$$

die entsprechende Geometrie ist die Euklidische, in ihr hat jede Gerade einen unendlich fernen Punkt, nämlich den, der demjenigen Punkte

---

[1]) In seiner „Appendix scientiam spatii absolute veram exhibens" (1832, deutsch in P. Stäckels, Wolfgang und Johann Bolyai, II. Teil, Leipzig und Berlin 1913, S. 185ff.) versteht J. Bolyai unter absoluter Geometrie der Ebene nur die sich für $c \geqq 0$ ergebende Geometrie, die zwar das Euklidische Parallelenaxiom fallen läßt, aber das Axiom von der unendlichen Länge der Geraden beibehält. Die von uns gewählte allgemeine Fassung trägt der modernen, auf Riemanns Habilitationsvortrag „Über die Hypothesen, welche der Geometrie zugrunde liegen" (1854, Werke 2. Aufl. S. 272, neu herausg. von H. Weyl, Berlin 1919) zurückgehenden Auffassung Rechnung. Zur Einführung in die Theorie und Geschichte der Nichteuklidischen Geometrie kann auf Bonola-Liebmann „Die Nichteuklidische Geometrie", 2. Aufl., Leipzig und Berlin 1919, verwiesen werden. Eine sehr vollständige Darstellung der ebenen Geometrie für den Fall $c > 0$, ausgehend von der entsprechenden Form des Linienelements, findet man in L. Bianchi, Lezioni di geometria differenziale, 3. ed. Vol. I (Pisa 1922), cap. XIV.

[2]) Im folgenden stets abgekürzt: „B.-L.sche".

der η-Ebene entspricht, auf den der Orthogonalkreis zusammengeschrumpft ist. Endlich ist für $c < 0$

$$A + B + C > \pi;$$

die entsprechende Geometrie heißt die Riemannsche, die Gerade hat eine endliche Länge, da der Orthogonalkreis imaginär ist. Die Transformationen, die die Scheibe des Orthogonalkreises in sich überführen, können, da sie das Linienelement der absoluten Ebene invariant lassen, als isometrische Transformationen der Fläche, also als Verschiebungen der absoluten Ebene in sich selbst aufgefaßt werden.

---

26. Verschiebungen der absoluten Ebene in sich selbst.

Im Falle $c = 0$ werfen wir durch die Transformation $\xi = \frac{1}{\eta}$ den Nullpunkt, auf den der Orthogonalkreis zusammengeschrumpft ist, in den unendlich fernen Punkt der ξ-Ebene und haben dann, wenn wir wieder η an Stelle von ξ schreiben, die Verschiebungen der Euklidischen Ebene in sich durch

$$\zeta = e^{\varphi i}\eta + \beta$$

gegeben. In diesem Falle gibt es aber auch noch andere Transformationen, die den Punkt $\eta = \infty$ in Ruhe lassen, nämlich

$$\zeta = a e^{\varphi i}\eta + \beta,$$

wo $a \neq 1$ ist; es sind die sogenannten Ähnlichkeitstransformationen, sie bilden eine Besonderheit der Euklidischen Ebene.

Für $c \neq 0$ sind als Verschiebungen der absoluten Ebene in sich alle Transformationen (11) anzusprechen, die die Peripherie des Kreises $\eta\bar{\eta} - c = 0$ in sich überführen, wobei für $c > 0$ allerdings nur die positiven Transformationen in Betracht kommen. Sie haben, wie wir in der Nummer 24 gesehen haben, die Form

$$\zeta = \frac{\alpha\eta + c\bar{\gamma}}{\gamma\eta + \bar{\alpha}}, \quad \alpha\bar{\alpha} - c\gamma\bar{\gamma} = 1.$$

Die Doppelpunkte dieser Transformation berechnen sich zu

$$\lambda = \frac{\alpha - \bar{\alpha} + \sqrt{(\alpha + \bar{\alpha})^2 - 4}}{2\gamma},$$

$$\mu = \frac{\alpha - \bar{\alpha} - \sqrt{(\alpha + \bar{\alpha})^2 - 4}}{2\gamma}.$$

Ist $\lambda \neq \mu$, so kann die Transformation in der Form

$$\frac{\zeta - \lambda}{\zeta - \mu} = K\frac{\eta - \lambda}{\eta - \mu}$$

geschrieben werden, wo K als der Multiplikator bezeichnet wird. Durch Differentiation erhält man

$$K = \left(\frac{d\zeta}{d\eta}\right)_{\eta=\lambda} = \left(\frac{d\eta}{d\zeta}\right)_{\eta=\mu},$$

also, da

$$\frac{d\zeta}{d\eta} = \frac{1}{(\gamma\eta + \bar{a})^2}$$

ist,

$$K = \frac{1}{(\gamma\lambda + \bar{a})^2} = (\gamma\mu + \bar{a})^2.$$

Hiernach ergibt sich für K der Wert

$$K = \left(\frac{a + \bar{a} - \sqrt{(a+\bar{a})^2 - 4}}{2}\right)^2.$$

Wir unterscheiden nun drei verschiedene Fälle.

1. Es sei $(a + \bar{a})^2 - 4 < 0$. Dann hat die Quadratwurzel aus diesem Ausdruck einen rein imaginären Wert und es ergibt sich

$$\text{(18)} \qquad \bar{\lambda}\mu = \lambda\bar{\mu} = \frac{4\,a\bar{a} - 4}{4\,\gamma\bar{\gamma}} = c\,.$$

Für einen Kreis

$$(\eta - \eta_0)(\bar{\eta} - \bar{\eta}_0) + r = 0$$

nennt man die Punkte η, ζ Spiegelbilder oder harmonische Pole voneinander, wenn

$$(\zeta - \eta_0)(\bar{\eta} - \bar{\eta}_0) + r = 0$$

ist. Im Sinne dieser Bezeichnung besagt also die Gleichung (18), daß λ und μ harmonische Pole in bezug auf den Orthogonalkreis $\eta\bar{\eta} - c = 0$ sind. Für den Multiplikator K ergibt sich nunmehr

$$K\bar{K} = 1\,.$$

Man nennt die Transformation in diesem Falle eine elliptische und bezeichnet sie, wenn $K = e^{\varphi i}$ ist, auch als eine Drehung der absoluten Ebene um den Punkt λ mit dem Winkel φ. Dabei ist λ für den Fall eines reellen Orthogonalkreises als derjenige der beiden Doppelpunkte zu wählen, der im Innern des Orthogonalkreises liegt, dem also ein reeller Punkt der B.-L.schen Ebene entspricht.

2. Es sei $(a + \bar{a})^2 - 4 > 0$. Dann hat die Quadratwurzel aus diesem Ausdruck einen reellen Wert, es ist also

$$\lambda\bar{\lambda} = \mu\mu = c,$$

d. h. die Doppelpunkte liegen auf dem Orthogonalkreis. Dieser Fall kann also nur dann eintreten, wenn der Orthogonalkreis reell ist und mindestens zwei voneinander verschiedene Punkte enthält, also für die B.-L.sche Ebene. Der Multiplikator K ist jetzt das Quadrat einer reellen Größe, also sicher positiv. Man bezeichnet eine solche Transformation als eine hyperbolische, oder als eine Schraubung um die die beiden unendlich fernen Doppelpunkte λ, μ verbindende Gerade als Achse. Man sieht nämlich leicht ein, daß diese Gerade durch unsere Transformation in sich selbst verschoben wird.

3. Es sei $(\alpha + \bar{\alpha})^2 - 4 = 0$. Dann fallen die Doppelpunkte zusammen und es ist

$$\lambda\bar{\lambda} = -\frac{(\alpha - \bar{\alpha})^2}{4\gamma\bar{\gamma}} = \frac{4\alpha\bar{\alpha} - 4}{4\gamma\bar{\gamma}} = c,$$

der Doppelpunkt liegt also auch hier auf dem Orthogonalkreis und auch dieser Fall kann darum nur eintreten, wenn der Orthogonalkreis reell, also die Ebene eine Euklidische oder B.-L.sche ist. Die Transformation läßt sich in diesem Falle in die Form

$$\frac{1}{\zeta - \lambda} = \frac{1}{\eta - \lambda} + \beta$$

setzen. Man bezeichnet sie als parabolische Transformation oder als Parallelverschiebung der Ebene in der Richtung nach dem unendlich fernen Punkte λ hin.

27. Geometrisches über Verschiebungen. Zyklen.

Für die Riemannsche Geometrie, wo also $c < 0$ ist, hatten wir (siehe Nr. 25, (15))

$$p = \varrho \cos \varphi, \quad q = \varrho \sin \varphi,$$
$$c = -k^2, \quad \varrho = k \operatorname{tg} \frac{kr}{2}.$$

Wir können, ohne die Allgemeinheit wesentlich zu beschränken, $k = 1$ voraussetzen; dann ist das Linienelement

$$ds = \frac{2|d\eta|}{\eta\bar{\eta} + 1}.$$

Eine Fläche mit diesem Linienelement ist die Kugel:

$$X = \sin r \cos \varphi, \; Y = \sin r \sin \varphi, \; Z = \cos r$$

in dem dreidimensionalen Euklidischen Raume (X, Y, Z). Wir haben dann

$$p = \operatorname{tg}\frac{r}{2}\cos\varphi = \frac{X}{1+Z}, \quad q = \operatorname{tg}\frac{r}{2}\sin\varphi = \frac{Y}{1+Z},$$

$$\eta = p + qi = \operatorname{tg}\frac{r}{2}e^{\varphi i} = \frac{X+Yi}{1+Z}.$$

Die Beziehung zwischen dieser Kugel und der η-Ebene bezeichnet man bekanntlich als **stereographische Projektion.**

Ist nun

$$\lambda = \operatorname{tg}\frac{r_0}{2}\,e^{\varphi_0 i}$$

ein Doppelpunkt der Verschiebung

$$\zeta = \frac{a\eta - \bar{\gamma}}{\gamma\eta + \bar{a}}, \quad a\bar{a} + \gamma\bar{\gamma} = 1,$$

dann ist der andere Doppelpunkt

$$\mu = -\frac{1}{\bar{\lambda}} = \operatorname{tg}\frac{r_0+\pi}{2}\,e^{\varphi_0 i};$$

auf der Kugel entsprechen also den Doppelpunkten der Transformation die Endpunkte eines Durchmessers. Ist $K = e^{\vartheta i}$ der Multiplikator unserer Transformation, so stellt diese Transformation

$$\frac{\zeta-\lambda}{\zeta-\mu} = K\frac{\eta-\lambda}{\eta-\mu}$$

in der Tat eine Drehung der Kugel um den Durchmesser (λ, μ) mit dem Winkel ϑ dar.

Für $c > 0$ kann eine so einfache Deutung der Verschiebungen auf einer im dreidimensionalen Euklidischen Raume eingelagerten Fläche nicht gegeben werden. Die zu dem Linienelemente

$$ds = \frac{2\,|d\eta|}{|\eta\bar{\eta} - c|}$$

gehörigen Flächen konstanter negativer Krümmung geben nämlich stets nur die singularitätenfreie Abbildung eines Streifens der B.-L.schen Ebene. Man nennt diese Flächen **Pseudosphären**, zu ihnen gehört z. B. die Rotationsfläche der Traktrix. Wir beschränken uns deshalb auf die Veranschaulichung der B.-L.schen Geometrie der Ebene durch ihre Abbildung auf das Innere des Orthogonalkreises der η-Ebene und wollen nun noch einige in diese Geometrie gehörige Bemerkungen hier anfügen.

In der Euklidischen Geometrie können die Kreise als orthogonale Trajektorien eines Strahlenbüschels erklärt werden. Ist der Träger des Strahlenbüschels ein im Endlichen gelegener Punkt, so erhalten wir die gewöhnlichen Kreise mit endlichem Halbmesser; liegt aber der Mittelpunkt des Strahlenbüschels im Unendlichen, so bekommen wir die Geraden der Euklidischen Ebene. In der B.-L.schen Ebene hat man drei verschiedene Arten von Strahlenbüscheln zu unterscheiden; ihre orthogonalen Trajektorien nennen wir die Zyklen und werden also drei Arten von Zyklen bekommen. Ist der Träger des Strahlenbüschels ein im Endlichen gelegener Punkt, so sind die orthogonalen Trajektorien die gewöhnlichen Kreise der B.-L.schen Ebene mit endlichem Halbmesser; wir haben solche Kreise schon in der Nr. 25 betrachtet, wo sie als $r =$ const Kurven eines geodätischen Polarkoordinatensystems auftraten. Ihre Bilder in der η-Ebene sind die ganz im Innern des Orthogonalkreises befindlichen Kreise. Betrachten wir z. B. in der B.-L.schen Ebene den Kreis K_0 mit dem Mittelpunkte (0, 0) und dem Halbmesser r_0, so entspricht ihm in der η-Ebene der Kreis mit dem Mittelpunkte $\eta = 0$ und dem Halbmesser (vgl. Nr. 25, Gl. (16))

$$\varrho_0 = k\frac{e^{kr_0}-1}{e^{kr_0}+1}.$$

Wir berechnen mit Rücksicht auf eine spätere Anwendung (siehe Nr. 32) noch den Flächeninhalt S_0 des Kreises K_0. Nach Gleichung (17) der Nr. 25 ist

$$S_0 = 4\int_0^{2\pi}\int_0^{\varrho_0}\frac{\varrho\, d\varrho\, d\varphi}{(k^2-\varrho^2)^2} = \frac{4\pi}{k^2}\frac{\varrho_0^2}{k^2-\varrho_0^2},$$

also ergibt sich für den Inhalt des Kreises mit dem Halbmesser r_0 in der B.-L.schen Ebene die Formel

$$S_0 = \frac{\pi}{k^2}(e^{kr_0}+e^{-kr_0}-2).$$

Ist der Träger des Strahlenbüschels ein unendlich ferner Punkt, so nennt man die orthogonalen Trajektorien Parazyklen oder Grenzkreise; es sind Kreise mit unendlich großem Halbmesser. In der Abbildung auf die η-Ebene erscheinen sie als Kreise, die den Orthogonalkreis von innen berühren. Ein Parazykel hat nur einen unendlichfernen Punkt und zeigt dadurch eine gewisse Ähnlichkeit mit einer Euklidischen Geraden.

Endlich hat man als dritte Art von Strahlenbüscheln die Gesamtheit der Geraden, die auf einer gegebenen Geraden g senkrecht stehen. Nach dem von Gauß in der Nr. 16 der Disquisitiones aufgestellten Satze haben ihre orthogonalen Trajektorien von den Punkten der Geraden g konstanten Abstand. Man nennt diese Trajektorien deshalb Abstandslinien oder Hyperzyklen. In der Abbildung auf die η-Ebene erscheint die Gerade g als Kreis, der den Orthogonalkreis rechtwinklig schneidet, die Abstandslinien sind dann Kreise, die den Orthogonalkreis in denselben Punkten wie g unter nichtrechten Winkeln schneiden. Ein Hyperzykel hat also zwei unendlich ferne Punkte und die durch diese beiden Punkte hindurchgelegte Gerade hat von dem Hyperzykel konstanten Abstand.

Wir wenden uns nun zu den Verschiebungen. Es sei $S\eta$ eine elliptische Transformation, also eine Drehung um den Punkt λ mit dem Winkel θ,

$$\frac{\zeta-\lambda}{\zeta-\mu}=e^{\theta i}\frac{\eta-\lambda}{\eta-\mu},\quad \bar\lambda\mu=c.$$

Die durch wiederholte Anwendung der Drehung $S\eta$ und ihrer Inversen hervorgehenden Transformationen $S^n\eta$, wo n eine beliebige ganze Zahl bedeutet, haben dann die Form

$$\frac{\zeta_n-\lambda}{\zeta_n-\mu}=e^{n\theta i}\frac{\eta-\lambda}{\eta-\mu};$$

bei allen diesen Transformationen gehen die Kreise mit dem Mittelpunkte λ in der B.-L.schen Ebene in sich selbst über. Wenn θ mit 2π nicht kommensurabel ist, so kann durch geeignete Wahl der ganzen Zahlen m und n der Ausdruck $n\theta+m2\pi$ beliebig klein gemacht werden, die Transformation $S^n\eta$ ist dann eine infinitesimale. Ist dagegen $\theta=\frac{p}{q}2\pi$, wo p, q teilerfremde ganze Zahlen sind, so ist $S\eta$ die p-te Potenz der periodischen Drehung

$$\frac{\zeta-\lambda}{\zeta-\mu}=e^{\frac{2\pi i}{q}}\frac{\eta-\lambda}{\eta-\mu},$$

die selbst q mal hintereinander angewandt zur Identität führt. Für die von uns zu betrachtenden Gruppen, die ja keine infinitesimalen Transformationen enthalten dürfen, kommen also nur solche elliptische Substitutionen in Betracht, für die θ mit 2π kommensurabel ist, also periodische Drehungen und ihre Potenzen.

Für eine hyperbolische Transformation $S\eta$ mit den unendlich fernen Doppelpunkten λ, μ, also für eine Schraubung um die durch diese beiden unendlich fernen Punkte hindurchgehende Gerade g,

$$\frac{\zeta-\lambda}{\zeta-\mu}=K\frac{\eta-\lambda}{\eta-\mu},\quad \lambda\bar\lambda=c,\ \mu\bar\mu=c,\ K>0,$$

haben die iterierten Transformationen $S^n\eta$ die Form

$$\frac{\zeta_n-\lambda}{\zeta_n-\mu}=K^n\frac{\eta-\lambda}{\eta-\mu}.$$

Die zu der Geraden g gehörigen Hyperzyklen gehen dann bei allen Transformationen $S^n\eta$ in sich selbst über und es ist für

$$K < 1 \quad \lim_{n \to +\infty} S^n \eta = \lambda, \quad \lim_{n \to -\infty} S^n \eta = \mu$$

und für

$$K > 1 \quad \lim_{n \to +\infty} S^n \eta = \mu, \quad \lim_{n \to -\infty} S^n \eta = \lambda.$$

Für eine parabolische Substitution $S\eta$, d. h. für eine Parallelverschiebung in der Richtung nach dem unendlich fernen Punkte λ,

$$\frac{1}{\zeta - \lambda} = \frac{1}{\eta - \lambda} + p,$$

lauten die iterierten Transformationen $S^n \eta$

$$\frac{1}{\zeta_n - \lambda} = \frac{1}{\eta - \lambda} + np;$$

sie führen jede Gerade des durch λ hindurchgehenden Parallelstrahlenbüschels in eine andere Gerade desselben Büschels über und es ist

$$\lim_{n \to \pm\infty} S^n \eta = \lambda. \tag{19}$$

Die orthogonalen Trajektorien dieses Büschels von parallelen Geraden sind die durch den unendlich fernen Punkt λ hindurchgehenden Parazyklen, sie werden durch alle Transformationen $S^n \eta$ in sich selbst übergeführt. Betrachten wir eine Gerade L des durch λ hindurchgehenden Parallelstrahlenbüschels und die aus L durch die Transformationen $S^n \eta$ hervorgehenden parallelen Geraden $L^{(n)} (n = -\infty, \cdots, +\infty)$, so kann eine stetige Kurve C, die ganz im Endlichen verläuft, deren Bild in der η-Ebene also den Orthogonalkreis nicht trifft, zufolge der Gleichung (19) nur eine endliche Anzahl der Geraden $L^{(n)}$ schneiden; von dieser Bemerkung werden wir später eine wichtige Anwendung zu machen haben.

Setzen wir

$$\eta' = \frac{2\pi i}{p} \frac{1}{\eta - \lambda},$$

so entspricht der parabolischen Transformation $S\eta$ eine Parallelverschiebung der η'-Ebene um den Vektor $2\pi i$. Bei dieser gehen also die Parallelen zur lateralen Achse der η'-Ebene in sich selbst über, während die Parallelen zur horizontalen Achse untereinander vertauscht werden. Nun entspricht dem Punkte $\eta = \lambda$ der Punkt $\eta' = \infty$, dem Punkte $\eta = \infty$ der Punkt $\eta' = 0$, also entsprechen den Geraden und Kreisen der η-Ebene, die durch λ hindurchgehen, Geraden der η'-Ebene, und zwar parallelen Geraden der η'-Ebene Kreise und Geraden der η-Ebene, die einander in λ berühren. Nehmen wir der Einfachheit wegen $c = 1$, so entspricht also dem durch die Transformation $S\eta$ in sich selbst übergehenden Einheitskreise der η-Ebene eine Parallele zur lateralen Achse der η'-Ebene und der Tangente t, die in λ an den Einheitskreis der η-

Ebene gelegt ist, die laterale Achse der η'-Ebene selbst. Den Parallelen zur lateralen Achse der η'-Ebene entsprechen die Parazyklen der B.-L.-schen Ebene mit dem unendlich fernen Punkte λ, den Parallelen zur horizontalen Achse der η'-Ebene die durch den unendlich fernen Punkt λ hindurchgehenden Geraden der B.-L.schen Ebene. Unter diesen befindet sich eine, die in der η-Ebene durch eine Euklidische Gerade, nämlich den durch λ hindurchgehenden Durchmesser d des Einheitskreises dargestellt wird. Da $d \perp t$, so ist das Bild von d die horizontale Achse der η'-Ebene, diese muß also den dem Punkte $\eta = 0$ entsprechenden Punkt

$$\eta' = -\frac{2\pi i}{p\lambda}$$

enthalten. Es ist folglich $\frac{2\pi i}{p\lambda}$ reell, also das Produkt $p\lambda$ rein imaginär. Auch diese Bemerkung wird uns später von Nutzen sein.

28. Normalpolygone. Die beiden Fundamentalprobleme.

Wir waren in der Nr. 20 auf den Gedanken geführt worden, ob es in den Fällen, wo

$$\sum_{k=1}^{\sigma+1} \frac{1}{g_k} < \sigma - 1$$

ist, möglich wäre, die Überlagerungsfläche homöometrisch auf eine B.-L.sche Ebene so abzubilden, daß dem Blatte $T^{(0)}$ ein geradliniges und schlichtes Polygon mit 2σ Seiten entspricht. Wir wollen ganz allgemein von einem solchen Polygon $H^{(0)}$ der **absoluten** Ebene ausgehen, das wir uns **topologisch** so gewählt denken, wie es als Abbildung der zerschnittenen x-Ebene $T^{(0)}$ (siehe Fig. 20) beschaffen sein müßte. Indem wir also die Begrenzung von $H^{(0)}$ im positiven Sinne durchlaufen, mögen der Reihe nach die Ecken

$$\beta_1, a_\sigma, \beta_2, a_{\sigma-1}, \beta_3, \ldots, \beta_{\sigma-1}, a_2, \beta_\sigma, a_1, \beta_1$$

berührt werden. Die Seite $(\beta_k, a_{\sigma+1-k})$ bezeichnen wir mit $\bar{s}_{\sigma+1-k}$, die Seite $(a_{\sigma+1-k}, \beta_{k+1})$ mit $\overset{+}{s}_{\sigma+1-k}$ für $k = 1, 2, \ldots, \sigma$. Die Seiten $\overset{+}{s}_k$ und $\bar{s}_k$ mögen dem positiven und negativen Ufer des Querschnittes l_k entsprechen. Je nachdem die zu dem Verzweigungspunkte $a_k (k = 1, 2, \ldots, \sigma + 1)$ gehörige Verzweigungszahl g_k endlich oder unendlich groß ist, ordnen wir der entsprechenden Ecke a_k bzw. dem Eckenzyklus $(\beta_1, \ldots, \beta_\sigma)$ eine elliptische Transformation mit dem Multiplikator $e^{\frac{2\pi i}{g_k}}$ oder eine parabolische Transformation zu und zwar in folgender Weise. Für $k = 1, 2, \ldots, \sigma$ entspreche dem Übergang von einem Punkte des Ufers $\overset{+}{l}_k$ zu dem gegenüberliegenden Punkt auf $\bar{l}_k$ die Verschiebung

$S_k\eta$, die $\overset{+}{s}_k$ in $\bar{s}_k$ überführt. Wenn g_k endlich ist, so sei $S_k\eta$ die Drehung

$$\frac{S_k\eta - a_k}{S_k\eta - \frac{c}{\bar{a}_k}} = e^{\frac{2\pi i}{g_k}} \frac{\eta - a_k}{\eta - \frac{c}{\bar{a}_k}};$$

ist g_k unendlich groß, so sei $S_k\eta$ die Parallelverschiebung

$$\frac{1}{S_k\eta - a_k} = \frac{1}{\eta - a_k} + \gamma_k.$$

Im ersten Falle liegt die Ecke a_k des Polygons $H^{(0)}$ in der Abbildung auf die η-Ebene im Innern des Orthogonalkreises; bedeutet $d\eta$ ein infinitesimales, auf $\overset{+}{s}_k$ gelegenes und von a_k ausgehendes Linienstück, so geht dieses durch $S_k\eta$ in das auf $\bar{s}_k$ gelegene Linienstück $dS_k\eta$ über. Nach Nr. 26 ist dann

$$\left(\frac{dS_k\eta}{d\eta}\right)_{\eta=a_k} = e^{\frac{2\pi i}{g_k}},$$

also

$$\arg\left(\frac{dS_k\eta}{d\eta}\right)_{\eta=a_k} = \frac{2\pi}{g_k},$$

d. h. das Polygon $H^{(0)}$ hat bei der Ecke a_k den Winkel $\frac{2\pi}{g_k}$. Ist g_k unendlich groß, so liegt a_k in der η-Ebene auf der Peripherie des Orthogonalkreises und die $\overset{+}{s}_k$, $\bar{s}_k$ darstellenden Kreise berühren sich in a_k.

Die Transformation $S_{\sigma+1}\eta$ möge einem positiven Umlauf von x um den Punkt $a_{\sigma+1} = \infty$ entsprechen; sie läßt sich dann aus den Transformationen $S_k\eta$ zusammensetzen, die den Umläufen um die Punkte a_k für $k = 1, 2, \ldots, \sigma$ zugeordnet sind. Es ist nämlich

$$S_{\sigma+1} = S_1^{-1} S_2^{-1} \cdots S_\sigma^{-1}$$

oder, wie wir auch schreiben können,

$$S_{\sigma+1} S_\sigma \cdots S_3 S_2 S_1 = 1,$$

wo 1 die identische Transformation bedeuten soll. Da $\bar{s}_k$ aus $\overset{+}{s}_k$ durch die Transformation $S_k\eta$ hervorgehen sollte, ist insbesondere

$$\beta_k = S_{\sigma+1-k}\beta_{k+1} \qquad (k = 1, 2, \ldots, \sigma;\ \beta_{\sigma+1} = \beta_1),$$

also

$$\beta_1 = S_\sigma\beta_2 = S_\sigma S_{\sigma-1}\beta_3 = \cdots = S_\sigma S_{\sigma-1} \cdots S_2 S_1 \beta_1,$$

β_1 ist also Doppelpunkt der Transformation $S_{\sigma+1}$. Für ein endliches $g_{\sigma+1}$ ist demnach $S_{\sigma+1}$ die Drehung

$$\frac{S_{\sigma+1}\eta - \beta_1}{S_{\sigma+1}\eta - \frac{c}{\bar{\beta}_1}} = e^{\frac{2\pi i}{g_{\sigma+1}}} \frac{\eta - \beta_1}{\eta - \frac{c}{\bar{\beta}_1}}$$

und für ein unendlich großes $g_{\sigma+1}$ die Parallelverschiebung

$$\frac{1}{S_{\sigma+1}\eta - \beta_1} = \frac{1}{\eta - \beta_1} + \gamma_{\sigma+1}.$$

Bezeichnen wir mit ε_k ein auf der Seite $\overset{+}{s}_k$ liegendes, von $\beta_{\sigma+1-k}$ ausgehendes Linienelement und mit ε_k' das daraus durch die Transformation $S_k\eta$ hervorgehende auf $\bar{s}_k$ gelegene Linienelement, so ist die Summe der Winkel des Polygons $H^{(0)}$ bei den Ecken β_k

$$\sum_{k=1}^{\sigma} \sphericalangle\, \beta_{\sigma-k+1} = \sum_{k=1}^{\sigma} (\arg \varepsilon_{k+1} - \arg \varepsilon_k'),$$

wobei $\varepsilon_{\sigma+1} = \varepsilon_1$ zu nehmen ist. Nun ist aber

$$\sum_{k=1}^{\sigma} (\arg \varepsilon_{k+1} - \arg \varepsilon_k') = \sum_{k=1}^{\sigma} (\arg \varepsilon_k - \arg \varepsilon_k') = \sum_{k=1}^{\sigma} \arg \left(\frac{d\eta}{dS_k\eta}\right)_{\eta=\beta_{\sigma-k+2}}.$$

Ferner haben wir

$$\beta_{\sigma-k+1} = S_k\beta_{\sigma-k+2} = S_kS_{k-1} \cdots S_1\beta_1.$$

Es ergibt sich also

$$\sum_{k=1}^{\sigma} \sphericalangle\, \beta_{\sigma-k+1} = \sum_{k=1}^{\sigma} \arg \left[\frac{dS_{k-1} \cdots S_1\eta}{dS_kS_{k-1} \cdots S_1\eta}\right]_{\eta=\beta_1}$$

$$= \arg \left[\frac{d\eta}{dS_\sigma S_{\sigma-1} \cdots S_1\eta}\right]_{\eta=\beta_1}$$

$$= \arg \left[\frac{dS_{\sigma+1}\eta}{d\eta}\right]_{\eta=\beta_1} = \frac{2\pi}{g_{\sigma+1}}.$$

Damit ist dargetan, daß in dem geradlinigen Polygon $H^{(0)}$ der absoluten Ebene die Summe der Winkel, die zu dem Eckenzyklus der β_k gehören, gleich $\frac{2\pi}{g_{\sigma+1}}$, und die Winkel bei den Ecken a_k gleich $\frac{2\pi}{g_k}$ sind. Es ist also die oben (Nr. 20) gefundene notwendige Bedingung für die Möglichkeit der homöometrischen Abbildung des Blattes $T^{(0)}$ auf das Polygon $H^{(0)}$ erfüllt. Wir nennen ein solches Polygon ein zu dem Verzweigungsschema $(\sigma; g_1, \ldots, g_\sigma, g_{\sigma+1})$ gehöriges Normalpolygon. Dieses bestimmt in der oben angegebenen Weise die Transformationen $S_1, S_2, \ldots, S_\sigma$; die aus diesen als Fundamentaltransformationen gebildete Gruppe bezeichnen wir mit G. Alle Transformationen von G stellen Verschiebungen der absoluten Ebene in sich selbst dar. Durch Anwendung dieser Verschiebungen gehen aus unserem Normalpolygon $H^{(0)}$ kongruente Polygone hervor, die den verschiedenen Blättern der Überlagerungsfläche ebenso entsprechen, wie $H^{(0)}$ dem Blatte $T^{(0)}$ entspricht. Soll nun die Überlagerungsfläche gegenseitig eindeutig und konform auf die absolute Ebene bezogen werden können, so ist zu fordern, daß die aus $H^{(0)}$ durch die Transformationen von G hervorgehenden Polygone sich schlicht nebeneinander lagern und in ihrer Gesamtheit die absolute Ebene lückenlos erfüllen. Wir können hiernach das Problem der Uniformisierung einer Funktion mit den Verzweigungspunkten $a_1, a_2, \ldots, a_\sigma, a_{\sigma+1} = \infty$ und den zugehörigen Verzweigungszahlen $g_1, g_2, \ldots, g_\sigma, g_{\sigma+1}$ in folgender Weise zerlegen und exakt formulieren:

Ia. Hat man ein zu einem bestimmten Verzweigungsschema $(\sigma; g_1, \ldots, g_{\sigma+1})$ gehöriges Normalpolygon in der absoluten Ebene, so wird gefragt, ob die daraus durch Anwendung der Verschiebungen der zugehörigen Gruppe G entstehenden Polygone die absolute Ebene schlicht und lückenlos erfüllen (Frage nach der Diskontinuität der Gruppe).

Ib. Wird die Frage Ia. bejaht, so fragen wir weiter, ob es zu dem Polygonnetz der absoluten Ebene eine Funktion $x = f(\eta)$ gibt, die für alle Werte η, die endlichen Punkten der absoluten Ebene entsprechen, meromorph ist und die Eigenschaft hat, ihren Wert nicht zu verändern, wenn auf η irgendeine Transformation der Gruppe G ausgeführt wird (Frage nach der Existenz der zu einem Normalpolygon gehörigen automorphen Funktionen).

Bedeutet $x = f(\eta)$ insbesondere eine Funktion von der in Ib. gewünschten Beschaffenheit, die innerhalb von $H^{(0)}$ jeden Wert nur einmal annimmt, und setzen wir

$$f(\alpha_k) = a_k, \; f(\beta_k) = a_{\sigma+1} \qquad (k = 1, 2, \ldots, \sigma),$$

so liefert die Abbildung der absoluten Ebene auf die x-Ebene eine über der x-Ebene aufgebaute Überlagerungsfläche T mit den Verzweigungspunkten $a_1, \ldots, a_\sigma, a_{\sigma+1}$ und den zugehörigen Verzweigungszahlen $g_1, \ldots, g_{\sigma+1}$. Jede Funktion $F(x)$ von x, die auf dieser Überlagerungsfläche T eine eindeutige Funktion des Ortes ist, wird nun, da T durch $x = f(\eta)$ homöometrisch auf den Existenzbereich der Funktion $f(\eta)$ abgebildet ist, selbst eine eindeutige Funktion $F(f(\eta))$ von η, d. h. die Funktion $F(x)$ wird durch die Veränderliche η uniformisiert.

Während bei den Problemen I das Normalpolygon den Ausgangspunkt bildete, so daß also die Verzweigungspunkte $a_1, \ldots, a_\sigma, a_{\sigma+1}$ durch die Ecken des Normalpolygons bestimmt werden, haben wir nun weiter die umgekehrte Frage zu stellen:

II. Wenn die Verzweigungspunkte $a_1, \ldots, a_\sigma, a_{\sigma+1} = \infty$ willkürlich vorgeschrieben sind, gibt es dann stets ein zu diesen und dem ebenfalls vorgeschriebenen Verzweigungsschema $(\sigma; g_1, \ldots, g_\sigma, g_{\sigma+1})$ gehöriges Normalpolygon $H^{(0)}$ der absoluten Ebene, d. h. ist es stets möglich, die mit diesen Verzweigungspunkten und den zugehörigen Verzweigungszahlen bestimmte Überlagerungsfläche homöometrisch auf eine absolute Ebene abzubilden? (Fundamental- oder Uniformisierungsproblem.)

29. Konstruktion von Normalpolygonen.

Ehe wir uns dem Probleme Ia. (Diskontinuität der Gruppe) zuwenden, wollen wir an einigen Beispielen zeigen, wie ein Normalpolygon konstruiert werden kann.

Das Verzweigungsschema sei $(2; g_1, g_2, g_3)$. Das Normalpolygon ist dann ein Viereck $(\beta_1\alpha_2\beta_2\alpha_1)$ (siehe Fig. 27); die Winkel bei α_1, α_2 sind $\frac{2\pi}{g_1}$, $\frac{2\pi}{g_2}$, die Summe der Winkel bei β_1, β_2 ist $\frac{2\pi}{g_3}$. Die Seiten $\overset{+}{s}_1$ und $\bar{s}_1$, ebenso $\overset{+}{s}_2$ und $\bar{s}_2$ gehen durch Verschiebungen auseinander hervor, sind also paarweise kongruent. Verbinden wir noch die Punkte α_1, α_2 durch eine Gerade s_0, dann sind die Dreiecke $(\alpha_1\beta_1\alpha_2)$ und $(\alpha_1\beta_2\alpha_2)$ kongruent und Spiegelbilder voneinander in bezug auf die „Diagonale" $\alpha_1\alpha_2$. Die Winkel bei β_1, β_2 sind also einander gleich, somit beide gleich $\frac{\pi}{g_3}$, während die Winkel bei α_1, α_2 durch die Diagonale s_0 halbiert werden. Um das Normalpolygon zu erhalten, haben wir daher nur ein geradliniges Dreieck mit den drei gegebenen Winkeln $\frac{\pi}{g_1}, \frac{\pi}{g_2}, \frac{\pi}{g_3}$ in der absoluten Ebene zu konstruieren.

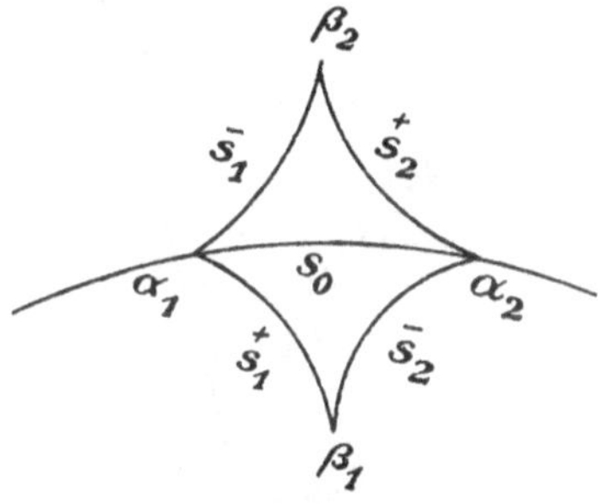

Fig. 27.

Wenn $\frac{\pi}{g_1} + \frac{\pi}{g_2} + \frac{\pi}{g_3} \gtrless \pi$ ist, so ist abgesehen von Verschiebungen und einer Spiegelung das Dreieck durch seine drei Winkel vollkommen bestimmt. Seine Konstruktion in der Abbildung der absoluten Ebene auf die η-Ebene kann etwa so erfolgen[1]):

Wir legen durch einen Punkt P_1 der η-Ebene zwei Geraden (Fig. 28), die sich in P_1 unter dem Winkel $\frac{\pi}{g_1}$ schneiden, und ziehen durch einen beliebigen Punkt N_1 auf dem einen Schenkel eine Gerade, die zu diesem Schenkel unter dem Winkel $\frac{\pi}{g_2}$ geneigt ist. Auf ihr errichten wir in N_1 das Lot und tragen auf ihm die beliebige Strecke r ab. Der Endpunkt sei M_1. Durch Wiederholung eben dieser Konstruktion auf dem andern Schenkel, aber mit Benutzung des Winkels $\frac{\pi}{g_3}$, kommen wir zu dem

[1]) Für die allgemeine Aufgabe, einen Kreis zu konstruieren, der drei gegebene Kreise unter gegebenen Winkeln schneidet, vgl. J. Steiner, Werke, Bd. I, S. 21.

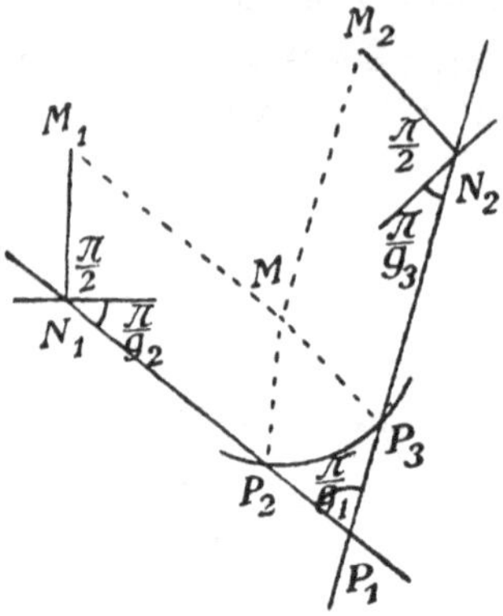

Fig. 28.

Punkte M_2. Die Parallelen durch M_1, M_2 zu den entsprechenden Winkelschenkeln treffen sich in M; der um M als Mittelpunkt mit dem Halbmesser r beschriebene Kreis schneidet dann die Winkelschenkel in P_2, P_3 unter den Winkeln $\frac{\pi}{g_2}$, $\frac{\pi}{g_3}$. Je nachdem die Summe $\frac{\pi}{g_1} + \frac{\pi}{g_2} + \frac{\pi}{g_3}$ größer oder kleiner als π ist, ist der zu den Geraden P_1P_2, P_1P_3 und dem Kreise P_2P_3 gehörige Orthogonalkreis imaginär oder reell. Besonders hinweisen möchten wir bei dieser Gelegenheit auf dasjenige Dreieck der B.-L.schen Ebene, das drei verschwindende Winkel besitzt; seine Seiten sind paarweise parallel und man sieht sofort, daß es unter allen Dreiecken den größtmöglichen Flächeninhalt besitzt.

Im allgemeinen gestaltet sich die Konstruktion eines zu einem gegebenen Verzweigungsschema gehörigen Normalpolygons nicht ganz so einfach, indem noch gewisse Gleichheits- und Ungleichheitsbedingungen für die Eckpunkte erfüllt werden müssen, selbst wenn die Winkel des Polygons dem Verzweigungsschema gemäß bestimmt sind. Nehmen wir z. B. den Fall $\sigma = 3$, dann ist abgesehen von dem bereits erledigten Falle des Verzweigungsschemas (3; 2, 2, 2, 2) nach den Tabellen der Nummer 20 das Polygon stets in der B.-L.schen Ebene gelegen. Sind dann g_1, g_2, g_3, g_4 endliche ganze Zahlen, so haben wir ein geradliniges Sechseck (siehe Fig. 29) zu konstruieren, das in den Ecken a_k die Winkel $\frac{2\pi}{g_k}$ und in den Ecken β_k die Winkelsumme $\frac{2\pi}{g_4}$ aufweist. Dieses Sechseck muß überdies schlicht und folglich konvex sein, es müssen also, wenn wir die Punkte a_1, a_2, a_3 geradlinig miteinander verbinden, die Winkel dieses Dreiecks die Bedingungen

$$\sphericalangle\, a_k < \frac{2\pi}{g_k} \qquad (k=1,2,3)$$

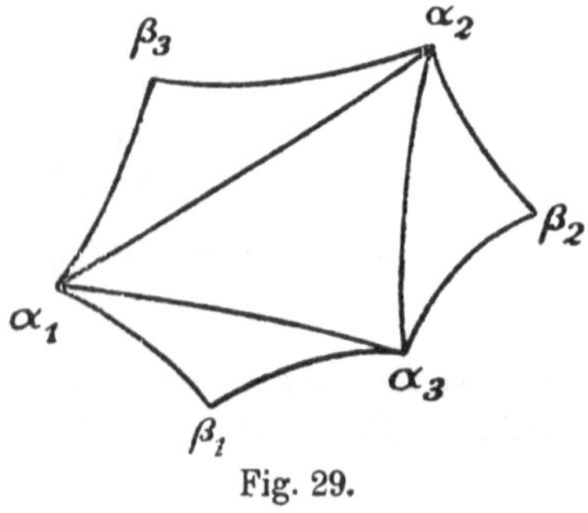

Fig. 29.

erfüllen. Dadurch werden den a_k, β_k gewisse Ungleichheitsbedingungen auferlegt. Man überzeugt sich, daß diese Bedingungen auch hinreichend dafür sind, daß unser Sechseck als Normalpolygon gelten kann.

Wenn für $\sigma = 3$ die Verzweigungszahlen g_k unendlich groß sind, so liegen die Ecken des Polygons in der η-Ebene auf dem Orthogonalkreise. Durch die lineare Transformation

$$\eta' = -i\frac{\eta - i}{\eta + i}, \quad \eta = -\frac{i\eta' + 1}{\eta' + i}$$

wird der Orthogonalkreis der η-Ebene, den wir uns als den Einheitskreis gewählt denken, auf die reelle Achse der η'-Ebene abgebildet und zwar so, daß dem Innern des Einheitskreises der η-Ebene die obere η'-Halbebene entspricht. Die Verschiebungen haben dann in η' die Form

$$\frac{\alpha\eta' + \beta}{\gamma\eta' + \delta}, \quad \alpha\delta - \beta\gamma = 1,$$

wo $\alpha, \beta, \gamma, \delta$ reelle Zahlen bedeuten, und das Linienelement lautet

$$ds^2 = -\frac{4d\eta'\, d\bar{\eta}'}{(\eta' - \bar{\eta}')^2}.$$

Schreiben wir wieder η an Stelle von η', so lauten die drei Transformationen, die die Seiten $\overset{+}{s}_k$ und $\bar{s}_k$ ineinander überführen,

$$\frac{1}{S_k\eta - \alpha_k} = \frac{1}{\eta - \alpha_k} + \gamma_k \qquad (k = 1, 2, 3),$$

und es ist

$$\beta_3 = S_1\beta_1, \quad \beta_2 = S_2\beta_3, \quad \beta_1 = S_3\beta_2.$$

Hiernach kann man, wenn die α_k, β_k als reelle Größen gegeben sind, die γ_k berechnen. Drückt man nun noch aus, daß

$$S_4 = S_1^{-1} S_2^{-1} S_3^{-1}$$

eine parabolische Transformation sein muß, so erhält man die Bedingungsgleichung

$$(\beta_1 - \alpha_1)^2 (\beta_2 - \alpha_3)^2 (\beta_3 - \alpha_2)^2 = (\beta_3 - \alpha_1)^2 (\beta_1 - \alpha_3)^2 (\beta_2 - \alpha_2)^2.$$

Beim Ausziehen der Quadratwurzel hat man darauf zu achten, daß das Vorzeichen auf beiden Seiten dieser Gleichung so zu wählen ist, wie es der in der Fig. 29 angegebenen Reihenfolge der α_k, β_k entspricht. Sind auf der reellen Achse der η-Ebene fünf von den Eckpunkten des Polygons beliebig gegeben, so kann vermöge der angegebenen Bedingungsgleichung der sechste linear konstruiert werden [1]). Ähnlich ist auch für ein beliebiges $\sigma > 3$ die Konstruktion eines zu einem gegebenen Verzweigungsschema gehörigen Normalpolygons eine Aufgabe der elementaren Geometrie der B.-L.schen Ebene.

---

[1]) Für diese Beispiele siehe Poincaré, Oeuvres II, S. 160ff.

Wir wollen uns noch über die Anzahl der Bestimmungsstücke orientieren, durch die ein Normalpolygon in der absoluten Ebene gegeben werden kann.

Ein zu dem Verzweigungsschema $(\sigma; g_1, \ldots, g_\sigma, g_{\sigma+1})$ gehöriges Normalpolygon wird durch die Fundamentaltransformationen $S_1\eta, \ldots, S_{\sigma+1}\eta$ gegeben, zwischen denen die Relation

$$(*) \qquad S_{\sigma+1}\eta = S_1^{-1} S_2^{-1} \cdots S_\sigma^{-1}\eta$$

besteht. Jede Verschiebung der absoluten Ebene hängt (vgl. Nr. 24, Gl. (14)) von drei reellen Konstanten ab, nämlich den beiden Koordinaten der komplexen Größen α, γ, zwischen denen die Relation $|\alpha|^2 - c|\gamma|^2 = 1$ besteht. Also haben wir in $S_1, \ldots, S_{\sigma+1}$ $3\sigma + 3$ reelle Konstanten, von denen aber zufolge der Relation (*) nur 3σ als unabhängig zu betrachten sind. Wenn wir noch von einer beliebigen Verschiebung innerhalb der absoluten Ebene absehen, wodurch wieder über 3 reelle Konstanten verfügt ist, so bleiben also $3\sigma - 3$ reelle Parameter übrig. Wenn wir uns das Verzweigungsschema ein für allemal fest gegeben denken, so sind die $\sigma + 1$ reellen Konstanten $g_1, g_2, \ldots, g_{\sigma+1}$ festgelegt; die zu diesem Verzweigungsschema gehörigen Normalpolygone $H^{(0)}$ oder Gruppen G hängen also noch von $3\sigma - 3 - (\sigma + 1) = 2\sigma - 4$ reellen oder, was auf dasselbe hinauskommt, von $\sigma - 2$ komplexen Parametern ab, die im allgemeinen noch durch gewisse Ungleichheitsbedingungen (vgl. namentlich das zweite der oben behandelten Beispiele) beschränkt sein können. Alle so zusammengefaßten Verschiebungsgruppen G sind einander holoedrisch isomorph, d. h. zwischen den Transformationen zweier solcher Gruppen besteht eine gegenseitig eindeutige Zuordnung, bei der die aus zwei Transformationen der einen Gruppe komponierte der aus den entsprechenden Transformationen der andern Gruppe in derselben Reihenfolge komponierten Transformation entspricht. Wir nennen diese Gesamtheit von Gruppen G und von Polygonen $H^{(0)}$ den zu dem Verzweigungsschema $(\sigma; g_1, \ldots, g_{\sigma+1})$ gehörigen Typus; ein solcher enthält also noch $2\sigma - 4$ reelle oder $\sigma - 2$ komplexe Parameter. Als Grenzfall ist $\sigma = 2$ besonders hervorzuheben, wo der Typus von keinem Parameter abhängt, so daß also das Normalpolygon $H^{(0)}$ durch Angabe des Verzweigungsschemas $(2; g_1, g_2, g_3)$ schon — abgesehen von einer Verschiebung — vollkommen bestimmt ist. Dieser Fall wird uns später noch ausführlich beschäftigen (siehe Nr. 40 ff.); auf ihn bezieht sich auch das erste Beispiel dieser Nummer.

30. Der Diskontinuitätsbeweis.

Wir denken uns in der absoluten Ebene ein Normalpolygon $H^{(0)}$ gezeichnet und durch Anwendung der Verschiebungen der durch $H^{(0)}$

bestimmten Gruppe G auf $H^{(0)}$ das Netz der mit $H^{(0)}$ kongruenten Polygone $H^{(k)}$ hergestellt. Dieses Polygonnetz H bedeckt ein Flächenstück, das jedenfalls ganz in der absoluten Ebene liegt. Wir wollen beweisen, daß H die ganze absolute Ebene schlicht und lückenlos bedeckt [1]).

Es sei a ein im Innern von $H^{(0)}$ gelegener Punkt; wir betrachten einen beliebigen im Endlichen gelegenen Punkt b der absoluten Ebene und verbinden a mit b durch eine rektifizierbare Kurve C, die in der absoluten Ebene gemessen eine endliche Länge L hat und die sich um keinen Punkt unendlich oft herumwindet. Wenn wir von ganz besonderen Fällen absehen, so wird die Kurve C das Polygon $H^{(0)}$ in einem Punkte einer Seite s_i verlassen, um in das an s_i anliegende, benachbarte Polygon $H^{(1)}$ überzutreten. Dabei verstehen wir unter dem „Verlassen", daß C nicht einen Punkt derselben Seite s_i passierend von $H^{(1)}$ wieder nach $H^{(0)}$ zurückkehren soll, ohne vorher noch mindestens ein drittes Polygon durchschritten zu haben (siehe die Fig. 30; in den Punkten p, q von s_k „verläßt" C das Polygon $H^{(0)}$ nicht, wohl aber in dem Punkte r von s_i). Das Stück von C, von a aus bis zu dem Randpunkte von $H^{(0)}$, wo C dieses Polygon verläßt, nennen wir l_0. Die Kurve C wird dann wieder $H^{(1)}$ verlassen, um in ein benachbartes Polygon $H^{(2)}$ einzutreten; das Stück von C, das zwischen den beiden Punkten liegt, in denen C die Polygone $H^{(0)}$ und $H^{(1)}$ verläßt, nennen wir l_1. So fahren wir fort; es sind dann zwei Fälle denkbar. Man kommt entweder nach einer endlichen Anzahl solcher Durchschreitungen zu einem Polygon $H^{(n)}$, das von C nicht mehr verlassen wird, so daß also der Endpunkt b von C in $H^{(n)}$ gelegen ist; wir sagen dann, C sei von der ersten Art. Oder aber, wie weit man auch gehen mag, so kommt man niemals zu einem Polygon, das von C nicht verlassen wird; wir nennen dann C von der zweiten Art. Z. B. ist, wie wir später sehen werden, eine Kurve, deren Bild in der η-Ebene den Orthogonalkreis schneidet, stets von der zweiten Art. — Wir wollen beweisen, daß jede Kurve C von endlicher Länge von der ersten Art ist.

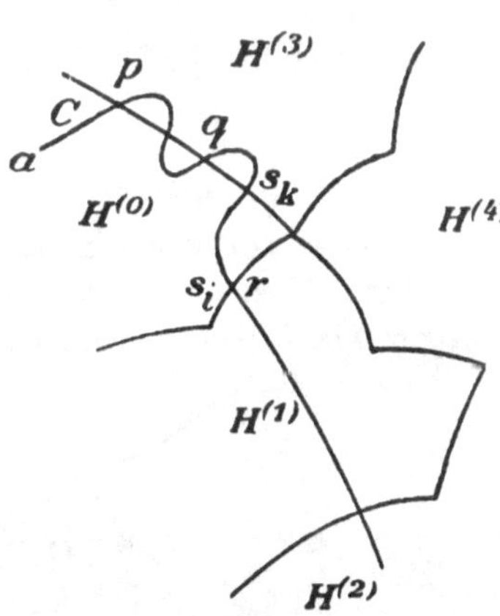

Fig. 30.

Wenn wir in der angegebenen Weise die Aufeinanderfolge der Polygone $H^{(0)}$, $H^{(1)}$, $H^{(2)}$, ... betrachten, die C verläßt, so erscheint C in die Stücke $l_0, l_1, l_2, \ldots$. zerlegt. Das Kurvenstück l_k verläßt $H^{(k-1)}$

[1]) Vergl. für diesen Beweis Poincaré, Oeuvres II, S. 134 ff.

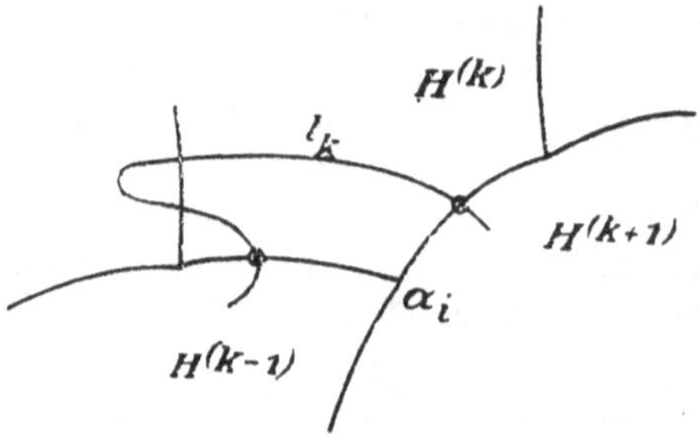

Fig. 31.

und betritt $H^{(k)}$ in einem Punkte einer Seite, die wir die Eintrittsseite nennen wollen. Verfolgen wir dann längs l_k fortschreitend die aufeinanderfolgenden Schnittpunkte dieses Kurvenstücks mit den Seiten von $H^{(k)}$, so liegen, nach der für das „Verlassen" gegebenen Erklärung, solche Schnittpunkte auf mindestens zwei verschiedenen Seiten von $H^{(k)}$. Wir betrachten den letzten dieser Schnittpunkte, der auf einer von der Eintrittsseite verschiedenen Seite von $H^{(k)}$ gelegen ist. Wenn diese beiden Seiten in einer Ecke von $H^{(k)}$ zusammenstoßen, so sagen wir, l_k umspanne diese Ecke (siehe Fig. 31, wo l_k die Ecke α_i umspannt, und Fig. 32, wo l_k keine Ecke umspannt). Es ist nun zunächst leicht einzusehen, daß die Anzahl der Kurvenstücke l_k, die keine Ecke umspannen, eine endliche sein muß. In jedem der untereinander kongruenten Polygone unseres Netzes hat nämlich der (in der absoluten Ebene gemessene) kürzeste Abstand zweier nicht in einer Ecke zusammenstoßender Seiten eine bestimmte untere Schranke K; dann ist die Länge eines Kurvenstücks l_k, das keine Ecke umspannt, sicher nicht kleiner als K, also, da C die endliche Länge L haben sollte, die Anzahl der keine Ecke umspannenden Stücke l_k kleiner als $\frac{L}{K}$, somit sicher endlich. — In der Folge der Stücke

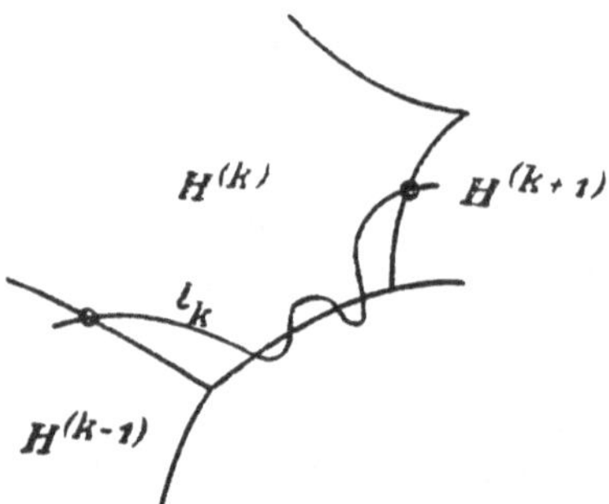

Fig. 32.

$$l_0, l_1, l_2, \ldots .$$

kann also ein Index ν so angegeben werden, daß alle $l_{\nu+1}, l_{\nu+2}, \ldots .$ Ecken umspannen. Betrachten wir unter diesen ein Paar aufeinanderfolgender l_k, l_{k+1}, so können diese Stücke entweder dieselbe Ecke umspannen (Fig. 33) oder aber verschiedene Ecken (Fig. 34). Umspannen sie verschiedene Ecken, so haben die drei Seiten der Polygone $H^{(k)}$

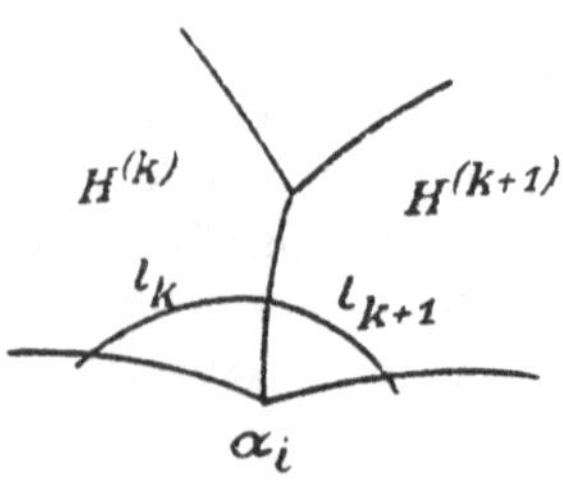

Fig. 33.

und $H^{(k+1)}$, auf denen die in Betracht kommenden Schnittpunkte mit l_k, l_{k+1} liegen, keinen Punkt gemein, die Länge der aus der Vereinigung solcher Paare von Kurvenstücken hervorgehenden Kurventeile bleibt also oberhalb einer angebbaren unteren Schranke $\overline{K}$, so daß die Anzahl dieser Paare kleiner als $\frac{L}{\overline{K}}$, also ebenfalls endlich ist. — Von einem angebbaren Index μ ab werden also in der Folge $l_0, l_1, l_2, \ldots$ nur solche Stücke auftreten können, die alle eine und dieselbe Ecke umspannen.

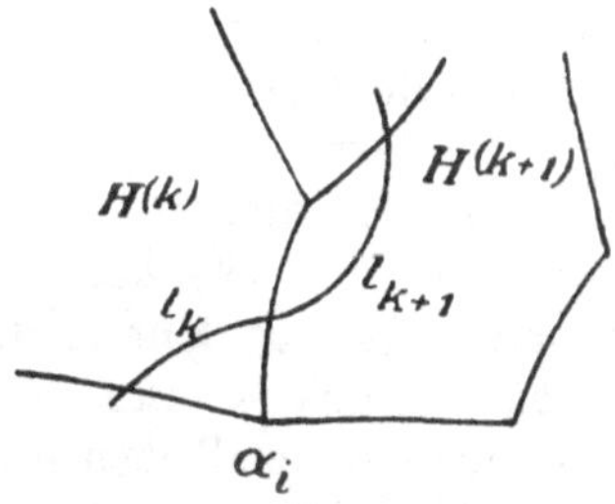

Fig. 34.

Wir haben dann zu unterscheiden, ob diese Ecke Doppelpunkt einer elliptischen oder einer parabolischen Transformation ist. Gehört die betreffende Ecke λ_k zu einem Polygon $H^{(\nu)}$, das durch die Transformation S_ν aus $H^{(0)}$ hervorgeht, so entspricht λ_k einer Ecke a_k von $H^{(0)}$. Ist a_k Doppelpunkt einer elliptischen Transformation S_k,

$$\frac{S_k\eta - a_k}{S_k\eta - \frac{c}{\bar{a}_k}} = e^{\frac{\pi i}{g_k}} \frac{\eta - a_k}{\eta - \frac{c}{\bar{a}_k}},$$

so entspricht der Ecke λ_k die Transformation

$$\zeta' = S_\nu S_k S_\nu^{-1} \zeta,$$

wo $\zeta = S_\nu \eta$ gesetzt wurde, und es ist

$$\left(\frac{d\zeta'}{d\zeta}\right)_{\zeta=\lambda_k} = \left(\frac{dS_k\eta}{d\eta}\right)_{\eta=a_k} = e^{\frac{2\pi i}{g_k}}.$$

Es lagert sich daher um die Ecke λ_k jedenfalls nur eine endliche Anzahl von Polygonen herum, nämlich wenn die Ecke a_k von $H^{(0)}$ für sich allein einen Zyklus bildet, g_k Polygone, wenn dagegen diese Ecke zu dem σ-gliedrigen Zyklus $\beta_1, \ldots, \beta_\sigma$ gehört, genau $\sigma g_{\sigma+1}$ Polygone. Da die Kurve C sich um keinen Punkt unendlich oft winden sollte, ist also die Anzahl der Stücke, die elliptische Ecken umspannen, eine endliche.

Ist a_k Doppelpunkt einer parabolischen Substitution, so gehen von a_k unendlich viele Polygonseiten aus, die sämtlich dem Parallelstrahlenbüschel mit dem unendlich fernen Punkte a_k angehören und durch Anwendung der betreffenden parabolischen Substitution und ihrer Potenzen auseinander hervorgehen. Übertragen wir die die Ecke λ_k umspannenden Kurvenstücke nach $H^{(0)}$, so können diese, da C eine endliche Länge haben sollte, nach einer in der Nr. 27 gemachten Bemerkung nur eine endliche Anzahl dieser Polygonseiten treffen, also ist auch in diesem Falle die

Anzahl der in Betracht kommenden Stücke eine endliche. Es ist also in der Tat jede Kurve C von endlicher Länge in der absoluten Ebene von der ersten Art.

Damit ist zunächst gezeigt, daß die Bedeckung der absoluten Ebene durch das aus $H^{(0)}$ hervorgehende Polygonnetz H eine lückenlose ist, indem ja jede Kurve, die von einem Punkte von $H^{(0)}$ nach einem beliebigen endlichen Punkte der absoluten Ebene hinführt, nach Durchschreitung einer endlichen Anzahl von Polygonen in einem Polygon endet, so daß also jeder im Endlichen gelegene Punkt der absoluten Ebene sicher einem Polygon des Netzes H angehört. Die Polygone überdecken aber die absolute Ebene auch schlicht. Andernfalls müßte nämlich das über der absoluten Ebene lückenlos ausgebreitete Polygonnetz H Windungspunkte aufweisen [1]) und als solche könnten nur die Ecken der Polygone in Frage kommen. Wir wissen aber, daß sich um jede Ecke die dort zusammenstoßenden Polygone schlicht nebeneinander lagern und zwar in endlicher Anzahl, wenn diese Ecke Doppelpunkt einer elliptischen, und in unendlicher Anzahl, wenn sie Doppelpunkt einer parabolischen Transformation ist; eine Ecke kann also kein Windungspunkt sein.

Wenn $c < 0$, unsere Ebene also eine Riemannsche ist, so ist kein unendlich ferner Punkt vorhanden, jede Kurve C ist von endlicher Länge und folglich von der ersten Art; das Polygonnetz kann demnach überhaupt nur eine endliche Anzahl von Polygonen enthalten und die Gruppe G besteht aus einer endlichen Anzahl von Transformationen. Diese endlichen Verschiebungsgruppen der Riemannschen Ebene werden uns in der nächsten Nummer noch beschäftigen. Die Fälle $c = 0$ sind bereits in der Nr. 20 charakterisiert worden; die Polygone (Vierecke) sind in diesen Fällen stets in unendlicher Anzahl vorhanden. Im Falle $c > 0$ ist die Anzahl der Polygone ebenfalls unendlich groß; man kann dies wie folgt einsehen. Die Menge der in der Gruppe G enthaltenen Transformationen ist jedenfalls abzählbar, da diese Transformationen ja aus σ Fundamentalsubstitutionen zusammengesetzt sind. Folglich ist auch die Menge der Polygone und ebenso die Menge der Polygonecken eine abzählbare. Es gibt also in der Abbildung auf die η-Ebene Punkte des Orthogonalkreises, die keine Polygonecken sind. Es sei B ein solcher Punkt; verbinden wir den in $H^{(0)}$ gelegenen Punkt $\eta = a$ mit B durch eine Kurve C, so muß C jedenfalls $H^{(0)}$ verlas en; tritt sie dann in das benachbarte Polygon $H^{(1)}$ ein, so muß sie auch $H^{(1)}$ verlassen usw. Die Kurve muß also jedes Polygon, in das sie eintritt, auch wieder ver-

[1]) Vergl. z. B. B. v. Kerékjártó, Vorlesungen über Topologie I, 1923, S. 158 ff. und 173 ff.; die Behauptung des Textes ist eine Folge des sogenannten Eulerschen Polyedersatzes.

lassen, sie durchsetzt folglich unendlich viele Polygone, ist also von der zweiten Art (siehe oben S. 85).

Wir können das noch schärfer fassen, indem wir zeigen, daß jeder Punkt P der Peripherie des Orthogonalkreises Häufungsstelle der Punktmenge ist, die aus einem beliebigen inneren Punkte $\eta = a$ des Orthogonalkreises durch die Transformationen der Gruppe G hervorgeht. Dazu umgeben wir P (siehe die Figur 35) mit einer kleinen Kurve S, die innerhalb des Orthogonalkreises verläuft und die Peripherie dieses Kreises in zwei P einschließenden Punkten trifft. Ist P eine parabolische Ecke, so folgt aus den auf die parabolischen Transformationen bezüglichen Bemerkungen der Nr. 27 (S. 76), daß unendlich viele der Punkte, die aus a durch die Potenzen der parabolischen Transformation mit dem Doppelpunkt P hervorgehen, in der durch S begrenzten Umgebung von P liegen. Ist dagegen P keine parabolische Ecke, so verbinden wir a mit P durch eine Kurve C, die S im Punkte B zum letzten Male schneiden möge. Die ganze Kurve C ist dann von der zweiten Art, das Stück $(a\,B)$ dagegen von der ersten Art; also muß die durch S abgegrenzte Umgebung von P unendlich viele Polygone unseres Netzes enthalten und damit auch unendlich viele Punkte, die aus a durch die Transformationen von G hervorgehen.

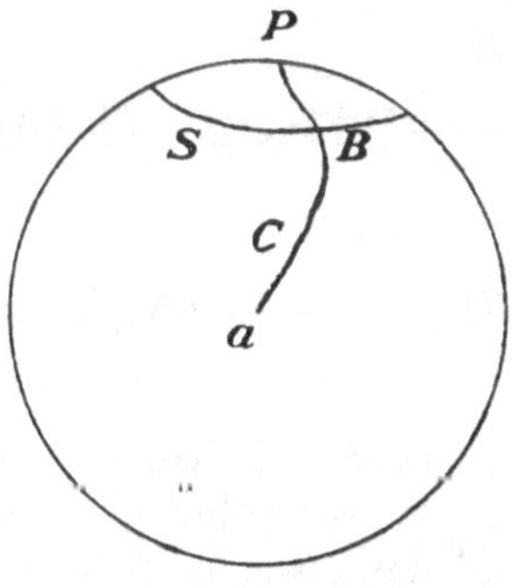

Fig. 35.

Durch die Erörterungen dieser Nummer ist das Problem Ia. vollständig gelöst; wir können zu jedem Verzweigungsschema $(\sigma; g_1, g_2, \ldots, g_{\sigma+1})$ entsprechende Polygonnetze herstellen, die die absolute Ebene schlicht und lückenlos bedecken. Die Gesamtheit der Polygonnetze, die aus den zu einem Typus gehörigen Normalpolygonen entstehen (siehe Nr. 29), wollen wir auch als zu diesem Typus gehörig zusammenfassen.

Wir wenden uns nun dem Probleme Ib. zu, d. h. der Herstellung der zu einem gegebenen Polygonnetz gehörigen automorphen Funktion.

III. Abschnitt.

Analytische Theorie der automorphen Funktionen.

31. Die automorphen Funktionen in der Riemannschen und in der Euklidischen Ebene.

In den Fällen $c < 0$, die wir in der Nr. 20 bereits aufgezählt haben, können wir, ohne die Allgemeinheit zu beschränken, $c = -1$ nehmen und dann wie in der Nr. 25 den Übergang von der η-Ebene zur Kugel vom Halbmesser 1 vollziehen. Die Transformationen, die den Orthogonalkreis $\eta\bar{\eta} + 1 = 0$ in sich selbst überführen, entsprechen dann, wie wir gesehen haben, den Kugeldrehungen. Wie der Tabelle der Nr. 20 zu entnehmen ist, haben wir stets $\sigma = 2$, die entsprechenden Normalpolygone gehören also unter die im ersten Beispiele der Nr. 29 besprochenen Vierecke. Das Polygonnetz baut sich also auf der Kugel aus sphärischen Dreiecken mit den Winkeln $\frac{\pi}{g_1}, \frac{\pi}{g_2}, \frac{\pi}{g_3}$ auf, die abwechselnd symmetrisch und kongruent sind, so daß je zwei symmetrische dieser Dreiecke zusammengenommen ein Normalpolygon (Viereck) bilden. Die Anzahl der Normalpolygone oder der Transformationen der Gruppe G ist in unserem Falle stets eine endliche (siehe Nr. 30); wir können diese Anzahl ν für die verschiedenen Wertsysteme unserer Tabelle bestimmen, wenn wir den Flächeninhalt eines Dreiecks mit dem Flächeninhalt der gesamten Kugeloberfläche vergleichen. Der Inhalt eines sphärischen Dreiecks mit den Winkeln $\frac{\pi}{g_1}, \frac{\pi}{g_2}, \frac{\pi}{g_3}$ ist ja (vgl. Nr. 25)

$$J = \frac{\pi}{g_1} + \frac{\pi}{g_2} + \frac{\pi}{g_3} - \pi,$$

für die Anzahl 2ν der Dreiecke auf der Kugel finden wir also für die in der Nr. 20 aufgezählten vier Möglichkeiten die Werte:

1) $$2\nu = \frac{4\pi}{\frac{\pi}{2} + \frac{\pi}{2} + \frac{\pi}{n} - \pi} = 4n,$$

2) $$2\nu = \frac{4\pi}{\frac{\pi}{2}+\frac{\pi}{3}+\frac{\pi}{3}-\pi} = 24,$$

3) $$2\nu = \frac{4\pi}{\frac{\pi}{2}+\frac{\pi}{3}+\frac{\pi}{4}-\pi} = 48,$$

4) $$2\nu = \frac{4\pi}{\frac{\pi}{2}+\frac{\pi}{3}+\frac{\pi}{5}-\pi} = 120.$$

Um die geometrischen Konfigurationen in diesen Fällen kurz charakterisieren zu können, bedenken wir, daß sich um jede Ecke, die der Ecke α_1 des Ausgangsdreiecks $(\alpha_1, \alpha_2, \beta_2)$ (vgl. Fig. 27) entspricht, $2g_1$ Dreiecke, um jede Ecke, die der Ecke α_2 entspricht, $2g_2$ Dreiecke und um jede Ecke, die β_2 entspricht, $2g_3$ Dreiecke herumlagern. Wir haben also, da im ganzen 2ν Dreiecke vorhanden sind, $\frac{\nu}{g_1}$ mit α_1, $\frac{\nu}{g_2}$ mit α_2 und $\frac{\nu}{g_3}$ mit β_2 korrespondierende Ecken, d. h. in den einzelnen Fällen die folgenden Anzahlen von Ecken:

	Anzahl der Ecken		
	α_1	α_2	β_2
1) $\nu = 2n$	n	n	2
2) $\nu = 12$	6	4	4
3) $\nu = 24$	12	8	6
4) $\nu = 60$	30	20	12

Im Falle 1) bilden die α_1 entsprechenden Ecken die Eckpunkte eines einem größten Kreise der Kugel eingeschriebenen regelmäßigen n-Ecks, die α_2 entsprechenden Ecken die Projektionen der Seitenhalbierungspunkte auf die Kugeloberfläche vom Kugelmittelpunkt aus, während die β_2 entsprechenden Ecken die Pole des die anderen Eckpunkte tragenden größten Kreises bilden; man bezeichnet nach Klein die so entstehende Konfiguration als die des Dieders.

Im Falle 2) gehören die β_2 entsprechenden Ecken einem regulären, der Kugel eingeschriebenen Tetraeder an, die α_2 entsprechenden Ecken dem zugehörigen Polartetraeder, während die Ecken α_1 die Projektionen der Kantenhalbierungspunkte des ersten Tetraeders auf die Kugel sind; die zugehörige Gruppe von 12 Kugeldrehungen, die sogenannte Tetraedergruppe, ist isomorph der Gruppe der geraden Permutationen von 4 Elementen.

Im Falle 3) gehören die β_2 entsprechenden Ecken einem regulären Oktaeder, die α_2 entsprechenden Ecken dem Polarwürfel dieses Oktaeders an, während die a_1 entsprechenden Ecken die Projektionen der Kantenhalbierungspunkte des Oktaeders auf die Kugel sind. Die entsprechende Gruppe von 24 Kugeldrehungen, die Oktaedergruppe, ist der Gruppe von Permutationen von vier Elementen (nämlich der vier Diagonalen des Würfels) isomorph.

Im Falle 4) entsprechen β_2 die Ecken eines Ikosaeders, a_2 die des zugehörigen polaren Dodekaeders und a_1 die Projektionen der 30 Kantenhalbierungspunkte des Ikosaeders. Die Gruppe der 60 Kugeldrehungen, die Ikosaedergruppe, ist mit der Gruppe der geraden Permutationen von fünf Elementen isomorph.

Hiernach hat es keine Schwierigkeit, in diesen vier Fällen die Gruppen G in der Weise wirklich anzugeben, daß man die explizite Form ihrer Transformationen in η aufstellt [1]). Es seien

$$A_1 = 1,\ A_2, \ldots, A_\nu$$

die so bestimmten Transformationen von G. Um nun Funktionen von η herzustellen, die sich für alle Punkte der absoluten Ebene, also in unserem Falle $c < 0$ für alle Werte von $\eta (\eta = \infty$ eingeschlossen) wie rationale Funktionen verhalten und bei den Transformationen von G ungeändert bleiben, die also als automorphe Funktionen für die Gruppe G zu bezeichnen sein werden, nehmen wir irgendeine rationale Funktion $H(\eta)$ und bilden $H(A_k(\eta))$ $(k = 1, 2, \ldots, \nu)$. Jede nicht identisch verschwindende symmetrische Funktion dieser Ausdrücke, z. B.

$$\sum_{k=1}^{\nu} H(A_k(\eta)),$$

ist dann eine solche automorphe Funktion. Insbesondere hat

$$x = \sum_{k=1}^{\nu} \frac{1}{A_k(\eta) - a},$$

wo a einen konstanten Wert bedeutet, in dem Normalpolygon $H^{(0)}$ nur einen Pol erster Ordnung. Bedeutet $F(\eta)$ irgendeine automorphe Funktion und bilden wir

$$\int d \log F(\eta)$$

erstreckt über die Begrenzung des Normalpolygons $H^{(0)}$, so erhalten wir den Wert Null [2]). Die automorphe Funktion $F(\eta)$ hat also innerhalb $H^{(0)}$ ebenso viele Nullstellen als Pole. Ist die Anzahl der Pole erster Ord-

---

[1]) Man findet diese Gruppen in F. Klein, Vorlesungen über das Ikosaeder, Leipzig 1884; vgl. auch L. Schlesinger, Handbuch d. Theorie d. lin. Differentialgleichungen II, 2 (1898), S. 118 ff.

[2]) Die Fälle, wo durch das Auftreten von Nullpunkten und Polen auf dem Rande von $H^{(0)}$ Schwierigkeiten entstehen können, werden weiter unten allgemein behandelt.

nung innerhalb $H^{(0)}$ gleich P, so nennen wir $F(\eta)$ eine automorphe Funktion P-ten Grades; insbesondere ist also x eine solche Funktion ersten Grades. Da in unserem Falle $F(\eta)$ an jeder Stelle der absoluten Ebene, d. h. also für alle Werte von η ($\eta = \infty$ eingeschlossen) meromorph sein muß, so kann man $F(\eta)$ durch x rational ausdrücken. Diese einfachste automorphe Funktion x ist, wie man sieht, eine rationale Funktion von η, die insgesamt ν Nullstellen und ν Pole hat. Umgekehrt genügt η als Funktion von x einer Gleichung ν-ten Grades in η. Für die Fälle 1), 2), 3) ($\nu = 2n$; $\nu = 12$; $\nu = 24$) erweist sich diese Gleichung als algebraisch auflösbar, dagegen hat die zum Falle 4) gehörige Gleichung 60. Grades die Eigenschaft, durch Wurzelausziehen nicht lösbar zu sein, mit ihrer Hilfe läßt sich die Lösung der allgemeinen Gleichung 5. Grades bewirken[1]).

Die Fälle, in denen $c = 0$ ist, wo es sich also um eine Euklidische Ebene handelt, sind in der Nr. 20 bereits aufgestellt worden. Der Fall 1) $\sigma = 3, g_k = \frac{1}{2}$ ist durch die Untersuchungen des ersten Abschnitts bereits erledigt. Insbesondere zeigt die Nr. 16, wie man mit Hilfe der Jacobischen Thetafunktion die zu einem gegebenen Fundamentalbereich $H^{(0)}$ gehörigen automorphen Funktionen stets herzustellen imstande ist. Der Fall 2) führt, wie man sofort übersieht, auf elementare Transzendenten, z. B. kann $x = \sin^2 \eta$ als zugehörige automorphe Funktion gelten. In den Fällen 3), 4), 5), denen die in der Fig. 23 dargestellten geradlinigen Vierecke der η-Ebene entsprechen, können wir leicht zeigen, daß die zugehörigen Verschiebungsgruppen eine doppeltperiodische Gruppe Γ als Untergruppe enthalten. Es fügen sich nämlich im Falle 3) je vier Bereiche zu einem Fundamentalbereich Φ_0 einer doppeltperiodischen Gruppe Γ zusammen (siehe Fig. 36), der sich als Quadrat mit der Seite $|\beta_2 - \beta_1|$ darstellt. Der zugehörige Periodenquotient hat also den Wert i und eine zu unserer Gruppe G gehörige automorphe Funktion, die innerhalb $H^{(0)}$ jeden Wert nur einmal annimmt, nimmt innerhalb Φ_0 jeden Wert viermal an. Im Falle 4) fügen sich (siehe Fig. 37) sechs Bereiche $H^{(0)}$ zu einem Rhombus Φ_0 mit der Seite $|\beta_2 - \beta_1|$ zusammen, dessen spitzer Winkel gleich 60^0 ist. Als Periodenquotient ergibt sich also $e^{\frac{2\pi i}{6}}$. Im Falle 5) endlich gilt als Fundamentalbereich

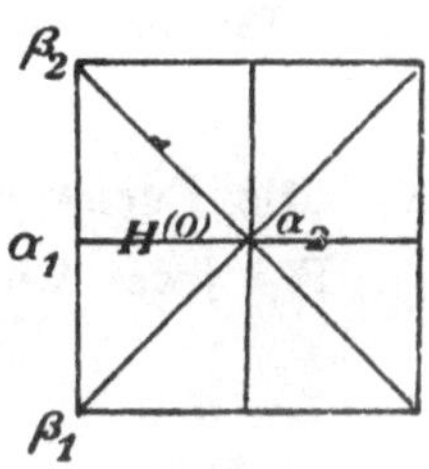

Fig. 36.

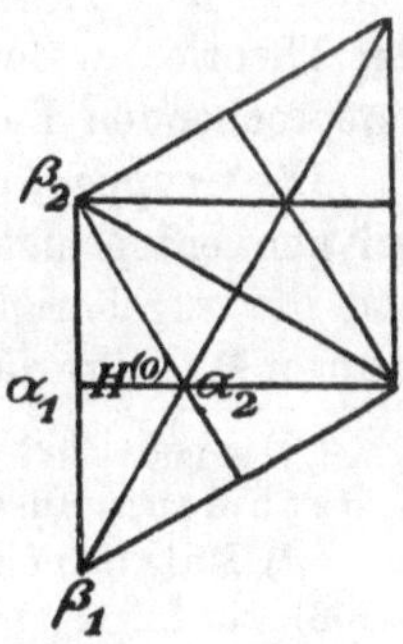

Fig. 37.

[1]) Siehe F. Klein, a. a. O. und Ges. Abhandlungen II, Abh. LI—LXI.

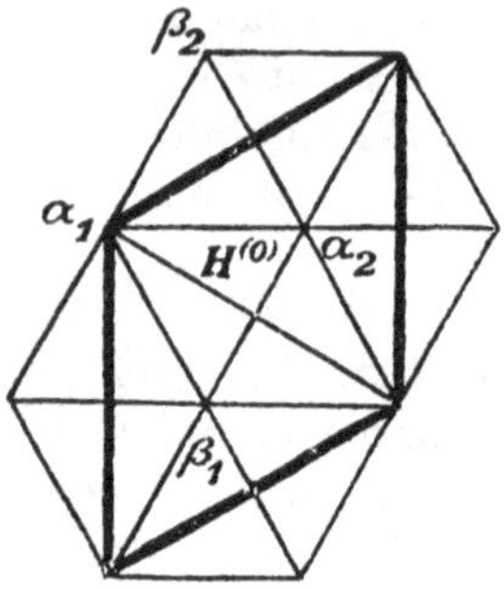

Fig. 38.

Φ_0 wieder ein Rhombus mit der Seitenlänge $|\beta_2 - \beta_1|$ und dem spitzen Winkel von 60^0, in das aber jetzt (siehe Fig. 38) nur jeweils drei dem Fundamentalbereich $H^{(0)}$ gleichwertige Bereiche eingelagert werden können. Hiernach kann auch in den Fällen 3), 4), 5) die Darstellung der entsprechenden automorphen Funktionen mit Hilfe der Jacobischen Thetafunktion gegeben werden [1]). Insbesondere kann man diejenige automorphe Funktion $x = \varphi(\eta)$ herstellen, die im Fundamentalbereiche $H^{(0)}$ nur an einer Stelle von der ersten Ordnung unendlich wird und folglich jeden Wert daselbst nur einmal annimmt; durch diese automorphe Funktion ersten Grades ist dann jede andere rational darstellbar.

Wir werden weiter unten auf die in dieser Nummer behandelten Fälle, für die $\sigma = 2$ ist, noch einmal zurückkommen.

32. Die Fuchsschen Funktionen und Thetareihen von Poincaré.

Für jedes Verzweigungsschema $(\sigma; g_1, g_2, \ldots, g_{\sigma+1})$, für das

$$\sum_{k=1}^{\sigma+1} \frac{1}{g_k} < \sigma - 1$$

ist, das also nicht zu den in der vorigen Nummer behandelten Fällen $c \leqq 0$ gehört, liegt das zugehörige Normalpolygon in der B.-L.schen Ebene. Dies tritt also „fast immer" ein, d. h. abgesehen von einer wohlumgrenzten Anzahl von Ausnahmen. Indem wir uns jetzt der Diskussion dieses Falles $c > 0$ zuwenden, kommen wir zu dem eigentlichen Kernstück der Theorie, während die der Riemannschen und Euklidischen Ebene entsprechenden Fälle mehr an der Peripherie liegen.

Die Gruppen, die aus einem in der B.-L.schen Ebene gelegenen Normalpolygon entspringen, bezeichnet Poincaré als Fuchssche Gruppen und die zugehörigen automorphen Funktionen als Fuchssche Funktionen [2]). Um die Existenz der zu einer Fuchsschen Gruppe gehörigen

[1]) Vergleiche: M. Habán, Ungarische Berichte, Bd. 19 (1903), S. 224—241 E. Bachmann, Dissertation, Zürich 1923.

[2]) Poincaré begründet diese von ihm angewandte Bezeichnung (Oeuvres II, S. 106) wie folgt: „Ich habe diese Funktionen Fuchssche Funktionen genannt, weil ich die so bemerkenswerten Entdeckungen nicht vergessen konnte, die der gelehrte Heidelberger Professor im Crelleschen Journal veröffentlicht hat. Sie bilden die Grundlagen für die Theorie der linearen Differentialgleichungen und ohne sie hätte ich das Studium meiner Transzendenten, die sich so unmittelbar an jene Theorie an-

automorphen Funktionen zu beweisen, bedient sich Poincaré invarianter Bildungen, zu denen er durch die folgende Überlegung gelangt.

Es sei $H^{(0)}$ ein in der B.-L.schen Ebene gelegenes Normalpolygon und

$$A_0 = 1, A_1, A_2, \ldots$$

seien die in irgendeiner bestimmten Reihenfolge geschriebenen Transformationen der durch $H^{(0)}$ gegebenen Fuchsschen Gruppe G. Wie im Falle $c < 0$ nehmen wir eine rationale Funktion $H(\eta)$ und bilden die Summe $\sum\limits_{k=0}^{\infty} H(A_k\eta)$. Während aber für $c < 0$, wo die Gruppe eine endliche Anzahl von Transformationen enthielt, dieser Ausdruck stets einen Sinn hatte, müssen wir jetzt, wo nach den Ergebnissen der Nr. 29 die Gruppe stets unendlich viele Transformationen enthält, dafür Sorge tragen, daß die zu benutzenden Bildungen für alle Werte von η, denen endliche Punkte der B.-L.schen Ebene entsprechen, unbedingt und gleichmäßig konvergieren. Um dies sicherzustellen, fügen wir den Gliedern unserer Summe noch Konvergenz erzeugende Faktoren hinzu, wir bilden also den Ausdruck

$$\theta(\eta) = \sum_{\nu=0}^{\infty} H(A_\nu\eta) \left(\frac{dA_\nu\eta}{d\eta}\right)^m, \tag{1}$$

wo m eine positive, ganze Zahl bedeutet. Die Konvergenz dieser Reihe für $m > 1$ werden wir sogleich zu beweisen haben; die unbedingte Konvergenz vorausgesetzt, besitzt unsere Reihe die folgende Funktionaleigenschaft. Es ist

$$\begin{aligned}\theta(A_k\eta) &= \sum_{\nu=0}^{\infty} H(A_\nu A_k\eta) \left(\frac{dA_\nu A_k\eta}{dA_k\eta}\right)^m \\ &= \sum_{\nu=0}^{\infty} H(A_\nu A_k\eta) \left(\frac{dA_\nu A_k\eta}{d\eta}\right)^m \left(\frac{d\eta}{dA_k\eta}\right)^m.\end{aligned}$$

Durchläuft ν alle Zahlen von Null bis ins Unendliche, so durchläuft $A_\nu A_k\eta$ alle Transformationen der Gruppe G und zufolge der vorausgesetzten unbedingten Konvergenz unserer Reihe folgt also aus der letzten Gleichung

$$\theta(A_k\eta) = \left(\frac{dA_k\eta}{d\eta}\right)^{-m} \theta(\eta). \tag{2}$$

knüpfen, niemals in Angriff nehmen können. In seinen ersten Arbeiten stellt sich Herr Fuchs zwar auf einen etwas anderen Standpunkt als ich, indem er sich weder mit der Diskontinuität der Gruppen noch mit der Eindeutigkeit der Funktionen beschäftigt . . ., aber in den Abhandlungen der Bände 83 und 89 des Crelleschen Journals [Fuchs Werke, Bd. II, S. 85, 191] hat er sich auf einen neuen Standpunkt erhoben und die enge Verbindung ins Licht gesetzt, die die Theorie der linearen Differentialgleichungen mit der gewisser eindeutiger Funktionen vereint. Die Lektüre dieser Abhandlungen hat den Ausgangspunkt meiner Untersuchungen gebildet."

Unsere Reihe ist also für die Transformationen der Fuchsschen Gruppe G nicht absolut invariant, sondern multipliziert sich, ähnlich wie die Jacobische Thetafunktion, jeweils mit einem Faktor. Poincaré bezeichnet diese Reihen darum als Fuchssche Thetareihen und nennt die Zahl m ihr Gewicht. Der Quotient zweier verschiedener Thetareihen mit demselben Gewichte m ist dann für alle Transformationen der Gruppe G absolut invariant und hat folglich die für eine automorphe Funktion charakteristische Funktionaleigenschaft.

Wir wenden uns nunmehr zum Konvergenzbeweise für die Thetareihen. Es ist zunächst einleuchtend, daß an den Stellen, wo eine der rationalen Funktionen $H(A_\nu \eta)$ einen Pol hat, von Konvergenz nicht die Rede sein kann. Wir machen ein für allemal die Voraussetzung, daß auf der Peripherie des Orthogonalkreises kein Pol der rationalen Funktion $H(\eta)$ gelegen sei. Die Pole von $H(\eta)$ denken wir uns durch kleine Kreise ausgeschlossen, dann hat in dem übrigbleibenden Teile der η-Ebene $|H(\eta)|$ eine endliche obere Schranke M. Bilden wir die ausgeschlossenen Kreisscheiben durch die linearen Transformationen $A_\nu \eta (\nu = 0, 1, 2, \ldots)$ ab und schließen auch alle so entstehenden Bildgebiete aus der η-Ebene aus, so ist im übrigbleibenden Teile der η-Ebene $|H(A_\nu \eta)| < M$; damit ist die Frage der unbedingten Konvergenz der Thetareihe auf die Frage der Konvergenz der Reihe

$$\sum_{\nu=0}^{\infty} \left| \frac{dA_\nu \eta}{d\eta} \right|^m \tag{3}$$

zurückgeführt. Hierbei beschränken wir uns vorerst auf diejenigen Werte von η, die endlichen Punkten der B.-L.schen Ebene entsprechen, d. h. im Innern des Orthogonalkreises liegen. Wählen wir wieder $c = 1$, so gilt unsere nächste Untersuchung also den η-Werten, für die $\eta\bar{\eta} < 1$ ist. Damit gewinnen wir auch den Vorteil, daß wir uns um die η-Werte nicht zu bekümmern haben, für die $\frac{dA_\nu \eta}{d\eta}$ unendlich wird; diese Punkte, also wenn

$$A_\nu \eta = \frac{\alpha_\nu \eta + \bar{\gamma}_\nu}{\gamma_\nu \eta + \bar{\alpha}_\nu}, \quad \alpha_\nu \bar{\alpha}_\nu - \gamma_\nu \bar{\gamma}_\nu = 1$$

gesetzt wird, die Punkte $-\frac{\bar{\alpha}_\nu}{\gamma_\nu}$, liegen nämlich außerhalb des Einheitskreises $\eta\bar{\eta} - 1 = 0$. In der Tat liegen die Punkte $\frac{\alpha_\nu}{\gamma_\nu}$, die dem $\eta = \infty$ entsprechen, gewiß außerhalb des Einheitskreises, da ja $A_\nu \eta$ das Innere des Einheitskreises in das Innere und das Äußere in das Äußere verwandelt; also ist $\left|\frac{\alpha_\nu}{\gamma_\nu}\right| > 1$ und daher auch $\left|-\frac{\bar{\alpha}_\nu}{\gamma_\nu}\right| > 1$.

Nun ist ferner nach Nr. 24

$$\frac{|dA_\nu \eta|}{1 - |A_\nu \eta|^2} = \frac{|d\eta|}{1 - |\eta|^2},$$

es ist also

$$\left|\frac{dA_\nu \eta}{d\eta}\right| = \frac{1 - |A_\nu \eta|^2}{1 - |\eta|^2},$$

und wenn wir noch die den Punkten η, $A_\nu \eta$ der B.-L.schen Ebene zugehörigen geodätischen Fahrstrahlen r, r_ν einführen [1]), für die nach Gleichung (16) der Nr. 25

$$|\eta| = \frac{e^r - 1}{e^r + 1}, \quad |A_\nu \eta| = \frac{e^{r_\nu} - 1}{e^{r_\nu} + 1}$$

ist, so finden wir

$$\left|\frac{dA_\nu \eta}{d\eta}\right| = \frac{e^r + e^{-r} + 2}{e^{r_\nu} + e^{-r_\nu} + 2}.$$

Unsere Reihe (3) schreibt sich also

$$\text{(3a)} \qquad \sum_{\nu=0}^{\infty} \left(\frac{e^r + e^{-r} + 2}{e^{r_\nu} + e^{-r_\nu} + 2}\right)^m.$$

Den Punkt η der B.-L.schen Ebene denken wir uns mit einem ganz im Endlichen gelegenen Bereiche C_0 umgeben, der so klein gewählt sein möge, daß er ganz im Innern eines Fundamentalbereichs $H^{(k)}$ liegt. Der Punkt $A_\nu \eta$ wird dann von einem mit C_0 kongruenten Bereiche C_1 umgeben sein, der nun in dem Bereiche $H^{(h)}$ liegt, der aus $H^{(k)}$ durch die Verschiebung $A_\nu \eta$ hervorgeht. Die sämtlichen Bereiche $C_0, C_1, \ldots$ haben keinen Punkt gemein, da ja, wie wir bewiesen haben (siehe Nr. 29), das Netz der aus dem Normalpolygon $H^{(0)}$ hervorgehenden Bereiche die B.-L.sche Ebene schlicht und lückenlos bedeckt[2]). Es sei Σ der Flächeninhalt eines C_ν und l die obere Schranke des geradlinigen Abstandes zweier Punkte der Begrenzung von C_ν, beides natürlich in der B.-L.schen Ebene gemessen.

Wir betrachten dann in der B.-L.schen Ebene einen Kreis K mit dem Mittelpunkte 0 und dem Halbmesser $\mathfrak{r}$ und fragen nach der Anzahl N der aus η durch die Transformationen $A_\nu \eta$ hervorgehenden Punkte, die im Innern von K liegen. Wenn $A_\nu \eta$ in K liegt, so liegt der $A_\nu \eta$ umgebende Bereich C_ν in dem mit K konzentrischen Kreise K' mit dem

---

[1]) Es bedeutet also r den in der B.-L.schen Ebene gemessenen Abstand des Punktes η vom Nullpunkte.

[2]) Auch wenn η ein im Endlichen gelegener Randpunkt eines Fundamentalbereiches ist, so kann der ihn enthaltende Bereich C_0 so klein gewählt werden daß die von einander verschiedenen Bereiche, die aus C_0 durch die Verschiebungen $A_\nu \eta$ hervorgehen, auseinander liegen.

Halbmesser $\mathfrak{r} + l$. Wenn also N Punkte $A_\nu \eta$ in K liegen, so liegen die N entsprechenden Bereiche C_ν in K', der Inhalt von K' (siehe Nr. 27)

$$\pi(e^{\mathfrak{r}+l} + e^{-(\mathfrak{r}+l)} - 2)$$

ist also größer als $N\Sigma$, d. h. wir haben

$$(4) \qquad N < \frac{\pi}{\Sigma}(e^{\mathfrak{r}+l} + e^{-(\mathfrak{r}+l)} - 2).$$

Wir denken uns nun in der B.-L.schen Ebene um den Nullpunkt als Mittelpunkt eine Schar von konzentrischen Kreisen beschrieben, deren Halbmesser in arithmetischer Progression wachsen. Der Kreis K_n dieser Schar habe den Halbmesser $n\mathfrak{r}(n = 1, 2, 3, \ldots)$. Wir fassen dann in der Reihe (3) bzw. (3a) diejenigen Glieder zusammen, für die $A_\nu \eta$ im Innern des von den Kreisen K_{n-1} und K_n begrenzten Ringes liegen, und bezeichnen ihre Summe mit U_n. Da die Anzahl der in dem Kreise K_n gelegenen Punkte $A_\nu \eta$ nach der Formel (4) kleiner ist als

$$(5) \qquad \frac{\pi}{\Sigma}(e^{n\mathfrak{r}+l} + e^{-n\mathfrak{r}-l} - 2) < \frac{\pi}{\Sigma} e^{n\mathfrak{r}+l},$$

so ist die Anzahl der in dem Ringe zwischen K_{n-1} und K_n gelegenen Punkte $A_\nu \eta$ sicher ebenfalls kleiner als diese Zahl. Für diese Punkte $A_\nu \eta$ ist aber

$$\frac{e^r + e^{-r} + 2}{e^{r_\nu} + e^{-r_\nu} + 2} < \frac{e^r + e^{-r} + 2}{e^{(n-1)\mathfrak{r}} + e^{-(n-1)\mathfrak{r}} + 2} < \frac{e^r + e^{-r} + 2}{e^{(n-1)\mathfrak{r}}}.$$

Dies zur m-ten Potenz erhoben und mit der in (5) angegebenen oberen Schranke der Anzahl multipliziert gibt also eine obere Schranke für die Summe U_n,

$$U_n < \frac{\pi}{\Sigma} e^{n\mathfrak{r}+l}(e^r + e^{-r} + 2)^m \, e^{-m(n-1)\mathfrak{r}},$$

also, wenn wir

$$(6) \qquad K = \frac{\pi}{\Sigma} e^{l+m\mathfrak{r}}(e^r + e^{-r} + 2)^m$$

setzen,

$$(7) \qquad U_n < \frac{K}{e^{(m-1)n\mathfrak{r}}},$$

wo K von n unabhängig ist. Die Reihe (3a) oder

$$U_1 + U_2 + \cdots \text{ in inf.}$$

konvergiert demnach wie eine geometrische Progression, wenn $m > 1$, d. h., da m eine ganze Zahl sein sollte, für $m \geqq 2$ [1]). Die hier vorgenommene

[1]) Wenn man nur die Eindeutigkeit der Glieder unserer Reihe in η wahren will, so kann m auch gleich der Hälfte einer ganzen Zahl genommen werden, es würde also dann $m \geqq \frac{3}{2}$ genügen, um die Konvergenz zu sichern.

Abschätzung der Glieder U_n liefert auch ohne weiteres eine Abschätzung des Fehlers, den man begeht, wenn man die Reihe mit dem Gliede U_{n-1} abbricht, es ist nämlich

$$U_n + U_{n+1} + \cdots < \frac{Ke^{-(m-1)n\tau}}{1 - e^{-(m-1)\tau}}.$$

---

33. Der Konvergenzbereich der Thetareihen.

Für alle Werte von η, die im Innern eines Kreises der B.-L.schen Ebene mit dem Mittelpunkte 0 und beliebig großem endlichen Halbmesser gelegen sind, konvergiert die Reihe (3) auch gleichmäßig, wie aus der Ungleichung (7) in Verbindung mit (6) unmittelbar zu ersehen ist. Wir können aber noch einen Schritt weiter gehen, indem wir in der Reihe (3) die $2\sigma - 4$ reellen Parameter $u_1, u_2, \ldots, u_{2\sigma-4}$, von denen nach Nr. 29 der durch das Verzweigungsschema $(\sigma; g_1, \ldots, g_{\sigma+1})$ bestimmte Typus holoedrisch isomorpher Fuchsscher Gruppen abhängt, als veränderlich betrachten. Die Ungleichheitsbedingungen, denen die Parameter u noch unterworfen sind, bestimmen in dem Bereich der $2\sigma - 4$ reellen Größen gewisse Gebiete; wir fassen eines dieser Gebiete W ins Auge, nehmen darin ein festes Wertsystem der u und beschränken die u auf eine hinreichend kleine Umgebung dieses Wertsystems. Wir wollen dann das Gebiet C_0, das in der vorigen Nummer um den Punkt η der B.-L.schen Ebene abgegrenzt wurde, so einrichten, daß für jede Fuchssche Gruppe G_u, die einem Wertsystem der Parameter u in der vorhin bezeichneten Umgebung entspricht, die Gebiete, die aus C_0 durch die Verschiebungen von G_u hervorgehen, keinen Punkt miteinander gemein haben. Dann gilt die Ungleichung (7) für alle Wertsysteme u der betrachteten Umgebung. Unsere Reihe (3) wird also in dieser Umgebung und folglich in jedem inneren Teilgebiete von W gleichmäßig konvergieren. Nun sind offenbar die Koeffizienten der Transformationen $A_\nu\eta$ in dem Gebiete W stetige Funktionen der Parameter, aus der Gleichmäßigkeit der Konvergenz folgt also, daß die Reihe (3) selbst eine innerhalb W stetige Funktion der $u_1, \ldots, u_{2\sigma-4}$ darstellt.

Wenn wir nunmehr auf die eigentliche Thetareihe (1) zurückgreifen, so haben wir in dem Gebiete der η-Ebene, das nach Ausschluß der Pole der rationalen Funktionen $H(A_\nu\eta)$ $(\nu = 0, 1, 2, \ldots)$ übrig bleibt, $|H(A_\nu\eta)| < M$. Für diejenigen Punkte dieses Gebiets, die dem Innern des Einheitskreises angehören, ergibt sich also, daß die Reihe (1) unbedingt und auch als Funktion der Parameter $u_1, \ldots, u_{2\sigma-4}$ gleichmäßig konvergiert; diese Reihe stellt folglich eine für das bezeichnete Gebiet von η holomorphe Funktion von η und eine innerhalb W stetige Funktion der $u_1, \ldots, u_{2\sigma-4}$ dar.

Ein im Innern des Einheitskreises gelegener η-Wert kann nur für eine endliche Anzahl von rationalen Funktionen $H(A_k \eta)$ ein Pol sein; es bleibt also nach Abspaltung der entsprechenden Glieder der Thetareihe eine daselbst konvergente Reihe übrig. Wir können also sagen, daß die Reihe (1) eine im ganzen Innern $\eta\bar{\eta} < 1$ des Einheitskreises meromorphe Funktion darstellt, und es fragt sich jetzt nur noch, wie sich diese Funktion für $\eta\bar{\eta} \geqq 1$ verhält.

Bedeutet η einen außerhalb des Einheitskreises gelegenen Punkt, so liegt sein Spiegelbild $\tilde{\eta} = \frac{1}{\bar{\eta}}$ sicher im Innern dieses Kreises. Wir denken uns nun neben den Polen der Funktionen $H(A_\nu \eta)$ noch die dem $\eta = \infty$ entsprechenden Punkte $\frac{\alpha_k}{\gamma_k}$, die ja alle außerhalb des Einheitskreises liegen, durch kleine Kreise aus der η-Ebene ausgeschlossen, so daß also stets

$$\left|\eta - \frac{\alpha_k}{\gamma_k}\right| > N \tag{8}$$

bleibt, wo N eine positive Größe bedeutet. Da die Gesamtheit der Transformationen $\frac{\alpha_\nu \eta + \bar{\gamma}_\nu}{\gamma_\nu \eta + \bar{\alpha}_\nu}$ der Gruppe G mit der Gesamtheit ihrer inversen, d. h. mit $\frac{-\bar{\alpha}_\nu \eta + \bar{\gamma}_\nu}{\gamma_\nu \eta - \alpha_\nu}$ übereinstimmt, so besagt die Ungleichung (8) dasselbe wie die Ungleichung

$$\left|\eta + \frac{\bar{\alpha}_k}{\gamma_k}\right| > N. \tag{8a}$$

Wenn der Nullpunkt der η-Ebene im Innern, also nicht auf der Begrenzung eines Fundamentalbereichs gelegen ist, was wir ja stets ohne Beschränkung der Allgemeinheit annehmen können, so sei ϱ der in der η-Ebene gemessene kürzeste Abstand des Nullpunkts von der Begrenzung des ihn enthaltenden Fundamentalbereichs. Für die aus $\eta = 0$ durch die Transformationen der Gruppe G hervorgehenden Punkte $\eta = \frac{\bar{\gamma}_k}{\bar{\alpha}_k}$ gilt also

$$1 > \left|\frac{\bar{\gamma}_k}{\bar{\alpha}_k}\right| > \varrho,$$

es ist folglich

$$1 < \left|\frac{\bar{\alpha}_k}{\gamma_k}\right| < \frac{1}{\varrho},$$

d. h. die Punkte $-\frac{\bar{\alpha}_k}{\gamma_k}$ liegen sämtlich innerhalb des Kreises der η-Ebene mit dem Halbmesser $\frac{1}{\varrho}$. Wir finden also mit Rücksicht auf (8a)

$$\left|\frac{\gamma_k\tilde{\eta}+\bar{\alpha}_k}{\gamma_k\eta+\bar{\alpha}_k}\right| = \left|\frac{\tilde{\eta}+\dfrac{\bar{\alpha}_k}{\gamma_k}}{\eta+\dfrac{\bar{\alpha}_k}{\gamma_k}}\right| < \frac{1+\dfrac{1}{\varrho}}{N},$$

oder

$$\left|\frac{1}{\gamma_k\eta+\bar{\alpha}_k}\right| < \left|\frac{1}{\gamma_k\tilde{\eta}+\bar{\alpha}_k}\right| \cdot \frac{\varrho+1}{N\varrho}.$$

Wir können daher unter den gemachten Beschränkungen für jeden außerhalb des Einheitskreises gelegenen Wert von η die Glieder der Reihe (3) und folglich auch die der Thetareihe mit den entsprechenden Gliedern der für den Punkt $\tilde{\eta}$ gebildeten Reihe vergleichen. Damit ist die Konvergenz der Thetareihe auch für diejenigen außerhalb des Einheitskreises gelegenen η-Werte erwiesen, die nicht evidente Pole von Gliedern der Thetareihe sind, und wir können sagen, daß die Thetareihe auch für alle Werte von η, für die $\eta\bar{\eta} > 1$ ist, eine meromorphe Funktion von η darstellt.

Was endlich das Verhalten auf der Peripherie des Einheitskreises anlangt, so haben wir in der Nr. 30 gezeigt, daß jeder Punkt dieser Peripherie Häufungsstelle der Punktmenge ist, die aus einem beliebigen Werte η durch die Transformationen der Gruppe G hervorgeht. Daraus und aus der Funktionalgleichung (2), der die Thetafunktion genügt, folgt nun, daß jeder Punkt der Kreisperipherie $\eta\bar{\eta} - 1 = 0$ eine wesentlich singuläre Stelle der durch die Thetareihe für $\eta\bar{\eta} < 1$ dargestellten Funktion ist, so daß diese Funktion die Kreisperipherie zur natürlichen Grenze besitzt. Es stellt also die Thetareihe für $\eta\bar{\eta} < 1$ und $\eta\bar{\eta} > 1$ zwei verschiedene analytische Funktionen dar, die beide in den betreffenden Bereichen meromorph sind und beide den Einheitskreis zur natürlichen Grenze haben. Im folgenden betrachten wir immer nur die im Kreisinnern durch die Thetareihe definierte Funktion; von dieser Funktion gilt also, daß sie sich für jeden im Endlichen gelegenen Punkt der B.-L.schen Ebene meromorph verhält und jeden unendlich fernen Punkt dieser Ebene zur wesentlich singulären Stelle hat.

Bilden wir mit Hilfe einer zweiten rationalen Funktion $H_1(\eta)$ eine zweite zu derselben Gruppe G gehörige Thetareihe

$$\theta_1(\eta) = \sum_{\nu=0}^{\infty} H_1(A_\nu\eta)\left(\frac{dA_\nu\eta}{d\eta}\right)^m$$

von demselben Gewicht m, so ist der Quotient

$$\varphi(\eta) = \frac{\theta(\eta)}{\theta_1(\eta)}$$

für die Transformationen der Gruppe G absolut invariant, verhält sich an jeder Stelle η, die einem endlichen Punkte der B.-L.schen Ebene entspricht, meromorph und ist folglich eine zu G gehörige automorphe oder Fuchssche Funktion. Die den unendlich fernen Punkten der B.-L.schen Ebene entsprechenden η-Werte sind wesentlich singuläre Stellen von $\varphi(\eta)$ und zwar nimmt $\varphi(\eta)$ in jeder Nähe einer jeden solchen Stelle jeden Wert, dessen diese Funktion überhaupt fähig ist, wirklich an, da ja, wie wir in der Nr. 30 gesehen haben, in jeder noch so kleinen Umgebung eines Punktes des Orthogonalkreises Polygone eingelagert sind, die aus dem Fundamentalbereich $H^{(0)}$ durch Transformationen der Gruppe G hervorgehen. Die unendlich fernen Punkte der B.-L.schen Ebene sind also für die Fuchssche Funktion singuläre Stellen vom selben Charakter, wie der isolierte unendlich ferne Punkt der Euklidischen Ebene für die elliptische Funktion (vgl. Nr. 14, S. 33). Eine Fortsetzung dieser Funktion $\varphi(\eta)$ über die Peripherie des Einheitskreises hinaus ist nicht möglich. Damit ist die Existenz der zu einem Normalpolygon der B.-L.schen Ebene gehörigen automorphen Funktionen bewiesen unter der Voraussetzung, daß sich Quotienten von Thetareihen desselben Gewichts herstellen lassen, die keine Konstanten sind. Daß diese Voraussetzung zutrifft, werden wir später (Nr. 37) beweisen; hier soll nur noch bemerkt werden, daß sich auch allgemeinere Kombinationen von Thetareihen angeben lassen, die bei den Transformationen der Gruppe G ihren Wert nicht verändern. Hat man nämlich ein Produkt von Thetareihen mit den Gewichten $m_1, \ldots, m_r$, so multipliziert sich dieses Produkt, wenn auf η die Transformation $A_\nu \eta$ angewandt wird, mit der $(m_1 + \cdots + m_r)$-ten Potenz von $\frac{dA_\nu \eta}{d\eta}$, es kann also selbst als vom Gewichte $m_1 + \cdots + m_r$ bezeichnet werden. Eine ganze rationale Funktion von Thetareihen mit konstanten Koeffizienten, in der jedes einzelne Glied von demselben Gewichte K ist, ist selbst vom Gewichte K und der Quotient zweier solcher ganzer Funktionen von demselben Gewicht ist vom Gewichte Null, also eine automorphe Funktion. Wir sagen von einer solchen automorphen oder Fuchsschen Funktion kurz, sie sei durch Thetareihen darstellbar, und es werden nunmehr die beiden folgenden wichtigen Fragen zu erörtern sein:

a) Gibt es durch Thetareihen darstellbare Fuchssche Funktionen, die nicht konstant sind?

b) Läßt sich jede zu der Gruppe G gehörige Fuchssche Funktion durch Thetareihen darstellen?

34. Verhalten der Thetareihen in den Ecken des Fundamentalbereichs.

Die Ecken des Fundamentalbereichs $H^{(0)}$ sind Doppelpunkte von elliptischen oder parabolischen Transformationen der Gruppe G. Um das Verhalten der Thetareihen in den Ecken der Fundamentalbereiche kennenzulernen, haben wir daher nur das Verhalten dieser Reihen in den Doppelpunkten elliptischer und parabolischer Transformationen zu untersuchen. Wir betrachten zunächst eine elliptische Transformation

$$\frac{S\eta - \alpha}{S\eta - \beta} = e^{\frac{2\pi i}{g}} \frac{\eta - \alpha}{\eta - \beta},$$

wo α den im Innern des Orthogonalkreises gelegenen Doppelpunkt bedeuten möge. Vermöge der Gruppeneigenschaft kann jede Transformation $A_\nu \eta$ von G auf eine und nur eine Weise in der Form

$$\Sigma_k S^\nu \tag{9}$$

geschrieben werden, so daß, wenn $\Sigma_0, \Sigma_1, \ldots$ ein geeignet gewähltes System von Transformationen der Gruppe G bedeutet, jede Transformation von G in der Form (9) für $\nu = 1, 2, \ldots, g$ zum Vorschein kommt. Wir führen nun in die Thetareihe

$$\theta(\eta) = \sum_{\nu=0}^{\infty} H(A_\nu \eta) \left(\frac{dA_\nu \eta}{d\eta}\right)^m$$

an Stelle von η die neue Veränderliche

$$\zeta = \frac{\eta - \alpha}{\eta - \beta}$$

ein und setzen

$$B_\nu \zeta = \frac{A_\nu \eta - \alpha}{A_\nu \eta - \beta}, \quad T_k \zeta = \frac{\Sigma_k \eta - \alpha}{\Sigma_k \eta - \beta},$$

$$H(\eta)\, d\eta^m = H_1(\zeta)\, d\zeta^m,$$

dann ist H_1 offenbar eine rationale Funktion von ζ und

$$H(A_\nu \eta) \left(\frac{dA_\nu \eta}{d\eta}\right)^m = H_1(B_\nu \zeta) \left(\frac{dB_\nu \zeta}{d\zeta}\right)^m \cdot \left(\frac{d\zeta}{d\eta}\right)^m,$$

also, da der Transformation $S\eta$ die Multiplikation von ζ mit $e^{\frac{2\pi i}{g}}$ entspricht,

$$\theta(\eta) \left(\frac{d\eta}{d\zeta}\right)^m = \sum_{\nu=0}^{\infty} H_1(B_\nu \zeta) \left(\frac{dB_\nu \zeta}{d\zeta}\right)^m$$

$$= \sum_{k=0}^{\infty} \sum_{l=0}^{g-1} H_1\left(T_k e^{\frac{2\pi i l}{g}} \zeta\right) \left(\frac{d T_k e^{\frac{2\pi i l}{g}} \zeta}{d\zeta}\right)^m.$$

Wir setzen nun

$$H_1(T_k \zeta) \left(\frac{dT_k \zeta}{d\zeta} \cdot \zeta\right)^m = \bar{H}_k(\zeta),$$

dann wird

$$\sum_{l=0}^{g-1} \overline{H}_k\left(e^{\frac{2\pi i l}{g}} \zeta\right) = \psi_k(t),$$

wo $t = \zeta^g$ die zu der elliptischen Transformation $S\eta$ gehörige kanonische Veränderliche genannt werden soll und $\psi_k(t)$ eine rationale Funktion von t bedeutet. Wir erhalten dann für $\theta(\eta)$ in der Umgebung von $t = 0$ die Darstellung

$$\theta(\eta) = \left(\frac{d \log \zeta}{d\eta}\right)^m \sum_{k=0}^{\infty} \psi_k(t) \tag{10}$$

oder in der ursprünglichen Veränderlichen η geschrieben

$$\theta(\eta) = \frac{(\alpha - \beta)^m}{(\eta - \alpha)^m (\eta - \beta)^m} \sum_{k=0}^{\infty} \psi_k\left(\left(\frac{\eta - \alpha}{\eta - \beta}\right)^g\right). \tag{10a}$$

Betrachten wir einen Kreis der B.-L.schen Ebene, der um den Punkt α als Mittelpunkt mit einem hinreichend kleinen Halbmesser beschrieben ist, dann entspricht dem Sektor dieses Kreises, der zwischen zwei durch $\eta = \alpha$ hindurchgehenden Geraden der B.-L.schen Ebene liegt, die durch die Drehung $S\eta$ aus einander hervorgehen, ein in der t-Ebene um $t = 0$ als Mittelpunkt beschriebener Vollkreis, d. h. die Umgebung von $t = 0$. Man kann demgemäß jenen Kreissektor der B.-L.schen Ebene als die Umgebung des Doppelpunktes $\eta = \alpha$ ansehen. Die Darstellung (10) zeigt, daß die Thetafunktion abgesehen von dem Faktor $\left(\frac{d \log \zeta}{d\eta}\right)^m$ in der Umgebung des Doppelpunktes einer elliptischen Transformation in der kanonischen Veränderlichen t meromorph ist.

Für eine parabolische Transformation von G

$$\frac{1}{S\eta - \alpha} = \frac{1}{\eta - \alpha} + p$$

liegt der Doppelpunkt α auf dem Orthogonalkreis $\eta\overline{\eta} - 1 = 0$ und es ist (Nr. 27, S. 77) $\frac{2\pi i}{\alpha p}$ eine reelle Größe. Wir setzen die Transformationen $A_\nu \eta$ von G wieder in die Form

$$\Sigma_k S^\nu \qquad (k = 0, 1, 2, \ldots; \ \nu = 0, \pm 1, \pm 2, \ldots)$$

und führen an Stelle von η die Größe

$$\zeta = \frac{2\pi i}{p} \frac{1}{\eta - \alpha} \tag{11}$$

als neue Veränderliche ein, wodurch (vgl. Nr. 27) die Parallelverschiebung $S\eta$ der B.-L.schen Ebene gewissermaßen in die Euklidische Parallelverschiebung

$$\zeta + 2\pi i = \frac{2\pi i}{p} \frac{1}{S\eta - \alpha}$$

der ζ-Ebene übertragen wird. Es sei dann ähnlich wie vorhin

$$B_\nu \zeta = \frac{2\pi i}{p} \frac{1}{A_\nu \eta - a}, \quad T_k \zeta = \frac{2\pi i}{p} \frac{1}{\Sigma_k \eta - a},$$

$$H(\eta)\, d\eta^m = H_1(\zeta)\, d\zeta^m, \quad \overline{H}_\lambda(\zeta) = H_1(T_\lambda \zeta) \left(\frac{dT_\lambda \zeta}{d\zeta}\right)^m.$$

Dann haben wir

$$\theta(\eta) \left(\frac{d\eta}{d\zeta}\right)^m = \sum_{\lambda=0}^{\infty} \sum_{\nu=-\infty}^{+\infty} \overline{H}_\lambda(\zeta + 2\nu\pi i).$$

Zufolge der oben (Nr. 32, S. 96) gemachten Voraussetzung, daß auf der Peripherie des Orthogonalkreises kein Pol der rationalen Funktion $H(\eta)$ gelegen sei, ist für $\zeta = \infty$ jedes $H_1(T_\lambda \zeta)$ endlich und folglich, da

$$\lim_{\zeta \to \infty} \frac{dT_\lambda \zeta}{d\zeta} = \lim_{\eta \to a} \left(\frac{\eta - a}{\Sigma_\lambda \eta - a}\right)^2 \frac{d\Sigma_\lambda \eta}{d\eta} = 0$$

ist, jedes $\overline{H}_\lambda(\zeta)$ gleich Null. Wegen der unbedingten Konvergenz der Thetareihe ist

$$\psi_\lambda(\zeta) = \sum_{\nu=-\infty}^{+\infty} \overline{H}_\lambda(\zeta + 2\nu\pi i)$$

eine einfach periodische Funktion von ζ mit der Periode $2\pi i$, die im Periodenstreifen nur eine endliche Anzahl von Polen besitzt und ebenso wie $\overline{H}_\lambda(\zeta)$ für $\zeta = \infty$ verschwindet. Nach einer Bemerkung der Nr. 5 (S. 11) ist daher $\psi_\lambda(\zeta)$ als rationale Funktion von e^ζ darstellbar. Wir setzen

$$t = e^{\left|\frac{2\pi i}{pa}\right| \frac{a}{\eta - a}}$$

und nennen t die zu der parabolischen Substitution $S\eta$ gehörige kanonische Veränderliche. Geht dann der Punkt η in der B.-L.schen Ebene zwischen zwei Geraden, die den unendlich fernen Punkt a gemein haben, nach a, so geht ζ zwischen zwei Parallelen zur reellen ζ-Achse so nach dem Unendlichen, daß sein reeller Teil das entgegengesetzte Vorzeichen behält wie $\frac{2\pi i}{pa}$, also geht dann t gegen Null. Es ist

$$\psi_\lambda(\zeta) = \chi_\lambda(t)$$

eine rationale Funktion von t und wir haben in der Umgebung von $t = 0$ die Darstellung

$$(11) \qquad \theta(\eta) = \left(-\frac{2\pi i}{p}\right)^m \frac{1}{(\eta - a)^{2m}} \sum_{\lambda=0}^{\infty} \chi_\lambda(t).$$

Der Umgebung von $t = 0$, d. h. dem Innern eines um $t = 0$ als Mittelpunkt mit hinreichend kleinem Halbmesser beschriebenen Kreises der t-Ebene entspricht in der B.-L.schen Ebene der Sektor eines durch den unendlich fernen Punkt $\eta = a$ hindurchgehenden Parazykels, der zwischen zwei durch $\eta = a$ hindurchgehenden Geraden liegt, die durch die Verschiebung $S\eta$ auseinander hervorgehen. Man kann diesen Sektor als die Umgebung von $\eta = a$ ansehen. In dieser Umgebung ist $\theta(\eta) \cdot (\eta - a)^{2m}$ in der kanonischen Veränderlichen t meromorph.

35. Nullstellen und Pole Fuchsscher Funktionen.

Wir betrachten nun eine durch Thetafunktionen dargestellte Fuchssche Funktion $\varphi(\eta)$; sie ist an jeder im Innern eines Fundamentalbereichs gelegenen Stelle meromorph in η, an den Ecken des Fundamentalbereichs dagegen meromorph in der zugehörigen kanonischen Veränderlichen t, d. h. also an einer Ecke a, die Doppelpunkt einer elliptischen Substitution ist, in

$$t = \left(\frac{\eta - a}{\eta - \beta}\right)^g$$

und in einer parabolischen Ecke in

$$t = e^{\pm \frac{2\pi i}{p} \frac{1}{\eta - a}}.$$

Es bleibt vorerst noch dahingestellt, ob jede Fuchssche Funktion durch Thetareihen darstellbar ist. Wir untersuchen jetzt für solche durch Thetareihen darstellbare Fuchssche Funktionen die Verteilung ihrer Nullstellen und Pole in einem Fundamentalbereich.

In bezug auf die Zählung der Nullstellen und Pole treffen wir die folgende Verabredung, die der in der Nr. 14 für den dort betrachteten Fall der elliptischen Funktionen auseinandergesetzten analog und auch hier dadurch begründet ist, daß die Fuchssche Funktion $\varphi(\eta)$ in korrespondierenden Punkten der Seiten $\bar{s}_k, \overset{+}{s}_k$ des Fundamentalbereichs und in den einen Zyklus bildenden Ecken $\beta_1, \ldots, \beta_\sigma$ gleiche Werte annimmt. Einen im Innern des Fundamentalbereichs gelegenen Pol $\eta = \eta_0$, wo $\varphi(\eta)$ unendlich wird wie $(\eta - \eta_0)^{-k}$, zählen wir in üblicher Weise als Pol k-ter Ordnung oder als k Pole erster Ordnung. Liegt ein Pol auf der Begrenzung des Fundamentalbereichs $H^{(0)}$, so denken wir uns den Fundamentalbereich aus der B.-L.schen Ebene ausgeschnitten und die Paare korrespondierender Seiten $\bar{s}_k, \overset{+}{s}_k (k = 1, 2, \ldots, \sigma)$ miteinander verschmolzen. Dadurch entsteht eine σ-seitige Pyramide R, in deren Spitze die σ einen Zyklus bildenden Ecken $\beta_1, \beta_2, \ldots, \beta_\sigma$ vereinigt sind. Liegt nun ein Pol $\eta = \eta_0$, in dem $\varphi(\eta)$ unendlich wird wie $(\eta - \eta_0)^{-k}$, auf einer Seite $\bar{s}_\lambda$, so liegt auf der korrespondierenden Seite $\overset{+}{s}_\lambda$ ein ebenso beschaffener Pol $\eta = \eta_0'$, der aber auf unserer Pyramide mit η_0 zusammenfällt. Wir zählen darum η_0 und η_0' nur als einen Pol k-ter Ordnung, also mit anderen Worten η_0 und η_0' jedes für sich als einen Pol von der Ordnung $\frac{k}{2}$. Ist eine der Ecken ein Pol und bedeutet t die zugehörige kanonische Veränderliche, so zählt die betreffende Ecke, sofern sie für sich allein einen Zyklus bildet, als Pol k-ter Ordnung, wenn $\varphi(\eta)$ daselbst wie t^{-k} unendlich wird; gehört die Ecke dagegen dem σ-gliedrigen Zyklus an, so zählt die Spitze unserer Pyramide R, d. h. es zählen alle σ Ecken des Zyklus zusammengenommen als ein Pol k-ter Ordnung, also jede einzelne von ihnen als Pol von der Ordnung $\frac{k}{\sigma}$. Eine ähnliche Zählweise gilt für die Nullstellen.

Da die Fuchssche Funktion im Innern von $H^{(0)}$ meromorph ist, so kann im Innern eines Fundamentalbereichs keine Häufungsstelle von Polen liegen. Ebensowenig kann eine elliptische Ecke eine solche Häufungsstelle sein, da ja die kanonische Veränderliche t eine rationale Funktion von η ist. Wäre nun die parabolische Ecke a eine Häufungsstelle von Polen $\eta_1, \eta_2, \eta_3, \ldots$, so entsprächen diesen in der t-Ebene die voneinander verschiedenen Punkte $t_1, t_2, t_3, \ldots$ mit der Häufungsstelle $t = 0$. Dies ist aber unmöglich, da die Funktion $\varphi(\eta)$ in der Umgebung von $t = 0$ meromorph sein sollte. Die Fuchssche Funktion $\varphi(\eta)$ hat also in jedem Fundamentalbereiche nur eine endliche Anzahl von Polen erster Ordnung. Wir bezeichnen diese Anzahl mit P und wollen nun nachweisen, daß sie mit der Anzahl N der Nullstellen erster Ordnung übereinstimmt.

Zu diesem Zwecke berechnen wir analog wie in der Nr. 14 das Integral

$$\frac{1}{2\pi i}\int d\log\varphi(\eta) = N - P,$$

erstreckt im positiven Sinne über die Begrenzung des Fundamentalbereichs. Sollte auf einer der Seiten des Fundamentalbereichs ein Pol oder eine Nullstelle von $\varphi(\eta)$ liegen, so fassen wir diesen mit dem ihm entsprechenden Punkte auf der korrespondierenden Seite als einen zweigliedrigen Eckenzyklus elliptischer Art mit der Verzweigungszahl $g = 1$ auf. Die sämtlichen Ecken des Fundamentalbereichs denken wir uns dann in der Weise abgestumpft, daß wir um eine elliptische Ecke a als Mittelpunkt in der B.-L.schen Ebene einen Kreisbogen mit solchem Halbmesser beschreiben, daß in dem durch die in a einmündenden Seiten begrenzten Kreissektor, außer a selbst, keine Nullstelle und kein Pol von $\varphi(\eta)$ liegt. Für eine parabolische Ecke wird an Stelle des Kreises ein durch die betreffende Ecke hindurchgehender Parazykel genommen. In den Ebenen der zugehörigen kanonischen Veränderlichen erscheinen die die Ecken abstumpfenden Kreis- bzw. Parazykelbogen jeweils als Vollkreise mit dem Mittelpunkte $t = 0$, für den σ-gliedrigen Eckenzyklus wird die Gesamtheit der σ Bogen auf den Vollkreis abgebildet. Bezeichnen wir den abgestumpften Fundamentalbereich mit $\overline{H}^{(0)}$ und die die Ecken abstumpfenden Bogen mit c_k, so ist

$$(12) \qquad \frac{1}{2\pi i}\int\limits_{(\overline{H}^{(0)})} d\log\varphi(\eta) = \frac{1}{2\pi i}\sum_k \int\limits_{c_k},$$

da die Integrale erstreckt über die abgestumpften Seiten sich gegenseitig aufheben. Wir betrachten nun für eine jede Ecke das über den betreffenden Bogen c_k erstreckte Integral bzw. für den Eckenzyklus $\beta_1, \ldots, \beta_\sigma$ die Summe der Integrale über die σ zugehörigen Bogen. Transformieren wir diese Integrale jeweils in die zugehörige kanonische Veränderliche t, so sind sie in der t-Ebene über den vollen, den Punkt $t = 0$ umschließenden Kreis zu erstrecken und zwar in dem Sinne, daß dabei der Punkt $t = 0$ zur Rechten bleibt, weil ja in (12) die Richtung der Integration so zu nehmen ist, daß der Bereich $\overline{H}^{(0)}$ zur Linken bleibt. Das in der t-Ebene über den Kreis erstreckte Integral $\frac{1}{2\pi i}\int d\log\varphi(\eta)$ gibt nun, wenn die betreffende Ecke ein Pol ist, die im Sinne unserer Zählung genommene Ordnungszahl unseres Pols, wenn sie eine Nullstelle ist, die Ordnungszahl dieser Nullstelle mit entgegengesetztem Vorzeichen, und wenn sie weder Pol noch Nullstelle ist, den Wert Null. Das über den abgestumpften Bereich $\overline{H}^{(0)}$ erstreckte Integral (12) unterscheidet sich also von dem über den ursprünglichen Bereich erstreckten Integrale durch die Differenz der Ordnungszahlen zwischen den in den Ecken gelegenen Polen und den daselbst gelegenen Nullstellen. Es ergibt sich demnach, daß die Differenz zwischen der Anzahl N aller Nullstellen erster Ordnung und der Anzahl P aller Pole erster Ordnung, die die Funktion $\varphi(\eta)$ im Innern und auf der Begrenzung des Fundamentalbereiches $H^{(0)}$ bei der verabredeten Zählweise aufweist, gleich Null ist. Nun hat offenbar für irgendeinen komplexen Wert a die Funktion $\varphi(\eta) - a$ dieselben Pole im Fundamentalbereich wie die Funktion $\varphi(\eta)$. Wenn wir also verabreden, daß die Anzahl der η-Werte, für die $\varphi(\eta)$ den Wert a annimmt, ebenso gezählt werden soll wie die Anzahl der Nullstellen von $\varphi(\eta) - a$, so können wir allgemein sagen: die durch Thetareihen darstellbare Fuchssche Funktion $\varphi(\eta)$ nimmt im Fundamentalbereiche $H^{(0)}$ jeden komplexen Wert ebensooft an, wie sie von erster Ordnung unendlich wird. Die Anzahl N der im Fundamentalbereich gelegenen Pole erster Ordnung nennen wir den Grad der Fuchsschen Funktion.

---

36. Existenz ganzer Thetafunktionen.

Wir wenden uns nun zur Beantwortung der am Schluß der Nr. 33 formulierten beiden Fragen a) und b) und folgen dabei einem von Fubini angegebenen Gedankengang[1]). Wenn die zur Bildung einer Thetareihe benutzte rationale Funktion $H(\eta)$ so beschaffen ist, daß die im Innern des Orthogonalkreises definierte Thetafunktion daselbst keinen Pol besitzt, so wollen wir sie eine ganze Thetafunktion nennen. Wir betrachten insbesondere solche ganze Thetafunktionen, bei denen die Funktion $H(\eta)$ eine ganze rationale ist, und wollen zunächst beweisen, daß es Thetafunktionen von dieser Art gibt, die nicht identisch Null sind.

Es sei also

$$\theta(\eta) = \sum_{\nu=0}^{\infty} H(A_\nu \eta) \left(\frac{dA_\nu \eta}{d\eta}\right)^m, \tag{13}$$

wo $H(\eta)$ eine ganze rationale Funktion von η bedeutet, und a ein im Innern eines Fundamentalbereiches gelegener Punkt, also keine Ecke. Aus der Konvergenz der Reihe

$$\sum_{\nu=0}^{\infty} \left|\frac{dA_\nu \eta}{d\eta}\right|^m$$

für $m > 1$ im Punkte $\eta = a$ folgt, daß die Glieder dieser Reihe für $\eta = a$ eine obere Schranke besitzen und daß diese nur für eine endliche Anzahl dieser Glieder erreicht wird. Es seien $A_0, A_1, \ldots, A_p$ diejenigen Transformationen von G, für die

$$\left|\frac{dA_k \eta}{d\eta}\right|_a \qquad (k = 0, 1, \ldots, p)$$

diese obere Schranke erreichen. Wir wählen dann die ganze Funktion $H(\eta)$ so, daß

$$H(A_0 a) = \alpha \neq 0,$$
$$H(A_1 a) = \cdots = H(A_p a) = 0$$

ist; dies ist stets möglich, weil ja die Werte

$$A_0 a, A_1 a, \ldots, A_p a$$

voneinander verschieden sind. Dann ist also in (13) für $\eta = a$ das Glied mit dem Index Null gleich $\alpha \cdot \left(\frac{dA_0 \eta}{d\eta}\right)_a^m$, während die Glieder mit den Indizes $1, 2, \ldots, p$ verschwinden. Unter den nun folgenden Gliedern betrachten wir diejenigen, für die $\left|\frac{dA_\nu \eta}{d\eta}\right|_a$ nicht kleiner ist als für die übrigen; es sei für eines dieser Glieder

$$\left|\frac{dA_\nu \eta}{d\eta}\right|_a = \lambda \left|\frac{dA_0 \eta}{d\eta}\right|_a, \quad \lambda < 1.$$

[1]) G. Fubini, Introduzione alla teoria dei gruppi discontinui e delle funzioni automorfe, Pisa 1908, S. 288ff. und 316ff., vergl. G. Giraud, Leçons sur les fonctions automorphes, Paris 1920, S. 19ff.

Wir setzen nunmehr

$$\sum_{\nu=p+1}^{\infty} \left|\frac{dA_\nu\eta}{d\eta}\right|_a^2 : \left|\lambda \frac{dA_0\eta}{d\eta}\right|_a^2 = \beta$$

und bezeichnen mit M die obere Schranke von $|H(\eta)|$ im Innern des Einheitskreises, dann ist

$$\left|\sum_{\nu=p+1}^{\infty} H(A_\nu\eta)\left(\frac{dA_\nu\eta}{d\eta}\right)^m\right|_{\eta=a} < M\lambda^{m-2}\left|\frac{dA_0\eta}{d\eta}\right|_a^{m-2} \sum_{\nu=p+1}^{\infty}\left|\frac{dA_\nu\eta}{d\eta}\right|_a^2$$

$$< \beta M\lambda^m \left|\frac{dA_0\eta}{d\eta}\right|_a^m.$$

Wir haben folglich

$$|\theta(a)| > \big||a| - \beta M\lambda^m\big| \cdot \left|\frac{dA_0\eta}{d\eta}\right|_a^m,$$

$\theta(a)$ ist also für ein hinreichend großes m sicher von Null verschieden und $\theta(\eta)$ demnach sicher nicht identisch gleich Null.

Wir beweisen nun weiter, daß es ganze Thetafunktionen von der eben betrachteten Art gibt, die mit ihren r ersten Ableitungen in dem Punkte $\eta = a$ willkürlich vorgeschriebenen Werten beliebig nahekommen. Aus der Funktionalgleichung

$$\theta(A_\nu\eta) = (\gamma_\nu\eta + \bar{\alpha}_\nu)^{2m}\theta(\eta)$$

folgt durch Differentiation

$$\theta'(A_\nu\eta) = 2m(\gamma_\nu\eta + \bar{\alpha}_\nu)^{2m-1}\gamma_\nu\,\theta(\eta) + (\gamma_\nu\eta + \bar{\alpha}_\nu)^{2m}\theta'(\eta)$$

und indem man weiter differentiiert, ergibt sich, daß $\theta^{(r)}(A_\nu\eta)$ sich linear in $\theta(\eta), \theta'(\eta), \ldots, \theta^{(r)}(\eta)$ ausdrücken läßt und umgekehrt. Um also unsere Behauptung zu beweisen, können wir an Stelle von $\eta = a$ irgend ein $\eta = A_\nu a$ zugrundelegen; wir nehmen demgemäß $\eta = b = A_0 a$. Dann ist, da an der Stelle $\eta = a$ für jedes $A_\nu\eta$

$$\left|\frac{dA_\nu\eta}{d\eta}\right| \leqq \left|\frac{dA_0\eta}{d\eta}\right|$$

sein sollte, für $\eta = b$

$$\left|\frac{dA_\nu A_0^{-1}\eta}{d\eta}\right|_b \leqq 1.$$

Das Gleichheitszeichen gilt hierbei nur für $\nu = 0, 1, 2, \ldots, p$. Wir schreiben in der Thetareihe wieder A_ν an Stelle von $A_\nu A_0^{-1}$ und nehmen das Glied mit $H(\eta)$ vorweg, setzen also

$$\theta(\eta) = H(\eta) + \sum_{\nu=1}^{\infty}{}' H(A_\nu\eta)\left(\frac{dA_\nu\eta}{d\eta}\right)^m. \tag{13a}$$

Die ganze rationale Funktion $H(\eta)$ wählen wir nun so, daß sie mit ihren r ersten Ableitungen für $\eta = b$ diejenigen Werte wirklich annimmt, denen

$\theta(\eta)$ mit seinen r ersten Ableitungen beliebig nahekommen soll; überdies soll $H(\eta)$ für $A_1 b, \ldots, A_p b$ mit seinen r ersten Ableitungen verschwinden. Wir wollen nun zeigen, daß

$$\sum_{\nu=1}^{\infty}{}' H(A_\nu \eta)\left(\frac{dA_\nu \eta}{d\eta}\right)^m$$

mit seinen n ersten Derivierten für $\eta = b$ beliebig klein gemacht werden kann dadurch, daß man m hinreichend groß wählt. Durch ϱ-malige Differentiation des Gliedes

$$H(A_\nu \eta)\left(\frac{dA_\nu \eta}{d\eta}\right)^m$$

erhält man einen Ausdruck von der Form

$$P \cdot \left(\frac{dA_\nu \eta}{d\eta}\right)^{m-\varrho}, \tag{14}$$

wo P ein Polynom ϱ-ten Grades in m bedeutet. Für $\varrho < r$ verschwindet dieser Ausdruck gemäß den über $H(\eta)$ gemachten Voraussetzungen für $\eta = b$ und $\nu = 1, 2, \ldots, p$. Wir beschreiben nun um b als Mittelpunkt in der η-Ebene einen Kreis S mit dem Halbmesser R, der ganz innerhalb des Einheitskreises liegt. Für zwei beliebige Punkte η_1, η_2, die im Innern von S liegen, hat das Verhältnis

$$\left|\frac{dA_\nu \eta}{d\eta}\right|_{\eta_1} : \left|\frac{dA_\nu \eta}{d\eta}\right|_{\eta_2}, \quad \nu > p,$$

eine obere Schranke g. Aus der Konvergenz der Reihe

$$\sum_{\nu=0}^{\infty}\left|\frac{dA_\nu \eta}{d\eta}\right|^m$$

für $\eta = b$ folgt, daß es unter den $A_\nu \eta$ für $\nu > p$ nur eine endliche Anzahl gibt, für die

$$\left|\frac{dA_\nu \eta}{d\eta}\right|_b \geqq \frac{1}{g}$$

ist; für diese endliche Anzahl ist, da jedes $\left|\frac{dA_\nu \eta}{d\eta}\right|_b < 1$ ist, die Summe der Glieder von der Form (14) mit wachsendem m beliebig klein. Für alle übrigen $A_\nu \eta$ ist also

$$\left|\frac{dA_\nu \eta}{d\eta}\right|_b < \frac{1}{g}$$

und somit für einen beliebigen Punkt des Kreises S

$$\left|\frac{dA_\nu \eta}{d\eta}\right| \leq g\left|\frac{dA_\nu \eta}{d\eta}\right|_b = \mu_\nu < 1,$$

so daß das entsprechende Glied der Thetareihe dem absoluten Betrage nach kleiner ist als $M\mu_\nu^m$. Dabei ist natürlich die Reihe $\Sigma\mu_\nu^2$ konvergent, da ja die Reihe $\Sigma\left|\frac{dA_\nu\eta}{d\eta}\right|_b^2$ konvergiert.

Es sei nun $\varphi(\eta)$ das $A_\nu\eta$ entsprechende Glied der Thetareihe; wir stellen $\varphi(\eta)$ innerhalb des Kreises S durch das Cauchysche Integral dar:

$$\varphi(\eta) = \frac{1}{2\pi i}\int_S \frac{\varphi(\zeta)}{\zeta - \eta}\,d\zeta.$$

Dann ist die ϱ-te Derivierte:

$$\varphi^{(\varrho)}(\eta) = \frac{\varrho!}{2\pi i}\int_S \frac{\varphi(\zeta)}{(\zeta-\eta)^{\varrho+1}}\,d\zeta$$

und folglich

$$|\varphi^{(\varrho)}(b)| < MR^{-\varrho}\varrho!\,\mu_\nu^m = M'\,\mu_\nu^m,$$

wo M' eine nur von M, R, ϱ abhängige positive Größe bedeutet. Es ist also die Summe aller dieser Derivierten

$$|\Sigma\,\varphi^{(\varrho)}(b)| < M'\Sigma\mu_\nu^m,$$

und wenn λ die obere Schranke der μ_ν bedeutet, wo natürlich $\lambda < 1$ ist,

$$|\Sigma\,\varphi^{(\varrho)}(b)| < M'\lambda^m\,\Sigma\left(\frac{\mu_\nu}{\lambda}\right)^m \leqq M'\lambda^m\,\Sigma\left(\frac{\mu_\nu}{\lambda}\right)^2,$$

und dies kann, da $\Sigma\left(\frac{\mu_\nu}{\lambda}\right)^2$ konvergent ist, beliebig klein gemacht werden, indem man m hinreichend groß wählt. Mit Rücksicht auf die Darstellung (13a) folgt hieraus, daß sich in der Tat die Werte der Funktionen $\theta(\eta)$ und $H(\eta)$, sowie die ihrer r ersten Derivierten im Punkte b um beliebig wenig voneinander unterscheiden.

---

37. Existenz automorpher Funktionen.

Sind $\theta_1(\eta), \theta_2(\eta)$ Thetafunktionen vom selben Gewicht und

$$\varphi(\eta) = \frac{\theta_1(\eta)}{\theta_2(\eta)},$$

so drückt sich die k-te Ableitung der automorphen Funktion $\varphi(\eta)$ durch die Funktionen θ_1, θ_2 und ihre k ersten Ableitungen aus. Wir können also dadurch, daß wir Funktionen θ_1, θ_2 konstruieren, die in einem Punkte $\eta = a$ mit ihren r ersten Ableitungen willkürlich vorgeschriebenen Werten beliebig nahekommen, automorphe Funktionen herstellen, die mit ihren r ersten Ableitungen in $\eta = a$ ebenfalls vorgeschriebenen Werten beliebig nahekommen. Damit ist die Frage a) im bejahenden Sinne erledigt.

Um der Frage b) näherzutreten, wollen wir das auf die Thetafunktionen bezügliche Ergebnis noch etwas verallgemeinern. Es seien $b_1, \ldots, b_n$

im Innern des Einheitskreises der η-Ebene gelegene Punkte, die nicht durch Transformationen der Gruppe G auseinander hervorgehen und die auch keine Doppelpunkte solcher Transformationen sind. Dann kann man Thetareihen finden, die in diesen Punkten mit ihren r ersten Ableitungen vorgeschriebenen Werten beliebig nahekommen. Um dieses einzusehen, verfahren wir ähnlich wie vorhin. Es gibt nur eine endliche Anzahl von Transformationen $A_1, A_2, \ldots, A_q$ der Gruppe, für die $\left|\frac{dA_\nu\eta}{d\eta}\right|$ in einem der Punkte $b_1, \ldots, b_n$ größer oder gleich 1 ist. Wählt man dann $H(\eta)$ so, daß es mit seinen r ersten Ableitungen in $b_1, \ldots, b_n$ die vorgeschriebenen Werte annimmt und in den Punkten

$$A_k b_\lambda \qquad (k=1,2,\ldots,q;\ \lambda=1,2,\ldots,n)$$

verschwindet, so kann man wieder m so groß nehmen, daß der „Rest" der Thetareihe in $b_1, \ldots, b_n$ beliebig klein wird. Damit ist natürlich auch das analoge Ergebnis für automorphe Funktionen, die durch Thetareihen darstellbar sind, bewiesen.

Wir betrachten nun zwei zur Gruppe G gehörige Fuchssche Funktionen $x = \varphi(\eta)$ und $y = \psi(\eta)$ und zwar sei x vom n-ten und y vom m-ten Grade. Dann wird also ein beliebiger Wert von x im Fundamentalbereiche $H^{(0)}$ in n Punkten $\eta_1, \ldots, \eta_n$ angenommen. Die zu diesen Punkten gehörigen Werte $\psi(\eta_1), \ldots, \psi(\eta_n)$ von y sind im allgemeinen voneinander verschieden, ihre elementaren symmetrischen Funktionen sind in x jedenfalls eindeutig und verhalten sich für jeden Wert von x meromorph, sie sind also rationale Funktionen von x. Es genügt also y einer **algebraischen Gleichung** n-ten Grades in y, deren Koeffizienten rationale Funktionen von x sind, und die analoge unter Vertauschung von x und y angestellte Überlegung zeigt, daß diese algebraische Gleichung

$$(15) \qquad F(x, y) = 0$$

in x vom m-ten Grade ist. Die ganze rationale Funktion $F(x, y)$ kann nicht das Produkt von verschiedenen ganzen rationalen Faktoren sein, sie ist also entweder selbst irreduzibel oder die Potenz eines irreduziblen Polynoms. Im allgemeinen wird ein diese Gleichung befriedigendes Wertepaar x, y nicht nur für **einen** Punkt des Fundamentalbereichs $H^{(0)}$ zum Vorschein kommen, man kann aber y stets so wählen, daß einem die Gleichung (15) befriedigenden Wertepaar x, y ein und nur ein Punkt im Innern des Fundamentalbereichs entspricht. Sind nämlich $\eta = \eta_k$ $(k = 1, 2, \ldots, n)$ die Punkte innerhalb des Fundamentalbereichs, für die x den willkürlichen Wert ξ annimmt, dann konstruieren wir eine Reihe $\theta_1(\eta)$, die nur im Punkte η_1 des Fundamentalbereichs unendlich wird, und eine ganze Thetafunktion $\theta_2(\eta)$, die für die Punkte $\eta_1, \ldots, \eta_n$ nicht verschwindet; dies ist nach unseren letzten

Bemerkungen stets möglich. Wählen wir nun θ_1 und θ_2 vom selben Gewichte m, dann ist $y = \frac{\theta_1(\eta)}{\theta_2(\eta)}$ nur in η_1, nicht aber in $\eta_2, \ldots, \eta_n$ unendlich groß, es entspricht also dem Wertepaare $x = \xi, y = \infty$ nur ein Punkt im Innern des Fundamentalbereichs. Dieses Funktionenpaar x, y, das die Gleichung $F(x, y) = 0$ befriedigt, nimmt dann auch jedes Wertepaar, dessen es im Fundamentalbereich $H^{(0)}$ fähig ist, daselbst nur ein einziges Mal an und stellt folglich eine gegenseitig eindeutige Beziehung zwischen den Punkten des Fundamentalbereichs und den Wertepaaren x, y her, die jene Gleichung befriedigen.

Daraus folgt zunächst, daß alle Fuchsschen Funktionen, d. h. alle Funktionen, die bei den Transformationen von G ihren Wert nicht ändern und für alle endlichen Punkte der B.-L.schen Ebene meromorph sind, als rationale Funktionen der durch die Gleichung $F(x, y) = 0$ verknüpften Größen x, y darstellbar sind. Wählen wir also x als Thetaquotienten und y wie vorhin angegeben, so zeigt sich, daß alle Fuchsschen Funktionen durch Thetafunktionen darstellbar sind, womit auch die Frage b) bejahend erledigt ist.

Wir können aber über dieses Ergebnis noch wesentlich hinausgehen. In Wirklichkeit besteht zwischen den Punkten des Fundamentalbereichs $H^{(0)}$ und den die Gleichung (15) befriedigenden Wertepaaren x, y insofern keine vollständige Äquivalenz, als ja x, y in korrespondierenden Punkten der kongruenten Seiten $\overset{-}{s}_k, \overset{+}{s}_k$ des Fundamentalbereichs dieselben Werte annehmen; wir müssen also, um vollständige Äquivalenz zu erzielen, den Fundamentalbereich $H^{(0)}$, wie in der Nr. 35, zu der σ-seitigen Pyramide R zusammenbiegen. Zwischen den Punkten der geschlossenen Fläche R und den die Gleichung (15) befriedigenden Wertepaaren x, y besteht dann eine ausnahmslos gegenseitig eindeutige und stetige Beziehung, R wird also (vgl. die Nrn. 9 und 13) als eine zur Gleichung (15) gehörige Riemannsche Fläche anzusehen sein. Um die Ordnung des Zusammenhangs der geschlossenen Fläche R im Sinne der Analysis situs zu bestimmen, wenden wir den verallgemeinerten Eulerschen Polyedersatz an; nach diesem ist für eine geschlossene, $(2p + 1)$-fach zusammenhängende Fläche mit E Ecken, K Kanten und F einfach zusammenhängenden Seitenflächen

$$E - K + F = 2 - 2p.$$

Für unsere Fläche R gelten als Kanten die zur Deckung gebrachten kongruenten Seitenpaare des Fundamentalbereichs, also ist $K = \sigma$, ihre Ecken sind $a_1, \ldots, a_\sigma$ und die in der Spitze von R vereinigten Ecken β, also $E = \sigma + 1$, die Anzahl der Flächen endlich ist $F = 1$, da ja R aus einem Stück besteht, das durch die Kanten nicht in getrennte Gebiete zerlegt wird. Wir haben also $E - K + F = 2$, d. h. $p = 0$, R ist also einfach zusammenhängend, was ja auch anschaulich einleuchtet.

Eine algebraische Gleichung (15) oder, wie man auch sagt, eine algebraische Kurve, deren Riemannsche Fläche einfach zusammenhängend ist, bezeichnet man als vom Geschlechte Null; allgemein heißt eine algebraische Gleichung vom Geschlechte p, wenn ihre Riemannsche Fläche $(2p+1)$-fach zusammenhängend ist. Man zeigt in der Lehre von den algebraischen Funktionen [1]), daß es für eine Gleichung (15) vom Geschlechte Null stets rationale Funktionen t von x und y mit konstanten Koeffizienten gibt, die nur für einen Punkt der zugehörigen Riemannschen Fläche R unendlich von der ersten Ordnung werden, also jeden Wert nur in einem Punkte von R annehmen. Als Funktionen dieser Größe t sind dann die durch die Gleichung (15) verknüpften Veränderlichen x und y rational darstellbar. — In unserem Falle ist t selbst eine Fuchssche Funktion des Fundamentalbereiches $H^{(0)}$ und zwar eine Fuchssche Funktion ersten Grades. Die Existenz einer solchen Funktion ersten Grades ist wesentlich durch die Tatsache bedingt, daß die aus $H^{(0)}$ durch Zusammenbiegen entstehende geschlossene Fläche R eine einfach zusammenhängende ist; man bezeichnet diejenigen Fundamentalbereiche, die diese Eigenschaft haben, und ebenso die zugehörigen Fuchsschen Gruppen und Funktionen als vom Geschlechte Null. Die von uns ausschließlich betrachteten Normalbereiche sind also alle vom Geschlechte Null; wir werden an späterer Stelle Fundamentalbereiche kennenlernen, die von höherem Geschlechte sind, vorerst bleiben wir aber bei unseren Normalbereichen stehen und bemerken nur noch, daß man zeigen kann, daß diese die allgemeinsten Fuchsschen Gruppen und Funktionen liefern, die vom Geschlecht Null sind [2]). Für die aus unseren Normalbereichen entspringenden Fuchsschen Funktionen haben wir also den folgenden Satz bewiesen:

Jede Fuchssche Funktion läßt sich durch eine zu dem Fundamentalbereich gehörige Fuchssche Funktion ersten Grades rational darstellen.

Als unmittelbare Folge ergibt sich, daß jede Fuchssche Funktion ersten Grades mit jeder anderen durch eine bilineare Relation verknüpft, also durch diese linear gebrochen darstellbar ist.

38. Die Umkehrung der automorphen Funktion ersten Grades.

Wir sind jetzt imstande, wenn irgendwie ein zu einem Verzweigungsschema $(\sigma; g_1, g_2, \ldots, g_{\sigma+1})$ gehöriges Normalpolygon $H^{(0)}$ in der ab-

[1]) Siehe z. B. H. W. E. Jung, Einführung in die Theorie der algebraischen Funktionen, 1923, S. 157.

[2]) H. Poincaré, Oeuvres II, S. 150ff.

soluten Ebene gegeben ist, eine zugehörige automorphe Funktion ersten Grades $x = \varphi(\eta)$ herzustellen, durch die jede zu $H^{(0)}$ gehörige automorphe Funktion rational dargestellt werden kann und die selbst bis auf eine linear gebrochene Transformation $\frac{\alpha x + \beta}{\gamma x + \delta}$ bestimmt ist. Für die Fälle, wo $H^{(0)}$ in der B.-L.schen Ebene gelegen ist, haben wir dies in den Nummern 32—37 in allen Einzelheiten dargelegt, die etwas kürzer gehaltenen, auf die Fälle der Riemannschen und der Euklidischen Ebene bezüglichen Ausführungen der Nr. 31 sind durch die im wesentlichen auch für diese Fälle geltenden Erörterungen der Nummern 35 und 37 zu ergänzen. Damit ist nun auch das Problem Ib. der Nr. 28 (S. 80) als gelöst anzusehen und es handelt sich zunächst noch darum, die in der Nr. 28 nur heuristisch skizzierte Abbildung der Polygonteilung der absoluten Ebene auf die Ebene der komplexen Veränderlichen x quantitativ durchzuführen. Dazu wollen wir jetzt in voller Allgemeinheit die Untersuchung der Funktion η von x in Angriff nehmen, die als Umkehrung der zu dem Normalpolygon $H^{(0)}$ gehörigen automorphen Funktion ersten Grades $x = \varphi(\eta)$ definiert ist.

Wir wissen, daß $x = \varphi(\eta)$ in jedem im Endlichen gelegenen Punkte der absoluten Ebene meromorph ist in η bzw., wenn es sich um eine endliche oder unendlich ferne Polygonecke handelt, in der zugehörigen kanonischen Veränderlichen t; die unendlich fernen Punkte der absoluten Ebene sind wesentlich singuläre Stellen von $x = \varphi(\eta)$; nur für den Fall der Riemannschen Ebene, wo es unendlich ferne Punkte nicht gibt, ist $\varphi(\eta)$ allenthalben meromorph, also rational. Um mit den gewohnten Bezeichnungen in Übereinstimmung zu bleiben, wollen wir uns x so normiert denken, daß es in den Ecken $\beta_1, \ldots, \beta_\sigma$ des σ-gliedrigen Zyklus, d. h. also für den Wert $t = 0$ der zugehörigen kanonischen Veränderlichen unendlich wird; x ist dann in jedem anderen Punkte von $H^{(0)}$ endlich und hängt noch von zwei Konstanten ab, über die wir vorerst nicht verfügen wollen.

Da zu einem beliebigen Werte von x nur ein Wert von η gehört, der in dem Fundamentalbereiche $H^{(0)}$ liegt, so ist klar, daß alle übrigen zu x gehörigen Werte der inversen Funktion von $\varphi(\eta)$ aus diesem einen durch die Transformationen der Gruppe G hervorgehen, die durch den Fundamentalbereich $H^{(0)}$ bestimmt ist. Bezeichnen wir mit

$$A\eta = \frac{\alpha\eta + \beta}{\gamma\eta + \delta}, \quad \alpha\delta - \beta\gamma = 1$$

irgendeine dieser Transformationen, so folgt aus

$$x = \varphi(\eta) = \varphi\left(\frac{\alpha\eta + \beta}{\gamma\eta + \delta}\right)$$

durch Differentiation

$$\frac{dx}{d\eta} = \varphi'(\eta) = \varphi'\left(\frac{\alpha\eta+\beta}{\gamma\eta+\delta}\right)\frac{1}{(\gamma\eta+\delta)^2}.$$

Wir setzen [1])

$$(16) \qquad y_1 = \sqrt{\frac{dx}{d\eta}}, \quad y_2 = \eta\sqrt{\frac{dx}{d\eta}}, \quad \eta = \frac{y_2}{y_1},$$

dann verwandeln sich bei einem geschlossenen Wege von x, der η in $A\eta$ überführt, y_1, y_2 beziehungsweise in

$$\pm(\gamma\eta+\delta)\,y_1, \quad \pm(\alpha\eta+\beta)\,y_1,$$

also in

$$(16\text{a}) \qquad \pm(\delta y_1 + \gamma y_2), \quad \pm(\beta y_1 + \alpha y_2),$$

d. h. in lineare homogene Funktionen ihrer selbst mit konstanten Koeffizienten. Aus

$$\frac{d\eta}{dx} = \frac{y_1y_2' - y_2y_1'}{y_1^2}, \quad y_1^2\frac{d\eta}{dx} = 1$$

folgt

$$(16\text{b}) \qquad y_1y_2' - y_2y_1' = 1,$$

also durch Differentiation

$$y_1y_2'' - y_2y_1'' = 0,$$

wir haben folglich

$$\frac{y_2''}{y_2} = \frac{y_1''}{y_1} = Q(x).$$

Die geschlossenen Wege von x, die η in $A\eta$ überführen, verwandeln also $\frac{y_2''}{y_2}$ in

$$\frac{\beta y_1'' + \alpha y_2''}{\beta y_1 + \alpha y_2} = \frac{y_2''}{y_2} = \frac{y_1''}{y_1} = Q(x),$$

d. h. $Q(x)$ bleibt ungeändert und ist folglich eine eindeutige Funktion von x. Durch Differentiation der Gleichungen (16) findet man für $Q(x)$ die Darstellung

$$(17) \qquad Q(x) = \frac{3\left(\frac{d^2\eta}{dx^2}\right)^2 - 2\frac{d\eta}{dx}\frac{d^3\eta}{dx^3}}{4\left(\frac{d\eta}{dx}\right)^2},$$

man nennt diesen Ausdruck die Schwarzsche Derivierte [2]) von η nach x und zeigt durch einfache Rechnung, daß diese ungeändert bleibt, wenn man an Stelle von η irgendeine linear gebrochene Funktion

---

[1]) Vgl. B. Riemann, Werke, 2. Aufl. 1892, S. 443.

[2]) H. A. Schwarz, Ges. Abhandl. II, S. 78, 351.

(18) $$\zeta = \frac{a\eta + b}{c\eta + d}, \quad ad - bc \neq 0$$

mit konstanten Koeffizienten setzt. Die Schwarzsche Derivierte ist also eine absolute Invariante für die projektiven Transformationen (18) von η, ähnlich wie die gewöhnliche Derivierte $\frac{d\eta}{dx}$ für die Transformationen $\zeta = \eta + p$. Daraus folgt umgekehrt, daß, wenn η eine partikuläre Lösung der Differentialgleichung (17) ist, auch die durch (18) gegebene Größe ζ für willkürliche konstante a, b, c, d die Differentialgleichung befriedigt, so daß also ζ die allgemeine Lösung von (17) darstellt, da ja diese Differentialgleichung von der dritten Ordnung ist und ζ von drei Konstanten, nämlich den Verhältnissen der a, b, c, d abhängt.

Die Funktion η von x befriedigt also die Differentialgleichung dritter Ordnung (17) und y_1, y_2 sind Lösungen der homogenen linearen Differentialgleichung zweiter Ordnung

(19) $$\frac{d^2y}{dx^2} = Q(x)\, y$$

und zwar bilden sie, da ihr Quotient η keine Konstante ist, ein Fundamentalsystem dieser Differentialgleichung, so daß die allgemeine Lösung durch $c_1y_1 + c_2y_2$ dargestellt wird, wo c_1, c_2 willkürliche Konstanten bedeuten. Wir werden nun mit dem analytischen Verhalten der Funktion η von x auch gleich das Verhalten der Funktion $Q(x)$ festzustellen suchen.

Es sei zunächst $\eta = \eta_0$ ein Wert von η, dem keine Ecke eines Fundamentalbereichs entspricht; der zugehörige Wert von x ist ein endlicher, $x = x_0$, und es besteht folglich in der Umgebung von $\eta = \eta_0$ die Entwicklung

$$x = x_0 + \delta_k (\eta - \eta_0)^k + \delta_{k+1}(\eta - \eta_0)^{k+1} + \cdots;$$

da x eine automorphe Funktion ersten Grades ist, so muß $k = 1$ und $\delta_1 \neq 0$ sein. Man erhält also durch Umkehrung

$$\eta = \eta_0 + \frac{1}{\delta_1}(x - x_0) + \delta_2'(x - x_0)^2 + \cdots,$$

d. h. η ist in der Umgebung von $x = x_0$ holomorph. Durch Differentiation ergibt sich weiter

$$\frac{d\eta}{dx} = \frac{1}{\delta_1} + 2\delta_2'(x - x_0) + \cdots$$

und hieraus

$$y_1 = \sqrt{\frac{dx}{d\eta}} = \delta_1^{1/2} + \delta_2''(x - x_0) + \cdots.$$

Hiernach ist also $Q(x) = \frac{y_1''}{y_1}$ an der Stelle $x = x_0$, die dem $\eta = \eta_0$ entspricht, holomorph.

Wir betrachten weiter eine der Ecken $\eta = a$ des Fundamentalbereichs, die für sich allein einen Zyklus bildet. Wenn die zugehörige Verzweigungszahl g endlich, also die entsprechende Transformation $S\eta$ eine elliptische

$$\frac{S\eta - a}{S\eta - \beta} = e^{\frac{2\pi i}{g}} \frac{\eta - a}{\eta - \beta}$$

ist, so haben wir in der Umgebung von $\eta = a$ die Entwicklung

$$x = a + \delta_1 t + \delta_2 t^2 + \cdots, \tag{20}$$

wo a ein endlicher Wert, $\delta_1 \neq 0$ und t die kanonische Veränderliche,

$$t = \left(\frac{\eta - a}{\eta - \beta}\right)^g,$$

ist. Für die Funktion η von x ergibt sich hieraus

$$\frac{\eta - a}{\eta - \beta} = \zeta = (x - a)^{1/g}\left(\frac{1}{\delta_1^{1/g}} + \delta_2'(x - a) + \cdots\right), \tag{20a}$$

d. h. in dem der Ecke $\eta = a$ entsprechenden Werte $x = a$ hat η einen Verzweigungspunkt mit der Verzweigungszahl g. Um nun auch gleich das Verhalten von $Q(x)$ festzustellen, berechnen wir

$$\frac{d\zeta}{dx} = \frac{1}{g} \cdot \frac{1}{\delta_1^{1/g}} (x - a)^{\frac{1-g}{g}} + \delta_2'(x - a)^{\frac{1}{g}} + \cdots.$$

Daraus folgt

$$u_1 = \sqrt{\frac{dx}{d\zeta}} = \delta_1^{\frac{1}{2g}} g^{\frac{1}{2}} (x - a)^{\frac{g-1}{2g}} (1 + \varepsilon_1(x - a) + \cdots),$$

$$u_1'' = \delta_1^{\frac{1}{2g}} g^{\frac{1}{2}} \frac{g - 1}{2g} \cdot \frac{-g - 1}{2g} (x - a)^{\frac{-3g-1}{2g}} (1 + \varepsilon_1'(x - a) + \cdots),$$

und da

$$u_1 = \frac{1}{\sqrt{a - \beta}} (y_2 - \beta y_1)$$

und folglich

$$Q(x) = \frac{y_1''}{y_1} = \frac{y_2''}{y_2} = \frac{u_1''}{u_1}$$

ist, so finden wir für $Q(x)$ die Entwicklung

$$Q(x) = \frac{1}{(x - a)^2}\left(\frac{1}{4}\left(\frac{1}{g^2} - 1\right) + \varepsilon_1''(x - a) + \cdots\right). \tag{20b}$$

$Q(x)$ hat also für den der elliptischen Ecke $\eta = a$ entsprechenden Punkt $x = a$ einen Pol zweiter Ordnung und zwar ist

$$\lim_{x\to a} Q(x)\,(x-a)^2 = \frac{1}{4}\left(\frac{1}{g^2}-1\right). \tag{20c}$$

Wenn zur Ecke $\eta = a$ die Verzweigungszahl $g = \infty$, also die parabolische Substitution

$$\frac{1}{S\eta - a} = \frac{1}{\eta - a} + p, \quad |a| = 1$$

gehört, so haben wir für die kanonische Veränderliche

$$t = e^{\zeta}, \quad \zeta = \left|\frac{2\pi i}{pa}\right| \frac{a}{\eta - a}$$

in der Umgebung von $t = 0$

$$x = a + \delta_1 t + \delta_2 t^2 + \cdots, \quad \delta_1 \neq 0, \tag{21}$$

und hieraus ergibt sich

$$\zeta = \log t = \log(x-a) + \varepsilon_0 + \varepsilon_1(x-a) + \cdots. \tag{21a}$$

Die Funktion η von x hat also in dem der parabolischen Ecke $\eta = a$ entsprechenden Punkte $x = a$ einen logarithmischen Verzweigungspunkt. Wir finden weiter

$$\frac{d\zeta}{dx} = \frac{1}{x-a} + \varepsilon_1 + \varepsilon_2'(x-a) + \cdots,$$

$$u_1 = \sqrt{\frac{dx}{d\zeta}} = (x-a)^{\frac{1}{2}}[1 + \varepsilon_1''(x-a) + \cdots],$$

$$\frac{u_1''}{u_1} = Q(x) = \frac{1}{(x-a)^2}\left(-\frac{1}{4} + \varepsilon_1'''(x-a) + \cdots\right). \tag{21b}$$

Es ist also $x = a$ auch hier ein Pol zweiter Ordnung von $Q(x)$ und

$$\lim_{x\to a} Q(x)\,(x-a)^2 = -\frac{1}{4}, \tag{21c}$$

was auch aus dem für ein endliches g gefundenen Ergebnis durch den Grenzübergang $g \to \infty$ hervorgeht.

Es bleibt nun noch das Verhalten in dem σ-gliedrigen Eckenzyklus $\beta_1, \ldots, \beta_\sigma$ zu studieren. Für diesen ist nach unserer Annahme $x = \infty$, wir haben also in der zugehörigen kanonischen Veränderlichen t

$$\frac{1}{x} = \delta_1 t + \delta_2 t^2 + \cdots, \quad \delta_1 \neq 0. \tag{22}$$

Je nachdem nun die zu diesem Eckenzyklus gehörige Verzweigungszahl $g_{\sigma+1}$ endlich oder unendlich ist, ergibt sich, daß η in $x = \infty$ einen Verzweigungspunkt mit der Verzweigungszahl $g_{\sigma+1}$ oder einen logarithmischen Verzweigungspunkt besitzt, und $Q(x)$ hat für ein endliches $g_{\sigma+1}$ in der Umgebung von $x = \infty$ die Entwicklung

$$\text{(22a)} \qquad Q(x) = \frac{1 - g_{\sigma+1}^2}{4g_{\sigma+1}^2}\frac{1}{x^2}\left(1 + \varepsilon_1\frac{1}{x} + \varepsilon_2\frac{1}{x^2} + \cdots\right)$$

und für $g_{\sigma+1} = \infty$ die Entwicklung

$$\text{(22b)} \qquad Q(x) = -\frac{1}{4}\frac{1}{x^2}\left(1 + \varepsilon_1\frac{1}{x} + \varepsilon_2\frac{1}{x^2} + \cdots\right),$$

die wieder aus der für ein endliches $g_{\sigma+1}$ geltenden durch den Grenzübergang $g_{\sigma+1} \to \infty$ hervorgeht. $Q(x)$ hat also für $x = \infty$ eine Nullstelle und es ist

$$\text{(22c)} \qquad \lim_{x\to\infty} Q(x)x^2 = \frac{1}{4}\left(\frac{1}{g_{\sigma+1}^2} - 1\right).$$

---

39. Die Überlagerungsfläche und die Differentialgleichung für die Umkehrungsfunktion.

Für die Funktion η von x sind nach den Ergebnissen der vorigen Nummer die einzigen singulären Punkte diejenigen Werte von x, die den Ecken des Fundamentalbereichs $H^{(0)}$ entsprechen. Wir setzen

$$a_k = \lim_{\eta\to\alpha_k} \varphi(\eta), \qquad (k=1,2,\ldots,\sigma)$$

und wollen nun die Abbildung der Polygonteilung der absoluten Ebene auf die x-Ebene zu konstruieren suchen. Wir beginnen mit der Übertragung des Fundamentalbereichs $H^{(0)}$ auf die x-Ebene. In der Umgebung eines jeden Punktes η, der keine Ecke von $H^{(0)}$ ist, wird die Abbildung auf die x-Ebene winkeltreu, also konform sein. In den Ecken dagegen, denen ja die Verzweigungspunkte $a_1, a_2, \ldots, a_{\sigma+1} = \infty$ der Funktion η von x entsprechen, zeigen die Entwicklungen (20), (21), (22) der vorigen Nummer, daß zwei in a_k einmündenden Kurven der x-Ebene, die in a_k den Winkel λ einschließen, Kurven der η-Ebene entsprechen, die in α_k den Winkel $\frac{\lambda}{g_k}$ miteinander bilden; die in dem Punkte a_k auftretenden Winkel werden also bei der Abbildung in konstantem Verhältnis geändert, die Abbildung ist in diesen Verzweigungspunkten, wie man zu sagen pflegt, quasikonform. — Den in der Ecke α_k zusammenstoßenden Seiten $\overset{-}{s}_k, \overset{+}{s}_k$ von $H^{(0)}$ entsprechen insbesondere nach den erwähnten Entwicklungen der Nr. 38 analytische Kurven in der x-Ebene, die von a_k ausgehen und in a_k den Winkel 2π miteinander einschließen. Da die Funktion $x = \varphi(\eta)$ in korrespondierenden Punkten von $\overset{-}{s}_k$ und $\overset{+}{s}_k$ denselben Wert annimmt und den Ecken β des σ-gliedrigen Zyklus der Punkt $x = \infty$ zugeordnet war, bilden die Kurven $\overset{-}{l}_k, \overset{+}{l}_k$, die den beiden Seiten $\overset{-}{s}_k, \overset{+}{s}_k$ entsprechen, die beiden Ufer eines von a_k nach $a_{\sigma+1}$ hingelegten Schnittes. Als Abbildung von $H^{(0)}$ auf die x-Ebene ergibt sich also eine Fläche $T^{(0)}$, die aus der x-Ebene hervorgeht, indem man die Verzweigungspunkte $a_1, a_2, \ldots, a_\sigma$ durch längs analytischer Kurven gelegte Schnitte mit dem unendlich fernen Punkte $a_{\sigma+1}$ verbindet. Die unzerschnittene x-Ebene würde der aus $H^{(0)}$ durch Zusammenbiegen entstandenen σ-seitigen Pyramide R entsprechen. Den übrigen Polygonen des Netzes, die aus $H^{(0)}$ durch Anwendung der Verschiebungen der Gruppe G hervorgehen, entsprechen in ähnlicher Weise mit $T^{(0)}$ kongruente Exemplare der zerschnittenen x-Ebene; wir denken uns diese Exemplare $T^{(k)}$ für $k = 0, 1, 2, \ldots$ übereinandergelagert und haben nun, um die Stetigkeit der Abbildung zu wahren, in den verschiedenen Blättern $T^{(k)}$ die Schnittufer so miteinander zu verschmelzen, wie in der Polygonteilung der absoluten Ebene die entsprechenden Seiten zusammenfallen. Es werden sich also um einen Punkt a_k je g_k Blätter herumwinden, so daß, wenn g_k endlich ist, dieser Punkt ein algebraischer Verzweigungspunkt der durch Vereinigung aller Blätter entstehenden Fläche T sein wird. Diese Fläche T, die also das homöometrische Abbild der absoluten Ebene darstellt, in der das Normalpolygon $H^{(0)}$ gelegen ist, hat demnach einfachen Zusammenhang, wir nennen sie (vgl. die Nrn. 13 und 19) die zu der Funktion η von x gehörige Überlagerungsfläche.

Der topologische Bau der Überlagerungsfläche T hängt, wie aus der vorstehenden Konstruktion ersichtlich ist, ausschließlich von dem Verzweigungsschema $(\sigma; g_1, g_2, \ldots, g_{\sigma+1})$ ab. Quantitativ wird T durch Angabe der Punkte $a_1, a_2, \ldots, a_\sigma$ bestimmt. Fassen wir also einen zu dem Verzweigungsschema $(\sigma; g_1, g_2, \ldots, g_{\sigma+1})$ gehörigen Typus (siehe Nr. 29) ins Auge, so sind die entsprechenden Überlagerungsflächen topologisch vom selben Bau, also homöomorph, und die zu einem einzelnen Polygon $H^{(0)}$ dieses Typus gehörige Fläche T wird quantitativ durch die Punkte $a_1, \ldots, a_\sigma$ bestimmt, die den Polygonecken $a_1, \ldots, a_\sigma$ entsprechen. Wie wir gesehen haben, hängt ein Polygon unseres Typus von $2\sigma - 4$ reellen oder $\sigma - 2$ komplexen Parametern ab. Die Thetafunktionen und folglich auch die automorphen Funktionen, die zu $H^{(0)}$ gehören, sind stetige Funktionen dieser $2\sigma - 4$ reellen Parameter. Wenn wir beachten, daß die zu $H^{(0)}$ gehörige automorphe Funktion ersten Grades, die in den Punkten β_k unendlich groß wird, noch von zwei Konstanten in der Form $\alpha x + \beta$ abhängt, so sehen wir, daß wir durch geeignete Wahl dieser Konstanten z. B. erreichen können, daß $a_1 = 0$, $a_2 = 1$ wird. Die quantitative Bestimmung der Überlagerungsfläche T innerhalb des durch das Verzweigungsschema gegebenen Typus erfolgt dann durch Angabe der $\sigma - 2$ Punkte $a_3, \ldots, a_\sigma$; wir werden also diese Punkte als die $\sigma - 2$ komplexen Parameter ansehen können, die das Polygon $H^{(0)}$ unseres Typus bestimmen, wenn die am Schluß der Nr. 28 formulierte Frage II zu bejahen sein wird. — Wir können dieser Frage, die wir auch als das Fundamentalproblem oder Uniformierungsproblem bezeichnen, nunmehr noch eine schärfere Fassung geben, durch die sogar in gewissen einfachsten Fällen ihre direkte Lösung möglich wird.

Wir greifen dazu auf die Funktion $Q(x)$ zurück, deren Entwicklungen als Funktion von x in der Umgebung der einzelnen Punkte der x-Ebene in der vorigen Nummer aufgestellt worden sind. Daß $Q(x)$ eine eindeutige Funktion von x ist, war schon in der Nr. 38 gezeigt worden. Da $Q(x)$ keine anderen singulären Punkte hat als $a_1, \ldots, a_\sigma, \infty$ und da, wie die Entwicklungen (20b), (21b), (22a), (22b) lehren, $Q(x)$ an diesen Stellen meromorph ist, so folgt zunächst, daß $Q(x)$ eine rationale Funktion von x ist. Die Punkte $a_1, \ldots, a_\sigma$ sind Pole zweiter Ordnung von $Q(x)$. Setzen wir also

$$Q(x) = \frac{h(x)}{\psi^2(x)}, \quad \psi(x) = (x - a_1) \ldots (x - a_\sigma),$$

so folgt aus den Formeln (22a), (22b), daß $h(x)$ eine ganze rationale Funktion von höchstens $(2\sigma - 2)$-tem Grade von x ist. Denken wir uns $Q(x)$ in Partialbrüche zerlegt:

$$(23)\qquad Q(x) = \sum_{k=1}^{\sigma} \frac{\delta_k}{(x - a_k)^2} + \frac{b_0 + b_1 x + \cdots + b_{\sigma-2}\, x^{\sigma-2}}{\psi(x)},$$

so ist

$$(24)\qquad \begin{cases} \lim\limits_{x \to a_k} Q(x)\,(x - a_k)^2 = \delta_k = \dfrac{1}{4}\left(\dfrac{1}{g_k^2} - 1\right), \\ \lim\limits_{x \to \infty} Q(x)\,x^2 = \sum\limits_{k=1}^{\sigma} \delta_k + b_{\sigma-2} = \dfrac{1}{4}\left(\dfrac{1}{g_{\sigma+1}^2} - 1\right); \end{cases}$$

in $Q(x)$ bleiben also noch die $\sigma - 2$ Konstanten $b_0, b_1, \ldots, b_{\sigma-3}$ zu bestimmen. Wir sehen, daß die $\delta_k (k = 1, 2, \ldots, \sigma)$ und $b_{\sigma-2}$ durch das Verzweigungsschema $(\sigma; g_1, \ldots, g_{\sigma+1})$ festgelegt werden. Die $\sigma - 2$ Parameter $b_0, b_1, \ldots, b_{\sigma-3}$ können also unmittelbar als die $\sigma - 2$ komplexen Parameter angesehen werden, die das Normalpolygon $H^{(0)}$ innerhalb des Typus bestimmen. Man nennt diese $\sigma - 2$ Parameter nach F. Klein die akzessorischen, sie sind im allgemeinen komplex und hängen von den geometrischen Bestimmungsstücken des Fundamentalbereichs $H^{(0)}$ in transzendenter Weise ab.

Die Differentialgleichung (17) (S. 117), der die Umkehrungsfunktion η von $x = \varphi(\eta)$ genügt, hat also einen rationalen Koeffizienten $Q(x)$. Jede Differentialgleichung von dieser Form, in der $Q(x)$ eine rationale oder überhaupt eine eindeutige Funktion von x ist, hat die folgende Eigenschaft: bedeutet η eine partikuläre Lösung, so verwandelt sich η, wenn x geschlossene Wege in seiner Ebene beschreibt, wieder in eine Lösung $\tilde{\eta}$ derselben Differentialgleichung, und da die allgemeine Lösung von (17) durch (18) gegeben ist, wird $\tilde{\eta}$ eine linear gebrochene Funktion von η sein. Alle Zweige der partikulären Lösung η gehen also aus η hervor durch Anwendung projektiver Transformationen, deren Gesamtheit offenbar eine Gruppe bildet, die sogenannte Gruppe der Differentialgleichung.

In unserem besonderen Falle sind diese projektiven Transformationen Verschiebungen einer absoluten Ebene in sich selbst, d. h. sie transformieren bei geeigneter Normierung einen Kreis $\eta\bar{\eta} - c = 0$ mit reellem, imaginärem oder verschwindendem Halbmesser in sich selbst und überdies hat die Differentialgleichung noch die Eigenschaft, daß x eine eindeutige Funktion von η ist. Eine Differentialgleichung (17) von dieser Beschaffenheit nennen wir nach Poincaré eine Fuchssche und übertragen diese Bezeichnung auch auf die lineare homogene Differentialgleichung zweiter Ordnung (19), die durch

$$y_1 = \sqrt{\frac{dx}{d\eta}}, \quad y_2 = \eta\sqrt{\frac{dx}{d\eta}}$$

befriedigt wird. Diese lineare Differentialgleichung, in der also $Q(x)$ durch die Formeln (23) und (24) gegeben ist, gehört nach der in der Theorie der linearen Differentialgleichungen gebräuchlichen Terminologie zum Fuchsschen Typus, indem ihre Lösungen keinen Punkt der Unbestimmtheit haben, eine Eigenschaft, die übrigens auch bestehen bleibt, wenn die $a_1, \ldots, a_\sigma, \delta_1, \ldots, \delta_\sigma, b_0, \ldots, b_{\sigma-2}$ beliebig gewählte Konstanten bedeuten [1]).

Denken wir uns die $a_1, \ldots, a_\sigma$ willkürlich gegeben, die $\delta_1, \ldots, \delta_\sigma, b_{\sigma-2}$ aber durch die Gleichungen (24) bestimmt, so bleiben in $Q(x)$ noch die akzessorischen Parameter $b_0, \ldots, b_{\sigma-3}$ unbestimmt. Nur wenn $\sigma \leqq 2$ ist, wird $Q(x)$ vollkommen bestimmt sein. Für $\sigma = 1$, wo wir $a_1 = a$, $g_1 = g_2 = g$ setzen, lautet die lineare Differentialgleichung (19)

$$\frac{d^2y}{dx^2} = \frac{1}{4}\frac{\left(\frac{1}{g^2} - 1\right)}{(x-a)^2}\,y;$$

sie hat, wenn g endlich ist, die Lösungen

$$(x-a)^{\frac{1}{2}-\frac{1}{2g}}, \quad (x-a)^{\frac{1}{2}+\frac{1}{2g}}$$

und für $g = \infty$ die Lösungen

---

[1]) Vgl. z. B. Schlesinger, Einführung in die Theorie der Differentialgleichungen, 3. Aufl. 1922, S. 191ff. Wir setzen im folgenden keinerlei spezifische Vorkenntnisse aus der Theorie der Differentialgleichungen voraus, gleichwohl wird der Leser guttun, sich über die einfachsten Sätze dieser Theorie etwa durch Lektüre des 6. Kapitels des genannten Buches zu orientieren.

$$(x-a)^{\frac{1}{2}}, \quad (x-a)^{\frac{1}{2}} \log (x-a),$$

so daß wir also auf die in den Nummern 2 und 5 behandelten Fälle

$$x-a=\eta^{g}, \quad x-a=e^{\eta}$$

geführt werden. In bezug auf den Fall $\sigma=2$ bemerken wir zunächst das Folgende:

Geht man von dem Verzweigungsschema $(2; g_1, g_2, g_3)$ aus, so ist, abgesehen von Verschiebungen, das zugehörige Normalviereck $H^{(0)}$ vollkommen bestimmt (vgl. Nr. 29); zu ihm gehört eine automorphe Funktion ersten Grades $x=\varphi(\eta)$, die in den Ecken β_1, β_2 von $H^{(0)}$ unendlich groß wird und noch zwei Konstanten in der Form $\alpha x+\beta$ willkürlich läßt. Wir können über diese Konstanten so verfügen, daß $a_1=\lim\limits_{\eta\to a_1}\varphi(\eta)=0$ und $a_2=\lim\limits_{\eta\to a_2}\varphi(\eta)=1$ wird. Für η als Funktion von x besteht dann die Differentialgleichung dritter Ordnung

$$\frac{3\eta''^2-2\eta'\eta'''}{4\eta'^2}=Q(x), \tag{25}$$

$$Q(x)=\frac{1}{4}\left\{\frac{1}{x^2}\left(\frac{1}{g_1^2}-1\right)+\frac{1}{(x-1)^2}\left(\frac{1}{g_2^2}-1\right)+\frac{1}{x(x-1)}\left(\frac{1}{g_3^2}-\frac{1}{g_1^2}-\frac{1}{g_2^2}+1\right)\right\}, \tag{26}$$

die also sicher eine Fuchssche ist, wenn g_1, g_2, g_3 ganze Zahlen oder unendlich groß sind. Durch die Transformation

$$x=\frac{\xi-a_1}{a_2-a_1} \tag{27}$$

geht sie in eine ähnlich gebaute über, wo ξ die unabhängige Veränderliche ist und die rechte Seite die Form hat:

$$Q(\xi)=\frac{1}{4}\left\{\frac{1}{(\xi-a_1)^2}\left(\frac{1}{g_1^2}-1\right)+\frac{1}{(\xi-a_2)^2}\left(\frac{1}{g_2^2}-1\right)+\frac{1}{(\xi-a_1)(\xi-a_2)}\left(\frac{1}{g_3^2}-\frac{1}{g_1^2}-\frac{1}{g_2^2}+1\right)\right\}, \tag{26a}$$

d. h. für $\sigma=2$ ist die Differentialgleichung (17) bei willkürlich gewählten a_1, a_2 eine Fuchssche, wenn $Q(x)$ den Formeln (23), (24) gemäß bestimmt wird. Damit ist also für $\sigma=2$ die Frage II im bejahenden Sinne beantwortet, d. h. das Fundamentalproblem gelöst.

Für $\sigma\geqq 3$, wo $Q(x)$ noch akzessorische Parameter enthält, kommt die Lösung des Fundamentalproblems darauf hinaus, ob sich bei willkürlich gewählten $a_1,\ldots,a_\sigma$ und gegebenen Verzweigungszahlen $g_1,\ldots,g_\sigma, g_{\sigma+1}$ die akzessorischen Parameter $b_0,\ldots,b_{\sigma-3}$ so bestimmen lassen, daß die mit diesem $Q(x)$ gebildete Differentialgleichung (17) eine Fuchssche wird. Der Untersuchung dieser Frage wird der folgende Abschnitt gewidmet sein. Vorher geben wir noch einige weitere Betrachtungen, die sich auf den Fall $\sigma = 2$ beziehen.

---

40. Die Schwarzschen Dreiecksfunktionen.

Die dem Falle $\sigma = 2$ entsprechende Differentialgleichung (25), (26) ist der linearen Differentialgleichung

$$\frac{d^2y}{dx^2} = Q(x)\,y \tag{28}$$

gleichwertig, wo $Q(x)$ durch (26) gegeben wird, und für die

$$y_1 = \sqrt{\frac{dx}{d\eta}},\quad y_2 = \eta\sqrt{\frac{dx}{d\eta}}$$

ein Fundamentalsystem bilden. Durch die Transformation

$$y = x^{\frac{\gamma}{2}}(x-1)^{\frac{\alpha+\beta+1-\gamma}{2}}\,u, \tag{29}$$

wo

$$\gamma = 1 - \frac{1}{g_1},\quad \alpha = \frac{1}{2}\left(1 - \frac{1}{g_1} - \frac{1}{g_2} + \frac{1}{g_3}\right),\quad \beta = \frac{1}{2}\left(1 - \frac{1}{g_1} - \frac{1}{g_2} - \frac{1}{g_3}\right) \tag{30}$$

gesetzt wurde, verwandelt sich (28) in die sogenannte Gaußsche Differentialgleichung

$$x(1-x)\frac{d^2u}{dx^2} + (\gamma - (\alpha+\beta+1)x)\frac{du}{dx} - \alpha\beta u = 0, \tag{G}$$

die durch die Gaußsche oder hypergeometrische Reihe

$$F(\alpha, \beta, \gamma, x) = 1 + \frac{\alpha\beta}{1\cdot\gamma}x + \frac{\alpha(\alpha+1)\,\beta(\beta+1)}{1\cdot 2\cdot\gamma(\gamma+1)}x^2 + \cdots \text{ in inf.}$$

befriedigt wird, und zwar für willkürliche konstante α, β, γ[1]). Wir haben es hier ausschließlich mit den Fällen dieser berühmten Differentialgleichung zu tun, wo die α, β, γ durch die Formeln (30) für ganzzahlige oder unendlich große Werte der g_1, g_2, g_3 gegeben werden.

Man bezeichnet in dem Falle $\sigma = 2$ die allgemeine Lösung der Differentialgleichung (25) als Schwarzsche S-Funktion oder Dreiecksfunktion und setzt

$$\eta = S(g_1, g_2, g_3; x).$$

Ihr Fundamentalbereich ist nämlich (siehe Fig. 27, S. 81) ein geradliniges Viereck $(\alpha_1, \beta_1, \alpha_2, \beta_2)$ der absoluten Ebene, von dem schon in

---

[1]) Euler, Gauß, Riemann, vgl. Schlesinger a. a. O., 7. Kapitel.

der Nummer 29 gezeigt wurde, daß es durch die Verbindungslinie s_0 der Punkte a_1, a_2 in zwei symmetrische Dreiecke zerfällt. Die Seiten $\overset{-}{s}_1, \overset{+}{s}_1$ entsprechen den beiden Ufern des in der x-Ebene von 0 nach ∞ gelegten Querschnitts l_1, die Seiten $\overset{-}{s}_2, \overset{+}{s}_2$ denen des Querschnitts l_2, der die Punkte $1, \infty$ der x-Ebene verbindet. Wir können hier die Form der Querschnitte noch genauer festlegen; es wird sich nämlich zeigen, daß sie Stücke der reellen x-Achse sind.

Bezeichnen wir die Stücke $(-\infty, 0)$, $(0, 1)$, $(1, +\infty)$ der reellen x-Achse mit $\lambda_1, \lambda_0, \lambda_2$ und bedeutet x_0 einen reellen x-Wert, der auf einem dieser Abschnitte, etwa λ gelegen sei, so mögen die Anfangswerte der Integrale y_1, y_2 der Differentialgleichung (28) für $x = x_0$ als reelle, der Bedingung $y_1 y_2' - y_2 y_1' = 1$ genügende Zahlen gewählt werden. Da $Q(x)$ reelle Koeffizienten hat, sind dann y_1, y_2 längs des ganzen Abschnitts reell, das gleiche gilt also auch für den Quotienten $\zeta = \frac{y_2}{y_1}$. Da ferner $\frac{d\zeta}{dx} = \frac{1}{y_1^2}$ in λ ein konstantes Vorzeichen besitzt, ist ζ für den Abschnitt λ auch monoton, das heißt: es entspricht dem Abschnitt λ der reellen x-Achse gegenseitig eindeutig ein Stück der reellen ζ-Achse, also für einen beliebigen Integralquotienten $\eta = \frac{\alpha\zeta + \beta}{\gamma\zeta + \delta}$ ein Kreisbogen der η-Ebene. Wir können also in der Tat den Querschnitt l_1 längs λ_1 und den Querschnitt l_2 längs λ_2 legen. Überdies sehen wir, daß der Diagonale s_0 dann der Abschnitt $\lambda_0 = (0, 1)$ der reellen x-Achse entspricht; es wird demnach das Dreieck (a_1, β_1, a_2) der unteren, und das Dreieck (a_2, β_2, a_1) der oberen x-Halbebene entsprechen. Gehen wir von einem Punkte x der oberen Halbebene zu seinem konjugierten Werte $\bar{x}$, indem wir die reelle Achse zwischen 0 und 1 durchqueren (Fig. 39), so bewegt sich der entsprechende Punkt η des Dreiecks (a_1, β_2, a_2) nach seinem in (a_1, β_1, a_2) gelegenen Spiegelbilde $\tilde{\eta}$ in bezug auf den Kreis s_0. Dies folgt aus dem sogenannten Riemannschen Spiegelungsprinzip[1]), das folgendermaßen lautet:

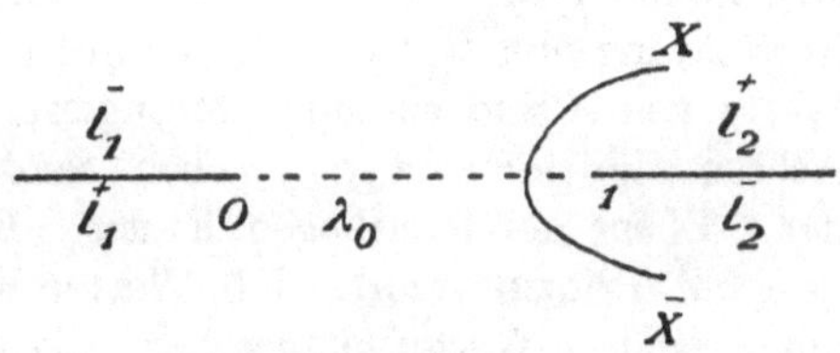

Fig. 39.

Wenn für eine monogene Funktion $x = f(\zeta)$ einem Stück (A, B) der reellen ζ-Achse ein Stück der reellen x-Achse gegenseitig eindeutig und stetig entspricht, so entsprechen konjugierten komplexen ζ-Werten auch konju-

[1]) B. Riemann, Werke, 2. Aufl. S. 442; H. A. Schwarz, Ges. Abh. II, S. 66 (1869).

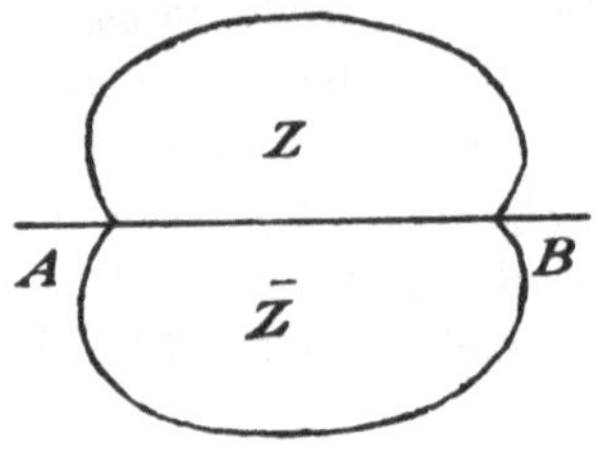

Fig. 40.

gierte komplexe x-Werte. Der Beweis dieses Prinzips ist äußerst einfach. Bedeutet nämlich Z einen etwa oberhalb der reellen ζ-Achse gelegenen Bereich (Fig. 40), zu dessen Begrenzung das Stück (A, B) gehört und innerhalb dessen x holomorph ist, so ist in dem Spiegelbilde $\bar{Z}$ von Z die Funktion $\bar{x} = \overline{f(\bar{\zeta})}$ von $\bar{\zeta}$ ebenfalls holomorph und die beiden Funktionen $f(\zeta)$ und $\overline{f(\bar{\zeta})}$ gehen längs (A, B) stetig ineinander über. Der Ausdruck

$$\frac{1}{2\pi i}\int\limits_{(Z)} \frac{f(t)}{t-\zeta}\,dt + \frac{1}{2\pi i}\int\limits_{(\bar{Z})} \frac{\overline{f(\bar{t})}}{\bar{t}-\zeta}\,d\bar{t},$$

wo beide Integrale über die Begrenzungen von Z bzw. $\bar{Z}$ im positiven Sinne zu erstrecken sind, stellt also innerhalb Z die Funktion $f(\zeta)$ und innerhalb $\bar{Z}$ die Funktion $\overline{f(\bar{\zeta})}$ dar. Dieser Ausdruck läßt sich aber in der Form

$$\frac{1}{2\pi i}\int\limits_{(Z+\bar{Z})} \frac{F\,dt}{t-\zeta} \tag{31}$$

schreiben, wo das Integral über die Begrenzung des Gesamtbereichs $Z + \bar{Z}$ zu erstrecken ist und F in den zur Begrenzung von Z gehörigen Punkten mit $f(\zeta)$, in den zur Begrenzung von $\bar{Z}$ gehörigen Punkten mit $\overline{f(\bar{\zeta})}$ übereinstimmt. Das Integral (31) stellt aber in dem Gesamtbereich $Z + \bar{Z}$ eine holomorphe Funktion von ζ dar, es ist somit $\overline{f(\bar{\zeta})}$ die analytische Fortsetzung von $f(\zeta)$ und die konjugierten Werten von ζ entsprechenden Werte von x sind einander konjugiert. Sind es nicht Stücke der reellen Achsen, die einander entsprechen, sondern entspricht einem Kreisbogen k der ζ-Ebene ein Kreisbogen K der x-Ebene, so folgt aus dem eben dargelegten Prinzip sofort, daß Werten von ζ, die Spiegelbilder in bezug auf k sind, x-Werte entsprechen, die durch Spiegelung in bezug auf K auseinander hervorgehen.

Wir können demnach die Schwarzsche S-Funktion auch dadurch definieren, daß wir sagen, sie liefere die gegenseitig eindeutige und konforme, also homöometrische Abbildung des in der η-Ebene gelegenen Kreisbogendreiecks $(\alpha_1, \beta_1, \alpha_2)$ mit den Winkeln $\frac{\pi}{g_1}, \frac{\pi}{g_3}, \frac{\pi}{g_2}$ auf die untere x-Halbebene. Die Existenz einer solchen Funktion folgt aus dem sogenannten Abbildungssatze von Riemann[1]), mit dem wir uns im folgenden Abschnitte eingehend beschäftigen werden, und zwar hängt

[1]) B. Riemann, Werke, 2. Aufl. 1892, S. 40.

diese Funktion noch von drei reellen Konstanten ab, sie ist also eindeutig festgelegt, wenn man noch fordert, daß den Punkten $\alpha_1, \beta_1, \alpha_2$ die Punkte $0, \infty, 1$ der x-Ebene entsprechen sollen. Die Fortsetzung in die obere x-Halbebene kann dann auf Grund des eben erörterten Spiegelungsprinzips erfolgen, indem man sich dabei eines der Stücke $\lambda_1, \lambda_0, \lambda_2$ der reellen Achse bedient. Geht man dann unter abermaliger Anwendung des Spiegelungsprinzips wieder in die untere x-Halbebene zurück und fährt so fort, so erhält man nach und nach alle Zweige der S-Funktion. Dieser Ursprung der S-Funktion aus der homöometrischen Abbildung eines Kreisbogendreiecks kommt in der Bezeichnung Dreiecksfunktion zum Ausdruck.

Mit Hilfe der Dreiecksfunktionen sind wir imstande, jede mehrdeutige Funktion $y = F(x)$, die nur drei Verzweigungspunkte a_1, a_2, a_3 mit den Verzweigungszahlen g_1, g_2, g_3 hat, zu uniformisieren. Die uniformisierende Veränderliche ist nämlich

$$\eta = S\left(\bar{g}_1, \bar{g}_2, \bar{g}_3; \frac{x - a_1}{x - a_3}\frac{a_2 - a_3}{a_2 - a_1}\right),$$

wo die $\bar{g}_1, \bar{g}_2, \bar{g}_3$ entweder mit den g_1, g_2, g_3 übereinstimmen oder ganzzahlige Vielfache von ihnen sind. Durch die S-Funktion mit $\bar{g}_1 = \bar{g}_2 = \bar{g}_3 = \infty$ wird also jede Funktion mit drei Verzweigungspunkten uniformisiert, indem in der zu dieser Funktion gehörigen Überlagerungsfläche jede Funktion, die nur die Verzweigungspunkte $0, 1, \infty$ besitzt, eine eindeutige Funktion des Ortes ist. Wir werden uns mit dieser Funktion $S(\infty, \infty, \infty; x)$ in der folgenden Nummer noch eingehender beschäftigen; sie ist außer durch die eben hervorgehobene Eigenschaft auch in anderer Beziehung besonders bemerkenswert, wir werden sehen, daß ihre Umkehrung nichts anderes ist als die in der Nr. 17 betrachtete Modulfunktion.

---

41. Die Modulfunktion als Umkehrung einer Dreiecksfunktion.

Der zu der Dreiecksfunktion $\eta = S(\infty, \infty, \infty; x)$ gehörige Fundamentalbereich $H^{(0)}$ ist ein geradliniges Viereck $(\alpha_1, \beta_1, \alpha_2, \beta_2)$ der B.-L.schen Ebene, dessen sämtliche Winkel gleich Null, dessen Ecken also im Unendlichen gelegen sind. Die beiden symmetrischen Dreiecke, in die $H^{(0)}$ durch die Diagonale s_0 zerlegt wird, haben also drei unendlich entfernte Ecken; solche „dreizipfelige" Dreiecke spielen in der B.-L.schen Geometrie eine wichtige Rolle, sie sind sowohl von Gauß, als auch von Bolyai und Lobatscheffskij betrachtet worden (vgl. oben Nr. 25); Gauß hat auch die Bedeutung dieses Dreiecks bzw. des Vierecks $H^{(0)}$ als Fundamentalbereich der Modulfunktion erkannt [1]).

---

[1]) Siehe insbesondere Gauß, Werke, Bd. III, S. 477, 478, Bd. VIII, S. 105.

Die Gleichungen (30) ergeben für unseren Fall die Werte $\gamma = 1$, $\alpha = \beta = \frac{1}{2}$, die zugehörige Gaußsche Differentialgleichung lautet also

$$x(1-x)u'' + (1-2x)u' - \tfrac{1}{4}u = 0, \tag{32}$$

man bezeichnet sie als Legendresche Differentialgleichung[1]). Sie wird, wie man sich durch Ausrechnen leicht überzeugt, durch das Integral

$$\int \frac{dz}{\sqrt{(z-1)z(z-x)}}$$

befriedigt, wenn man es zwischen irgend zweien der Punkte $x, 0, 1, \infty$ erstreckt und als Funktion von x betrachtet. Nimmt man also wie in der Nr. 17 in dem im ersten Abschnitt betrachteten elliptischen Integrale erster Gattung $a_1 = 1$, $a_2 = 0$, $a_3 = z$ und vertauscht überdies die beiden Buchstaben x und z miteinander, so erkennt man, daß die durch die Integrale (13a) der Nr. 8 definierten halben Perioden $\omega_1, \omega_2, \omega_3$ unsere Differentialgleichung (32) befriedigen, wenn man sie als Funktionen des Legendreschen Moduls x (vgl. Nr. 17, S. 45) betrachtet. Insbesondere sind

$$\omega_1 = \int\limits_0^x \frac{dz}{\sqrt{(z-1)z(z-x)}}, \qquad \omega_2 = \int\limits_x^1 \frac{dz}{\sqrt{(z-1)z(z-x)}} \tag{33}$$

Lösungen von (32), ihr Quotient $\tau = -\frac{\omega_2}{\omega_1}$ kann also direkt als Dreiecksfunktion

$$\tau = S(\infty, \infty, \infty; x)$$

geschrieben werden. Die Umkehrung dieser Dreiecksfunktion $x = \varphi(\tau)$ ist die Modulfunktion der Nr. 17, die wir also als Fuchssche Funktion, gehörig zu dem Verzweigungsschema $(2; \infty, \infty, \infty)$, wiederfinden.

Um den Fundamentalbereich der Modulfunktion herzustellen, legen wir dem x zunächst reelle Werte bei und zwar nehmen wir $0 < x < 1$. Wenn wir in den Integralen (33) die Quadratwurzel so wählen, daß sie für reelle Werte des Ausdrucks unter dem Wurzelzeichen positiv ist, so hat ω_1 einen reellpositiven Wert und $-\omega_2$ ist rein imaginär mit positivem Koeffizienten von i, also wird auch τ gleich einer positiven Größe multipliziert mit i. Wir bestimmen nunmehr die Werte von τ in den Punkten $x = 0, 1, \infty$; diese Werte werden die Ecken des Fundamentalbereichs von $x = \varphi(\tau)$ liefern. Es ist:

$$\int \frac{dz}{\sqrt{(z-1)z(z-x)}} = \int \frac{1-\sqrt{z}}{\sqrt{(z-1)z(z-x)}}\,dz + \int \frac{dz}{\sqrt{(z-1)(z-x)}}, \tag{34}$$

[1]) A. M. Legendre, Traité des fonctions elliptiques, I, 1825, S. 62ff.

also wird für $x \to 1$

$$-\lim_{x\to 1} \omega_2 = \lim_{x\to 1} \int_1^x \frac{dz}{\sqrt{z}(1+\sqrt{z})} + \int_1^x \frac{dz}{\sqrt{(1-z)(x-z)}}.$$

Der erste Grenzwert auf der rechten Seite ist Null und das zweite Integral hat den von x unabhängigen Wert πi; wir finden also

$$-\lim_{x\to 1} \omega_2 = \pi i.$$

Für ω_1 liefert die Zerlegung (34)

$$\lim_{x\to 1} \omega_1 = \lim_{x\to 1} \int_0^x \frac{dz}{\sqrt{z}(\sqrt{z}+1)} + \lim_{x\to 1} \int_0^x \frac{dz}{\sqrt{(1-z)(x-z)}},$$

also haben wir wegen

$$\int_0^1 \frac{dz}{\sqrt{z}(\sqrt{z}+1)} = 2\log 2,$$

$$\int_0^1 \frac{dz}{\sqrt{(1-z)(x-z)}} = 2\log(\sqrt{x}+1) - \log(x-1),$$

$$\lim_{x\to 1} (\omega_1 + \log(x-1)) = 4\log 2,$$

$$\lim_{x\to 1} \tau = 0.$$

Eine ähnliche Rechnung ergibt, daß für $x \to 0$ der Quotient $\frac{\tau}{i}$ als positive Größe ins Unendliche wächst, und für $x \to \infty$ folgt

$$\lim_{x\to\infty} (\omega_1 + \omega_2) = \lim_{x\to\infty} \int_0^1 \frac{dz}{\sqrt{z(z-1)(z-x)}} = 0,$$

also $\lim\limits_{x\to\infty} \tau = 1$. Wir finden also für die Ecken des der oberen x-Halbebene entsprechenden Dreiecks der τ-Ebene

$$\alpha_1 = +i\,\infty, \quad \beta_2 = 1, \quad \alpha_2 = 0.$$

Es entspricht also dem Stück (0, 1) der reellen x-Achse die positive laterale Achse der τ-Ebene; diese ist demnach die Diagonale s_0 des Fundamentalbereichs $H^{(0)}$, und da s_0 ein zum Orthogonalkreise senkrechter Kreisbogen ist und in unserem Falle alle Ecken von $H^{(0)}$ auf dem Orthogonalkreise (entsprechend dem unendlichfernen Gebilde der B.-L.schen Ebene) gelegen sind, so ist der Orthogonalkreis die reelle τ-Achse selbst. Als das „Innere" des Orthogonalkreises, d. h. als Bild der B.-L.schen Ebene hat die obere τ-Halbebene zu gelten, da ja $\alpha_1 = +i\,\infty$ gefunden wurde. Denkt man sich die positive laterale Achse in der Richtung von

0 nach $+i\infty$ hin durchlaufen, so muß das der unteren x-Halbebene entsprechende Kreisbogendreieck der τ-Ebene zur Linken, das der oberen x-Halbebene entsprechende zur Rechten liegen, da diese Durchlaufung der lateralen τ-Achse dem Wege von 1 nach 0 längs der reellen x-Achse entspricht. Aus $\beta_2 = 1$ folgt durch Spiegelung über die laterale Achse $\beta_1 = -1$, der Fundamentalbereich $H^{(0)}$ hat also die in der Figur 41 dargestellte Form und die zugehörigen Fundamentaltransformationen lauten

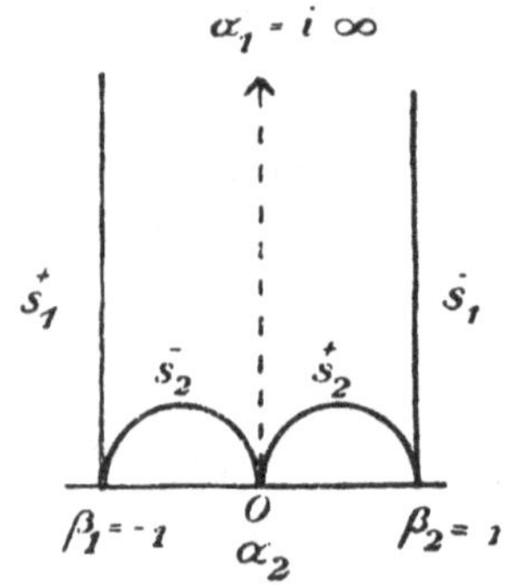

Fig. 41.

$$S_1\tau = \tau + 2, \quad \frac{1}{S_2\tau} = \frac{1}{\tau} - 2,$$

also, wenn wir diese Transformationen durch die Matrizen ihrer Koeffizienten charakterisieren,

$$S_1 = \begin{pmatrix} 1 & 2 \\ 0 & 1 \end{pmatrix}, \quad S_2 = \begin{pmatrix} 1 & 0 \\ -2 & 1 \end{pmatrix}.$$

Die Verschiebungsgruppe G, bei der die Fuchssche Funktion $x = \varphi(\tau)$ ungeändert bleibt, setzt sich aus den beiden Transformationen S_1 und S_2 zusammen; daraus folgt, daß alle Transformationen von G ganzzahlige Koeffizienten haben und daß die Determinante dieser Koeffizienten stets gleich 1 ist. Bedeutet

$$A\eta = \frac{a\eta + b}{c\eta + d}, \quad ad - bc = 1,$$

irgendeine Transformation der Gruppe G, so sind also a, b, c, d ganze Zahlen und zwar sind a, d ungerade, b, c gerade, da dies für die Fundamentaltransformationen S_1, S_2 der Fall ist und diese Eigenschaft bei der Komposition zweier Transformationen offenbar erhalten bleibt. Man kann aber auch umgekehrt beweisen, daß eine jede Transformation A, für die a, d ungerade, b, c gerade Zahlen sind, zu unserer Gruppe G gehört [1]). Durch diese Eigenschaft ist die Gruppe G der Modulfunktion arithmetisch charakterisiert.

Über die Doppelpunkte der in der Modulgruppe G enthaltenen parabolischen Transformationen kann man zunächst aussagen, daß sie reelle und rationale Zahlen sein müssen. In der Tat findet man, wenn A eine solche parabolische Transformation ist, für den Doppelpunkt den Wert

$$\lambda = \frac{a-1}{c} = \frac{b}{1-a}.$$

Man kann aber auch umgekehrt für jede rationale Zahl m/n, wo m und n teilerfremde ganze Zahlen sind, parabolische Transformationen von G

[1]) Siehe z. B. Ch. Hermite, Cours (lith.), 4. éd. 1891, S. 249ff.

angeben, deren Doppelpunkt diese rationale Zahl ist. Die einfachste solche Transformation lautet nämlich

$$\begin{pmatrix} 1-2mn & 2m^2 \\ -2n^2 & 1+2mn \end{pmatrix}$$

und jede ganzzahlige Potenz von ihr hat offenbar denselben Doppelpunkt. Damit ist für die Modulfunktion in Evidenz gesetzt, daß die reelle Achse der τ-Ebene überall dicht mit Doppelpunkten parabolischer Transformationen, also mit wesentlich singulären Stellen der Funktion besetzt und daher eine analytische Fortsetzung über diese Achse hinweg nicht möglich ist.

Zu der parabolischen Fundamentaltransformation S_1 gehört die kanonische Veränderliche $t = e^{\tau\pi i}$. Da für $t = 0$ auch $x = 0$ ist, so ist die Modulfunktion in der Umgebung von $t = 0$ in der Form

$$x = \delta_1 t + \delta_2 t^2 + \cdots \text{ in inf.} \tag{35}$$

entwickelbar, und zwar konvergiert diese Entwicklung für alle Werte von t, deren absoluter Betrag kleiner als Eins ist. Diese Werte entsprechen nämlich den Werten der oberen τ-Halbebene und für diese ist x holomorph. Da die Peripherie des Einheitskreises der t-Ebene der reellen Achse der τ-Ebene entspricht, so ist diese Peripherie überall dicht mit wesentlich singulären Stellen der Modulfunktion besetzt, so daß eine analytische Fortsetzung der Reihe (35) nicht möglich ist. Diese Reihe stellt also die Modulfunktion in ihrem ganzen Existenzbereich, d. h. für alle endlichen Punkte der B.-L.schen Ebene dar. Die in der Nr. 17 angegebene Darstellung der Modulfunktion als Quotient der beiden Reihen $R^4(q)$, $P^4(q)$ ist im wesentlichen mit der Darstellung (35) identisch, da die dort mit q bezeichnete Größe ja mit t übereinstimmt. Damit ist auch die a. a. O. aufgestellte Behauptung, daß jene Darstellung eine Fortsetzung über die Peripherie des Einheitskreises hinweg nicht zuläßt, bewiesen.

---

42. Fuchssche Funktionen mit symmetrischen Fundamentalbereichen.

Wir wollen anschließend an den Fall $\sigma = 2$ noch den allgemeineren Fall erörtern, wo der zu einem Verzweigungsschema $(\sigma; g_1, g_2, \ldots, g_{\sigma+1})$ gehörige Fundamentalbereich $H^{(0)}$ eine Fuchssche Funktion $x = f(\eta)$ definiert, für die die Punkte $a_1, a_2, \ldots, a_\sigma$ auf der reellen x-Achse liegen. Wir denken uns die $a_1, a_2, \ldots, a_\sigma$ etwa der Größe nach geordnet und bezeichnen in jedem Blatte der Überlagerungsfläche T die Stücke $(-\infty, a_1), (a_1, a_2), \ldots, (a_\sigma, +\infty)$ der reellen x-Achse der Reihe nach mit $\tau_0, \tau_1, \ldots, \tau_\sigma$. Die Überlagerungsfläche T erscheint durch die reelle x-Achse in zwei symmetrische Hälften zerlegt und wir können den Übergang von der einen zur anderen längs eines in einem beliebigen Blatte gelegenen Stückes τ_k vollziehen. Gehen wir etwa von einem Werte x eines bestimmten Blattes von T zu dem konjugierten Werte $\bar{x}$ über, indem wir die reelle Achse in einem Punkte des in jenem Blatte gelegenen Stückes τ_k überschreiten, so entspricht diesem Übergang der Übergang von dem jenem Werte x entsprechenden Werte η zu einem bestimmten Werte η_0. Lassen wir x die ganze Fläche T durchwandern, so durchwandert auch $\bar{x}$ die ganze Fläche T, es werden also sowohl η als auch η_0 die ganze B.-L.sche Ebene durchlaufen, die wir uns wieder auf das Innere des Einheitskreises der η-Ebene abgebildet denken wollen. Die Beziehung zwischen η und η_0 ist dann eine gegenseitig eindeutige, und sie bildet die Scheibe des Einheitskreises winkeltreu, aber mit Umlegung der Winkel, auf sich selbst ab. Wir beseitigen die Winkelumlegung und kommen zu einer homöometrischen Abbildung, wenn wir an Stelle von η den konjugierten Wert $\bar{\eta}$ nehmen; dann folgt aus dem Satze der Nr. 23, daß η_0 eine lineargebrochene Funktion von $\bar{\eta}$

$$\eta_0 = \frac{a\bar{\eta} + b}{c\bar{\eta} + d}, \quad ad - bc = 1, \tag{36}$$

ist. Da die Beziehung zwischen x und $\bar{x}$ und folglich auch die zwischen η und η_0 eine durchaus gegenseitige ist, so muß auch umgekehrt

$$\eta = \frac{a\bar{\eta}_0 + b}{c\bar{\eta}_0 + d} \tag{37}$$

sein. Des weiteren muß aber die Transformation (36) auch die Peripherie des Einheitskreises in sich selbst überführen, und da der Übergang von η zu $\bar{\eta}$ diese Peripherie nicht alteriert, so muß also die Transformation $\frac{a\eta + b}{c\eta + d}$ eine positive Transformation sein, die die Peripherie des Einheitskreises ungeändert läßt. Sie ist also nach Nr. 24 so beschaffen, daß $d = \bar{a}$, $b = \bar{c}$ ist; dann folgt aber aus (36), (37)

$$a\bar{a} + \bar{c}^2 = 1, \quad ac + \bar{c}a = 0,$$

also ist c rein imaginär. Setzen wir $c = i\mathfrak{b}$, $ia = \bar{\mathfrak{a}}$, so hat nunmehr (36) die Form

$$\eta_0 = \frac{-\bar{\mathfrak{a}}\bar{\eta} - \mathfrak{b}}{\mathfrak{b}\bar{\eta} + \mathfrak{a}}, \quad \mathfrak{a}\bar{\mathfrak{a}} - \mathfrak{b}^2 = 1,$$

wo $\mathfrak{b}$ reell ist; diese Transformation ist aber eine Spiegelung in bezug auf den reellen Kreis

$$\mathfrak{b}(\eta\bar{\eta} + 1) + \mathfrak{a}\eta + \bar{\mathfrak{a}}\bar{\eta} = 0 \tag{38}$$

(vgl. Nr. 26, S. 71), der, wie man sieht (vgl. Nr. 22, S. 59), den Einheitskreis unter rechtem Winkel schneidet, also eine Gerade der B.-L.schen Ebene darstellt. Liegt insbesondere x auf dem Stück τ_k der reellen

Achse, so muß $\eta = \eta_0$ sein, der entsprechende Punkt η liegt also auf (38), d. h. den Stücken τ_k der reellen x-Achse entsprechen Gerade der B.-L.schen Ebene.

Betrachten wir nun z. B. die von der reellen Achse begrenzte untere Hälfte eines Blattes $T^{(0)}$ der Überlagerungsfläche, so entspricht dieser ein schlichter Bereich $R^{(0)}$, der in der B.-L.schen Ebene von $\sigma + 1$ Geraden begrenzt, in der η-Ebene innerhalb des Einheitskreises gelegen und von Kreisbogen begrenzt ist, die den Einheitskreis rechtwinklig schneiden. Bezeichnen wir die Werte, denen η zustrebt, wenn x in $T^{(0)}$ von unten her in die Punkte $a_1, a_2, \ldots, a_\sigma, \infty$ einrückt, mit $\alpha_1, \alpha_2, \ldots, \alpha_\sigma, \alpha_{\sigma+1}$, so folgt aus der Form der für η in der Umgebung von $x = a_k$ geltenden Entwicklung, daß die Seiten $(\alpha_{k-1}, \alpha_k), (\alpha_k, \alpha_{k+1})$ von $R^{(0)}$ sich in α_k unter dem Winkel $\frac{\pi}{g_k}$ schneiden, da die entsprechenden Stücke τ_{k-1}, τ_k der x-Achse in a_k unter dem Winkel π zusammentreffen (Fig. 42). Die Funktion $x = \varphi(\eta)$ hat also die Eigenschaft, daß sie die homöometrische Abbildung des Bereiches $R^{(0)}$ auf die untere x-Halbebene liefert. Durch diese Eigenschaft ist aber die Funktion x nach dem Riemannschen Abbildungssatze bis auf drei reelle Konstanten bestimmt, wir können sie also durch diese Eigenschaft definieren, wenn wir noch hinzufügen, daß z. B. für $\eta = \alpha_1, \alpha_2, \alpha_{\sigma+1}$ die Funktion die Werte $x = 0, 1, \infty$ annehmen soll.

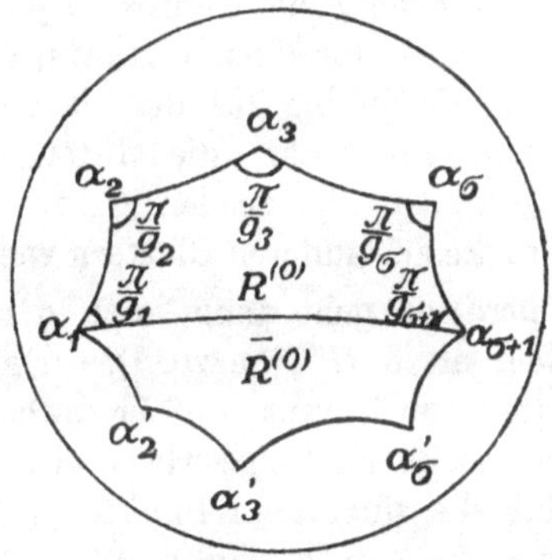

Fig. 42.

Damit ist zugleich die Existenz solcher Funktionen bewiesen, wenn wir von dem geradlinigen $(\sigma + 1)$-Eck $R^{(0)}$ der B.-L.schen Ebene ausgehen. Die Fortsetzung in die obere x-Halbebene erfolgt nun wieder mit Hilfe des Spiegelungsprinzips (Nr. 40), indem wir z. B. von einem Punkte x der unteren Halbebene zu dem konjugierten Werte $\bar{x}$ übergehen auf einem Wege, der die reelle Achse in einem Punkte des Stückes τ_0 überschreitet. Der dem Werte x entsprechende η-Wert ist alsdann nach dem gedachten Prinzip das Spiegelbild des dem Werte x zugehörigen Punktes η von $R^{(0)}$ in bezug auf die Seite $(\alpha_1, \alpha_{\sigma+1})$, die dem Stücke τ_0 entspricht. Der oberen x-Halbebene entspricht also bei Fortsetzung über τ_0 hinweg der Bereich $\bar{R}^{(0)}$ der B.-L.schen Ebene, der das Spiegelbild von $R^{(0)}$ in bezug auf die Seite $(\alpha_1, \alpha_{\sigma+1})$ ist. Gehen wir nun mit Benutzung eines anderen Stücks τ_k der reellen Achse wieder in die untere x-Halbebene zurück und fahren so fort, so erhalten wir nach und nach die Bilder aller Halbblätter der Überlagerungsfläche T in der Form von Bereichen, die in der B.-L.schen Ebene dem Ausgangsbereiche $R^{(0)}$ abwechselnd kongruent oder symmetrisch sind und die in ihrer Gesamtheit die ganze B.-L.sche Ebene schlicht und lückenlos bedecken. Je zwei längs einer Seite benachbarte dieser Bereiche, z. B. $R^{(0)}$ und $\overline{R}^{(0)}$ geben den gesamten Wertevorrat eines Zweiges der Funktion η von x; wir können also $R^{(0)} + \overline{R}^{(0)}$ auch als Fundamentalbereich dieser Funktion ansprechen. Der Zusammenhang zwischen diesem Fundamentalbereich und $H^{(0)}$ wird am deutlichsten, wenn wir uns der Überlagerungsfläche T bedienen. Der Unterschied gegen unsere bisherige Auffassung besteht nämlich darin, daß wir uns jetzt die Schnitte $l_k = (a_k, \infty)$ für $k = 1, 2, \ldots, \sigma$, die den Seitenpaaren von $H^{(0)}$ entsprechen, beseitigt und statt ihrer von a_1 nach ∞ hin längs der reellen x-Achse einen Schnitt gelegt denken, mit dem dann die Überlagerungsfläche T aufzubauen ist. Die Fläche T als Ganzes ist jetzt natürlich genau dieselbe wie früher, nur ihre Verteilung nach Blättern hat sich geändert, indem man, um die neue Verteilung aus der alten zu erhalten, von den alten Blättern Stücke abzutrennen hat, die durch die Schnitte $l_1, \ldots, l_\sigma$ und die Stücke $\tau_0, \ldots, \tau_\sigma$ der reellen Achse begrenzt sind, und statt ihrer kongruente Stücke aus anderen Blättern wieder anfügen muß. Durch die entsprechende Operation geht dann auch der neue Fundamentalbereich $R^{(0)} + \overline{R}^{(0)}$ aus dem alten $H^{(0)}$ hervor[1]). Der neue Fundamentalbereich hat vor dem alten den Vorzug, daß er durch die Diagonale $(a_1, a_{\sigma+1})$ in zwei symmetrische Hälften zerlegt wird, was eben die Tatsache in Evidenz setzt, daß die singulären Punkte $a_1, \ldots, a_\sigma$ auf der reellen Achse liegen. Die Ecken von $R^{(0)} + \overline{R}^{(0)}$ ordnen sich jetzt so an, daß je zwei Ecken a_k, a_k', die Spiegelbilder voneinander in bezug auf die Diagonale $(a_1, a_{\sigma+1})$ sind, zusammen einen zweigliedrigen Zyklus bilden, während a_1 und $a_{\sigma+1}$ jede für sich einen Zyklus ausmachen. Die Winkelsumme

[1]) Man kann natürlich, auch wenn die $a_1, \ldots, a_\sigma$ nicht reell sind, eine ähnliche Zerschneidung der x-Ebene vornehmen, indem man längs einer die Punkte $a_1, \ldots, a_\sigma$ und $a_{\sigma+1} = \infty$ miteinander verbindenden analytischen Kurve, die sich nicht selbst überschneidet, einen Schnitt L legt. Dieser Zerschneidung der x-Ebene entspricht dann in der η-Ebene ein Fundamentalbereich, der, wie man sich ausdrückt, aus $H^{(0)}$ durch „erlaubte Abänderung" d. h. durch Wegnehmen und Hinzufügen (im Sinne der B.-L.schen Geometrie) kongruenter Stücke hervorgeht. Durch geeignete Wahl des Schnittes L kann auch bewirkt werden, daß der neue Fundamentalbereich von Geraden der B.-L.schen Ebene begrenzt wird. Wir begnügen uns mit diesen Andeutungen und verweisen in bezug auf die Lehre von den „erlaubten Abänderungen" auf den § IX von Poincarés Abhandlung über die Groupes fuchsiens (Oeuvres II, S. 150ff.) und auf die Darstellung in Fricke-Klein, Automorphe Funktionen I, S. 146 ff.

bei den Ecken a_k, a'_k beträgt wieder $\frac{2\pi}{g_k}$, während die in a_1 bzw. $a_{\sigma+1}$ zusammenstoßenden Seiten von $R^{(0)} + \overline{R}^{(0)}$ den Winkel $\frac{2\pi}{g_1}$ bzw. $\frac{2\pi}{g_{\sigma+1}}$ miteinander einschließen. Die Seitenpaare von $R^{(0)} + \overline{R}^{(0)}$, die Spiegelbilder voneinander in bezug auf die Diagonale sind, wie z. B. (a_{k-1}, a_k) und (a'_{k-1}, a'_k), gehen durch eine der Gruppe G unserer Funktion $x = f(\eta)$ angehörige Verschiebung B_{k-1} der B.-L.schen Ebene auseinander hervor. Bezeichnen wir mit Σ_{k-1} die Spiegelung in bezug auf die Seite (a_{k-1}, a_k) von $R^{(0)}$, so ist die Verschiebung $B_{k-1} = \Sigma_0 \Sigma_{k-1}^{-1}$. Man erkennt auch leicht, daß sich aus den σ Verschiebungen $B_1, \ldots, B_\sigma$, die die Seitenpaare von $R^{(0)} + \overline{R}^{(0)}$ ineinander überführen, alle Transformationen unserer Gruppe zusammensetzen lassen, daß diese σ Verschiebungen also ein System von Fundamentaltransformationen von G bilden, ebenso wie die $S_1, S_2, \ldots, S_\sigma$, mit denen sie übrigens in einem leicht angebbaren Zusammenhang stehen.

Wir können aber auch neben der Verschiebungsgruppe G die sogenannte erweiterte Gruppe Γ betrachten, die aus den $\sigma + 1$ Spiegelungen in bezug auf die Seiten von $R^{(0)}$ zusammengesetzt ist. Die Operationen von Γ sind, je nachdem sie aus einer geraden oder einer ungeraden Anzahl der Spiegelungen $\Sigma_0, \ldots, \Sigma_\sigma$ bestehen, selbst Verschiebungen oder sie haben die Form $\Sigma_k S$, wo S eine Verschiebung bedeutet[1]); sie vermitteln den Übergang von $R^{(0)}$ zu irgendeinem anderen der Halbbereiche unseres Polygonnetzes.

Für diese sogenannten symmetrischen Fuchsschen Funktionen gilt noch die folgende wichtige Bemerkung. Der Schwarzsche Differentialausdruck (17)

$$\frac{3\eta''^2 - 2\eta'\eta'''}{4\eta'^2} = Q(x)$$

ändert sich nicht, wenn η eine lineargebrochene Transformation erfährt. Daraus folgt, daß er für reelle Werte von x ebenfalls reell ist. Nun war (Nr. 39, Gl. (23), (24))

$$Q(x) = \sum_{k=1}^{\sigma} \frac{\delta_k}{(x - a_k)^2} + \frac{b_0 + b_1 x + \cdots + b_{\sigma-2} x^{\sigma-2}}{\psi(x)},$$

und es sind jetzt $a_1, \ldots, a_\sigma, \delta_1, \ldots, \delta_\sigma, b_{\sigma-2}$ reelle Größen. Die ganze Funktion $b_0 + b_1 x + \cdots + b_{\sigma-2} x^{\sigma-2}$ nimmt folglich für reelle Werte von x reelle Werte an, und daraus folgt, daß hier auch die akzessorischen

[1]) Man bezeichnet diese Operationen $\Sigma_k S$ häufig als Verschiebungen oder Bewegungen zweiter Art, weil sie auch die Eigenschaft haben, das Linienelement $\frac{|d\eta|}{|\eta\bar{\eta} - 1|}$ der B.-L.schen Ebene ungeändert zu lassen.

Parameter $b_0, b_1, \ldots, b_{\sigma-3}$ reelle Werte haben. Für eine symmetrische Fuchssche Funktion hat also die rationale Funktion $Q(x)$ reelle Koeffizienten. Wir sehen aus allen diesen Bemerkungen, daß die symmetrischen Fuchsschen Funktionen als die unmittelbare Verallgemeinerung der Schwarzschen Dreiecksfunktionen anzusehen sind.

Wenn wir für ein gegebenes Verzweigungsschema $(\sigma; g_1, g_2, \ldots, g_{\sigma+1})$ nur diejenigen Fuchsschen Funktionen ins Auge fassen, die symmetrisch sind, so erhalten wir eine dem Typus angehörige Gesamtheit, die wir als den zu dem betreffenden Verzweigungsschema gehörigen symmetrischen Typus bezeichnen können. Der entsprechende Bereich $R^{(0)}$ hängt dann, wenn wir von Verschiebungen innerhalb der B.-L.schen Ebene absehen, nicht mehr von $2\sigma - 4$, sondern nur von $\sigma - 2$ reellen Parametern ab, in Übereinstimmung damit, daß in diesem Falle die akzessorischen Parameter reell sind, also auch nur $\sigma - 2$ reelle Größen repräsentieren. Für einen solchen symmetrischen Typus kann das Fundamentalproblem auch noch in der Weise formuliert werden, daß wir fragen, ob für willkürlich vorgeschriebene reelle Werte der $a_1, a_2, \ldots, a_\sigma$ eine zu dem gegebenen Verzweigungsschema gehörige Fuchssche Funktion ersten Grades existiert, die in den Ecken des Bereichs $R^{(0)}$ diese Werte annimmt.

Durch Anwendung einer lineargebrochenen Transformation auf x kann man zu einer Fuchsschen Funktion ersten Grades übergehen, für die die Punkte, die den Ecken von $R^{(0)}$ entsprechen, nicht mehr reell, sondern auf einem Kreise gelegen sind. Wir hätten natürlich von vornherein auch diese Annahme zugrunde legen können, statt die Realität der $a_1, \ldots, a_\sigma$ vorauszusetzen; die entsprechende Fuchssche Funktion würde dann die homöometrische Abbildung von $R^{(0)}$ auf das Innere des Kreises vermitteln, auf dessen Peripherie die $a_1, \ldots, a_\sigma, a_{\sigma+1}$ gelegen sind.

IV. Abschnitt.

Lösung des Fundamentalproblems. Uniformisierung.

43. Das Fuchssche Beispiel. Fundamentallemma von Poincaré.

Unter den Fällen, wo akzessorische Parameter auftreten, ist einer besonders einfach, nämlich der Fall $\sigma = 3, g_1 = g_2 = g_3 = g_4 = \frac{1}{2}$. Seine Sonderstellung zeigt sich schon darin, daß er abgesehen von den zu $\sigma = 2$ gehörigen Fällen der einzige ist, für den der Fundamentalbereich in der Euklidischen Ebene gelegen ist (Nr. 31); er ist aber auch in historischer Beziehung bemerkenswert und soll darum vorweg besprochen werden.

Für $\sigma = 3$ tritt in $Q(x)$ ein akzessorischer Parameter b_0 auf. Wenn wir nach den Formeln (23), (24) der Nr. 39 für $g_k = \frac{1}{2}$ den Ausdruck für $Q(x)$ bilden, so ergibt sich nach einfacher Umrechnung

$$Q(x) = -\frac{3}{16}\left(\frac{\psi'(x)}{\psi(x)}\right)^2 + \frac{1}{4}\frac{\psi'' - 4\lambda^2}{\psi(x)},$$

worin

$$\psi(x) = (x - a_1)(x - a_2)(x - a_3), \quad \frac{\lambda^2}{4} = -b_0 - \frac{3}{8}(a_1 + a_2 + a_3)$$

gesetzt wurde. Setzt man nunmehr noch

$$y = \psi(x)^{\frac{1}{4}} Y, \quad u = \int \frac{dx}{\sqrt{\psi(x)}}$$

und führt Y, u als neue abhängige bzw. unabhängige Veränderliche in die Differentialgleichung (19) der Nr. 38, $y'' = yQ(x)$, ein, so nimmt diese die Form an:

$$\frac{d^2 Y}{du^2} + \lambda^2 Y = 0, \tag{1}$$

darin spielt λ^2 die Rolle des akzessorischen Parameters. Für $\lambda = 0$ lautet das allgemeine Integral von (1) $Y = c_1 u + c_2$, wir können also den Integralquotienten $\eta = u$ nehmen, d. h. es ist in diesem Falle

$$\eta = \int \frac{dx}{\sqrt{\psi(x)}};$$

die Umkehrung $x = \varphi(\eta)$ ist eindeutig, die zugehörige Gruppe ist auch eine Verschiebungsgruppe, die mit diesem Werte des akzessorischen Parameters gebildete Differentialgleichung $y'' = yQ(x)$ ist also eine Fuchssche.

Damit ist in dem Falle des Verzweigungsschemas $(3; 2, 2, 2, 2)$ das Fundamentalproblem gelöst; aber es besteht noch das Bedenken, ob die gefundene Lösung auch die einzige ist, d. h. ob es nicht noch andere Werte des akzessorischen Parameters λ gibt, für die die Differentialgleichung $y'' = yQ(x)$ eine Fuchssche ist. Die Antwort auf diese Frage gibt ein allgemeiner Satz, den Poincaré[1]) aufgestellt und als Fundamentallemma bezeichnet hat. Dieser Satz lautet:

Bestimmt man für ein Verzweigungsschema $(\sigma; g_1, \ldots, g_{\sigma+1})$ die rationale Funktion $Q(x)$ gemäß den Formeln (23), (24) der Nr. 39 mit willkürlich vorgeschriebenen Werten der $a_1, \ldots, a_\sigma$, so kann es nicht mehr als ein Wertesystem der akzessorischen Parameter geben, für das die Differentialgleichung $y'' = yQ(x)$ eine Fuchssche wird.

Der Beweis erfordert nur wenige Worte. In der Tat, gäbe es zwei verschiedene Wertesysteme jener Parameter, so hätten wir bei demselben Verzweigungsschema und denselben Punkten $a_1, a_2, \ldots, a_\sigma$ zwei verschiedene Fuchssche Differentialgleichungen $y'' = yQ(x)$ und $z'' = zQ_1(x)$. Es sei η der Integralquotient der ersten, ζ der der zweiten. Zu beiden gehört dieselbe Überlagerungsfläche T, die über der x-Ebene aufgebaut ist; sie ist, da der Fall einer Riemannschen Ebene ausscheidet, entweder auf eine Euklidische oder auf eine B.-L.sche Ebene abbildbar. Bei geeigneter Wahl von η und ζ haben wir also im ersteren Falle eine gegenseitig eindeutige Beziehung zwischen den punktierten η- und ζ-Ebenen, im zweiten Falle eine ebensolche Beziehung zwischen den Scheiben der Einheitskreise dieser beiden Ebenen. Nach der Nr. 23 ist also beidemal ζ eine lineargebrochene Funktion von η, unsere beiden Differentialgleichungen sind demnach identisch.

Damit ist gezeigt, daß in unserem Falle $(3; 2, 2, 2, 2)$ der Wert $\lambda = 0$ des akzessorischen Parameters der einzige ist, der zu einer Fuchsschen Differentialgleichung führt. Es ist aber von Wichtigkeit darauf hinzuweisen, daß dabei die beiden Eigenschaften einer Fuchsschen Differentialgleichung wesentlich in Frage kommen. Lassen wir nämlich die Bedingung fallen, daß die Gruppe G, die zu dem Integralquotienten gehört, eine Verschiebungsgruppe sei, und verlangen nur, daß x eine eindeutige Funktion von η sein soll, so gibt es, wie wir zeigen wollen, unendlich viele Werte des akzessorischen Parameters λ, für die dies eintritt.

---

[1]) H. Poincaré, Oeuvres II, S. 327 (1884).

In der Tat lautet für $\lambda \neq 0$ die allgemeine Lösung der Differentialgleichung (1)

$$Y = c_1 \cos \lambda u + c_2 \sin \lambda u,$$

wir haben also

$$\eta = \operatorname{tg} \lambda u = \operatorname{tg}\left(\lambda \int \frac{dx}{\sqrt{\psi(x)}}\right); \quad x = \varphi\left(\frac{\operatorname{arctg} \eta}{\lambda}\right),$$

wo φ die eindeutige Umkehrungsfunktion des elliptischen Integrals u bedeutet. Die Funktion x von η ist offenbar dann und nur dann eine eindeutige, wenn $\frac{\pi}{\lambda}$ eine Periode der elliptischen Funktion $\varphi(u)$ ist; bedeuten also ω_1, ω_2 zwei unabhängige Perioden von $\varphi(u)$, so ist für

$$(2) \qquad \lambda = \frac{\pi}{m_1\omega_1 + m_2\omega_2}, \quad m_1, m_2 \text{ ganze Zahlen},$$

x eine eindeutige Funktion des Integralquotienten η. Diese Funktion bleibt bei einer Gruppe lineargebrochener Transformationen von η ungeändert, aber diese Gruppe ist keine Verschiebungsgruppe. Wir sind damit zu einer Gattung automorpher Funktionen geführt worden, die von anderer Art ist als die, mit denen wir uns bisher ausschließlich beschäftigt haben. Poincaré bezeichnet allgemein solche eindeutige Funktionen, die in bezug auf eine Gruppe projektiver Transformationen automorph sind, als Kleinsche, wenn diese Transformationen nicht Bewegungen einer absoluten Ebene darstellen. Die Theorie dieser Funktionen liegt außerhalb des Planes unserer einführenden Darstellung; wir begnügen uns damit, durch das eben behandelte Beispiel auf die Existenz solcher Funktionen hingewiesen zu haben. Es möge nur noch bemerkt werden, daß, wie die Formel (2) zeigt, in jeder Nähe des zu der Fuchsschen Differentialgleichung führenden Parameterwertes $\lambda = 0$ solche Parameterwerte liegen, für die zwar x eine eindeutige Funktion von η, die zugehörige Differentialgleichung aber keine Fuchssche ist.

Das in dieser Nummer behandelte Beispiel ist von Fuchs in seinen auf unsere Theorie bezüglichen Arbeiten [1]) aufgestellt und erledigt worden; die bedeutsame Rolle, die es für die Entwicklung der Gedankengänge von Poincaré gespielt hat, geht aus dem Briefwechsel zwischen Fuchs und Poincaré hervor, der neuerdings veröffentlicht worden ist [2]).

Wir heben hervor, daß mit diesem Beispiel auch noch der letzte Fall, wo das Verzweigungsschema auf eine Euklidische Ebene führt, erledigt ist, so daß also die Lösung des Problems II. der Nr. 28 jetzt in allen Fällen geliefert ist, wo das Verzweigungsschema zu einem Normalpolygon führt, das in einer Riemannschen oder in einer Euklidischen Ebene

[1]) L. Fuchs, Werke, II, S. 185ff., insbesondere S. 220, 221 (1881).
[2]) Acta Mathematica, Bd. 38 (1921), S. 175ff.

liegt. Es bleiben also nur noch die Fälle zu erledigen, wo $\sigma \geqq 3$ ist und das zugehörige Normalpolygon einer B.-L.schen Ebene angehört. Die Lösung des Fundamentalproblems für diese Fälle gehört zu den schwierigsten Aufgaben der Analysis; wir geben zunächst eine Übersicht über die verschiedenen Methoden, die zu seiner Lösung ersonnen worden sind.

---

44. Kontinuitätsmethode. Die Liouvillesche Differentialgleichung. Methode der Ausschöpfung der Überlagerungsfläche.

Die älteste Methode für die Lösung des Fundamentalproblems ist die von Klein und Poincaré entwickelte Kontinuitätsmethode. Wir erläutern ihr Wesen an einem einfachen Beispiel. Es sei $(3; \infty, \infty, \infty, \infty)$ das Verzweigungsschema und wir betrachten eine zugehörige symmetrische Fuchssche Funktion. Das Normalpolygon wählen wir wie in der Nr. 42; der Bereich $R^{(0)}$ ist dann ein Viereck der B.-L.schen Ebene, dessen Ecken a_1, a_2, a_3, a_4 im Unendlichen, also in der η-Ebene auf der Peripherie des Einheitskreises gelegen sind. Drei dieser Ecken können in beliebige Punkte des Kreises gelegt werden, die Lage des vierten bestimmt dann eine Funktion innerhalb des symmetrischen Typus, der ja, wie wir in der Nr. 42 gesehen haben, nicht von zwei, sondern nur von einem reellen Parameter abhängt. Wir konstruieren die zu $R^{(0)}$ gehörige Fuchssche Funktion ersten Grades $x = \varphi(\eta)$ in der Weise, daß

$$\lim_{\eta \to a_1} \varphi(\eta) = 0, \quad \lim_{\eta \to a_2} \varphi(\eta) = 1, \quad \lim_{\eta \to a_4} \varphi(\eta) = \infty$$

ist; der Wert $\lim\limits_{\eta \to a_3} \varphi(\eta) = a$ ist dann reell und liegt zwischen 1 und ∞. Die Lösung des Fundamentalproblems für diesen symmetrischen Typus kommt darauf hinaus, zu zeigen, daß a jeden reellen Wert zwischen 1 und ∞ annehmen kann, d. h. also, daß, wenn wir die Ecken a_1, a_2, a_4 von $R^{(0)}$ festhalten und a_3 auf dem Bogen (a_2, a_4) des Einheitskreises variieren lassen, der entsprechende Wert a auch das ganze Intervall der reellen Achse zwischen 1 und ∞ durchläuft. Nun hängt die zu dem Bereiche $R^{(0)}$ gehörige symmetrische Fuchssche Funktion $x = \varphi(\eta)$ von dem Parameter a_3 des symmetrischen Typus stetig ab (siehe Nr. 33), es ist folglich auch $a = \varphi(a_3)$ eine stetige Funktion von a_3 oder, wie wir lieber sagen wollen, von der reellen Veränderlichen $t = \arg a_3$. Wir wissen ferner nach dem Poincaréschen Fundamentallemma, daß die Größe a nicht für zwei verschiedene, zwischen $\arg a_2$ und $\arg a_4$ gelegene Werte von t denselben Wert annehmen kann; die Funktion a von t ist also in diesem Intervall auch monoton. Damit ist zunächst sichergestellt, daß, wenn t das offene Intervall zwischen $\arg a_2$ und $\arg a_4$ (mit Ausschluß der Grenzen) durchläuft, a ein Stück der reellen Achse durchlaufen wird, da ja der vollständigen Umgebung eines Wertes t (also dem Intervall $t - \varepsilon$ bis $t + \varepsilon$) die vollständige Umgebung des entsprechenden Wertes a gegenseitig eindeutig und stetig entspricht. Von hier ab bieten sich nun zwei verschiedene Wege dar, um den Beweis, daß a jeden Wert zwischen 1 und ∞ anzunehmen vermag, zu Ende zu führen. Der eine, von Poincaré[1]) eingeschlagene, besteht darin, daß man zeigt, daß a, wenn t in den Wert $\arg \alpha_2$ einrückt, dem Werte 1, und wenn t in den Wert $\arg \alpha_4$ einrückt, dem Werte ∞ zustrebt, und zwar so, daß die Beziehung zwischen a und t auch noch an diesen Grenzpunkten des Intervalls stetig bleibt. Dann folgt ohne weiteres, daß a das ganze abgeschlossene Intervall von 1 bis ∞ durchläuft, wenn t von $\arg \alpha_2$ nach $\arg \alpha_4$ geht. Die Durchführung dieses Weges bietet im allgemeinen Falle eines beliebigen Verzweigungsschemas durch die hierbei erforderliche Untersuchung der Grenzfälle (entsprechend $t = \arg \alpha_2$ und $t = \arg \alpha_4$) erhebliche Schwierigkeiten dar[2]). Der andere Weg führt mit Benutzung der offenen Intervalle in folgender Weise zum Ziel. Man zeigt, daß, wenn a auf ein bestimmtes Teilintervall der Strecke 1 bis ∞ beschränkt bliebe, explizite angebbare Schranken vorhanden wären, zwischen denen t verbleiben müßte, und zwar gleichgültig, ob solche zugehörige t-Werte existieren oder nicht. Da nun t das ganze Intervall $\arg \alpha_2$ bis $\arg \alpha_4$ durchmessen kann, so ist damit gezeigt, daß eine Beschränkung von a auf ein Teilintervall nicht möglich ist. Dieser zweite Weg entspricht dem von Klein[3]) skizzierten Gedankengang und ist von Koebe[4]) im allgemeinsten Falle durchgeführt worden.

Eine zweite, ebenfalls von Poincaré[5]) ausgebildete Methode benutzt die sogenannte Liouvillesche Differentialgleichung

$$(*) \qquad \frac{\partial^2 w}{\partial u^2} + \frac{\partial^2 w}{\partial v^2} = - c e^w,$$

die durch die Funktion $w = \log \frac{4}{\varphi^2}$ befriedigt wird, wenn $ds^2 = \frac{4}{\varphi^2}(du^2 + dv^2)$ das Quadrat des Linienelements einer Fläche vom konstanten Krümmungsmaße $-c$ ist. Wenn die Differentialgleichung (19) der Nr. 38 eine Fuchs-

---

[1]) H. Poincaré, Oeuvres II, S. 329 ff. (1884).

[2]) H. Poincaré, a. a. O.; vgl. auch Fricke-Klein, Vorles. über autom. Funktionen, II, S. 286—438, L. E. J. Brouwer, Gött. Nachr. 1912, S. 803, Jahresbericht der DMV. 21, 1912, S. 154.

[3]) F. Klein, Math. Annalen Bd. 21, 1882-83, S. 141, Ges. Abhandl. III, S. 630 und S. 731 ff.

[4]) P. Koebe, Jahresbericht 21, 1912, S. 156, Math. Annalen 75, 1914, S. 42.

[5]) H. Poincaré, a. a. O. S. 512 (1898).

sche ist, so sind die Transformationen, die der Integralquotient η erfährt, wenn die unabhängige Veränderliche x geschlossene Umläufe vollzieht, Verschiebungen einer absoluten Ebene, d. h. sie haben (vgl. Nr. 24) die Eigenschaft, den Differentialausdruck

$$ds^2 = \frac{4\,|d\eta|^2}{(\eta\bar{\eta} - c)^2},$$

der als Quadrat des Linienelements einer Fläche vom konstanten Krümmungsmaße $-c$ gelten kann, ungeändert zu lassen. Durch Einführung von x an Stelle von η verwandelt sich ds^2 in

$$ds^2 = 4\left|\frac{d\eta}{dx}\right|^2 \frac{|dx|^2}{(\eta\bar{\eta} - c)^2},$$

also, wenn wir[1]) die Lösungen y_1, y_2, wie sie durch die Gleichungen (16) der Nr. 38 definiert sind, einführen, in

$$ds^2 = \frac{4\,|dx|^2}{(y_2\bar{y}_2 - cy_1\bar{y}_1)^2},$$

so daß nach der oben gemachten Bemerkung

$$w = \log\frac{4}{\varphi^2}, \quad \varphi = y_2\bar{y}_2 - cy_1\bar{y}_1,$$

der partiellen Differentialgleichung (*) genügt, wenn $x = u + vi$ gesetzt wird. Einer Fuchsschen Differentialgleichung $y'' = yQ(x)$ entspricht also eine Lösung w von (*), die zufolge der hervorgehobenen Eigenschaft des Differentialausdrucks ds^2 eine eindeutige Funktion der reellen Veränderlichen u, v ist. — Hat man umgekehrt eine in u, v eindeutige Lösung w von (*) und bildet mit ihr den Ausdruck $\varphi = 2e^{-\frac{w}{2}}$, so kann dieser statt als Funktion von u, v auch als Funktion von x und dem konjugierten Werte $\bar{x}$ aufgefaßt werden. Der Quotient $\frac{1}{\varphi}\frac{\partial^2\varphi}{\partial x^2}$ hat, wie eine einfache Rechnung zeigt, zufolge der Differentialgleichung (*) die Eigenschaft, von $\bar{x}$ unabhängig, also eine Funktion von x allein zu sein; wir setzen

$$\frac{1}{\varphi}\frac{\partial^2\varphi}{\partial x^2} = Q(x)$$

und bilden mit diesem $Q(x)$, das ja auch eine eindeutige Funktion von x ist, die Differentialgleichung

$$\frac{d^2y}{dx^2} = Q(x)\,y; \tag{**}$$

y_1, y_2 sei ein Fundamentalsystem, für das $y_1y_2' - y_1'y_2 = 1$ ist. Dann ist

---

[1]) L. Schlesinger, Archiv d. Math. u. Phys. (3), 1, 1901, S. 263.

$$\varphi = \gamma_1 y_1 + \gamma_2 y_2,$$

wo γ_1, γ_2 von x unabhängig sind, aber als Funktionen von $\bar{x}$ der Differentialgleichung

$$\frac{d^2\gamma}{d\bar{x}^2} = \overline{Q(x)}\gamma$$

genügen, da ja φ völlig symmetrisch von x und $\bar{x}$ abhängt. Wir haben also

$$\gamma_1 = \alpha_1\bar{y}_1 + \beta_1\bar{y}_2, \quad \gamma_2 = \alpha_2\bar{y}_1 + \beta_2\bar{y}_2,$$

wo die $\alpha_1, \beta_1, \alpha_2, \beta_2$ Konstanten, d. h. von x und $\bar{x}$ unabhängige Größen sind. Es ist folglich

$$\varphi = (\alpha_1\bar{y}_1 + \beta_1\bar{y}_2)y_1 + (\alpha_2\bar{y}_1 + \beta_2\bar{y}_2)y_2$$

und aus der Symmetrie von φ in bezug auf x und $\bar{x}$ folgt, daß α_1, β_2 reelle und β_1, α_2 konjugiert komplexe Größen sind. Durch geeignete Wahl der Lösungen y_1, y_2 kann man erreichen, daß φ die Form

$$\varphi = y_2\bar{y}_2 - c y_1\bar{y}_1, \quad c \text{ reell},$$

annimmt; die Differentialgleichung (**) hat also die Eigenschaft, daß die Transformationen, die der Integralquotient $\eta = \frac{y_2}{y_1}$ bei Umläufen von x erfährt, Verschiebungen einer absoluten Ebene ε sind. Zum Beweise des Fundamentalsatzes hat man demnach folgendes zu leisten [1]). Bei gegebenem Verzweigungsschema $(\sigma; g_1, \ldots, g_{\sigma+1})$ und gegebenen singulären Punkten $a_1, \ldots, a_\sigma$ muß die Existenz einer eindeutigen Lösung w der Differentialgleichung (*) nachgewiesen werden, die so beschaffen ist, daß die aus derselben gebildete Funktion $Q(x)$ die Form (23), (24) der Nr. 39 besitzt. Dann kann man nämlich sicher sein, daß die mit diesem $Q(x)$ gebildete Differentialgleichung (**) eine Fuchssche ist. Denn x als Funktion des Integralquotienten η ist zufolge der Form (23), (24) von $Q(x)$ in der Umgebung jeder einzelnen Stelle meromorph in η selbst oder in der entsprechenden kanonischen Veränderlichen, und der Existenzbereich dieser Funktion ist ein einfach zusammenhängender, nämlich der Bereich der η-Werte, die den endlichen Punkten der absoluten Ebene ε entsprechen; also ist x eine eindeutige Funktion von η.

Weitaus am einfachsten und folgenreichsten ist eine dritte Methode, die wir als Ausschöpfung der Überlagerungsfläche bezeichnen können; sie geht ebenfalls auf Poincaré zurück, der sie in noch viel allgemeinerer Form schon 1882 angegeben hat [2]). Wir wollen sie ausführlich entwickeln

[1]) Siehe E. Picard, Journal de Math. (4) 9, 1893, S. 273, Crelles Journal 130, 1905, S. 243; H. Poincaré, a. a. O.; vgl. L. Bieberbach, Math. Ann. 77. 1916, S. 173.

[2]) H. Poincaré, Bulletin de la Soc. Math. de France 11, 1883, S. 112.

und folgen bei unserer Darstellung dem ursprünglichen Gedankengang von Poincaré, unter Beschränkung auf das für uns in Betracht kommende Problem und mit Benutzung neuerer Forschungsergebnisse im einzelnen.

Es seien ein Verzweigungsschema $(\sigma; g_1, \ldots, g_{\sigma+1})$ und in der x-Ebene σ singuläre Stellen $a_1, \ldots, a_\sigma$ vorgegeben; wir denken uns mit diesen Daten über der x-Ebene eine Überlagerungsfläche T konstruiert. Dazu gehen wir von irgendeinem zu dem gegebenen Verzweigungsschema gehörigen Normalbereich $H^{(0)}$ aus und stellen das diesem entsprechende Polygonnetz in der B.-L.schen Ebene her. Bedeutet dann x eine Fuchssche Funktion ersten Grades, die zu dem Fundamentalbereich $H^{(0)}$ gehört, so erhalten wir als Abbildung des Polygonnetzes auf die x-Ebene eine Überlagerungsfläche S, die mit gewissen durch $H^{(0)}$ bestimmten singulären Stellen $c_1, \ldots, c_\sigma$ gebildet ist. Der topologische Bau von T stimmt mit dem von S überein, nur ist an Stelle der Punkte c_k das System der vorgeschriebenen Stellen a_k dem Aufbau zugrunde zu legen. Es handelt sich darum, zu zeigen, daß diese Überlagerungsfläche T homöometrisch auf eine B.-L.sche Ebene, d. h. also auf das Innere des Einheitskreises einer ξ-Ebene abgebildet werden kann und zwar so, daß die Veränderliche ξ abgesehen von einer linearen Transformation, die den Einheitskreis in sich überführt, d. h. also, abgesehen von einer Verschiebung der B.-L.schen Ebene in sich selbst, bestimmt ist. Daraus folgt dann von selbst, daß die verschiedenen Zweige der die Abbildung vermittelnden Funktion ξ durch Verschiebungen der B.-L.schen Ebene miteinander verknüpft sind. Wir liefern den Beweis für diese Tatsache in den folgenden drei Schritten.

1. Wir denken uns die Überlagerungsfläche T durch eine Folge von einfach zusammenhängenden Bereichen $T_1, T_2, \ldots$ ausgeschöpft; jeder dieser Bereiche soll aus einer endlichen Anzahl von Blättern bestehen und durch eine endliche Anzahl Jordanscher Kurvenstücke[1]) begrenzt sein, die z. B. als Bestandteile des Schnittsystems gewählt werden können, das zum Aufbau von T dient. Daß die Bereichfolge die Überlagerungsfläche „ausschöpft", bedeutet, daß sich für jeden inneren Punkt der Überlagerungsfläche eine ganze Zahl N so angeben läßt, daß dieser Punkt in allen Bereichen T_n enthalten ist, für die $n \geqq N$ ist. Jeder Bereich

[1]) Unter einem Jordanschen Kurvenbogen versteht man eine Punktmenge, die aus einem Kreisbogen durch gegenseitig eindeutige Abbildung mittels eines Paares stetiger Funktionen hervorgeht. Wir könnten uns zwar auf Bereiche beschränken, deren Begrenzung von analytischen Kurvenstücken gebildet wird, es würde aber dadurch keine erhebliche Vereinfachung in dem zu liefernden Beweise erzielt werden, und wir würden den Vorteil verlieren, der darin besteht, daß eine Jordankurve bei homöomorpher Beziehung wieder in eine Jordankurve übergeht.

T_n enthält also alle Bereiche, deren Index kleiner ist. Beispiele für besondere Arten der Ausschöpfung einer Überlagerungsfläche sollen später gegeben werden.

2. Ein über der x-Ebene ausgebreiteter, einfach zusammenhängender Bereich, der aus einer endlichen Anzahl von Blättern besteht und dessen Begrenzung von einer endlichen Anzahl Jordanscher Kurvenbogen gebildet wird, kann stets homöometrisch auf die Scheibe des Einheitskreises einer w-Ebene so abgebildet werden, daß einem beliebig vorgeschriebenen Punkte im Inneren des Bereiches ein beliebig vorgeschriebener Punkt im Innern, z. B. $w = 0$, und einem beliebig vorgeschriebenen Punkte der Begrenzung ein beliebig vorgeschriebener Punkt auf der Peripherie des Einheitskreises entspricht (Beweis des Riemannschen Abbildungssatzes).

Danach kann also jeder der Bereiche T_n homöometrisch auf die Scheibe des Einheitskreises, d. h. auf eine B.-L.sche Ebene abgebildet werden, und die abbildende Funktion ist bis auf eine Verschiebung der B.-L.schen Ebene in sich selbst bestimmt.

3. Bildet man die Folge der Funktionen, die im Sinne von 2. die Abbildungen der Bereiche $T_1, T_2, \ldots$ auf die B.-L.sche Ebene liefern, so streben diese, bei geeigneter Normierung, einer Grenzfunktion zu, die die Überlagerungsfläche T homöometrisch auf eine B.-L.sche Ebene abbildet.

Indem wir uns der Ausführung des so skizzierten Verfahrens zuwenden, beginnen wir mit dem Beweise der Behauptung 2., den wir wieder in einer Reihe von Etappen erledigen.

45. Der Abbildungssatz für schlichte, einfach zusammenhängende Gebiete.

Wir beweisen zunächst den folgenden speziellen Fall des allgemeinen Abbildungssatzes:

Jeder schlichte, einfachzusammenhängende Bereich B mit mehr als einem Randpunkt kann homöometrisch auf das Innere des Einheitskreises abgebildet werden, und zwar so, daß einem beliebig vorgeschriebenen inneren Punkte x_0 von B der Nullpunkt entspricht und daß die Derivierte der abbildenden Funktion in x_0 einen reellen Wert hat [1]).

[1]) Die Voraussetzung, daß mehr als ein Randpunkt vorhanden sei, liegt in der Natur der Sache, denn hätte der Bereich nur einen Randpunkt, so könnte dieser durch eine projektive Transformation nach dem Unendlichen verlegt werden; die so entstehende punktierte Ebene kann aber nicht homöometrisch auf den Einheitskreis abgebildet werden, da die abbildende Funktion in jedem noch so großen Bereich der punktierten Ebene holomorph und gleichmäßig beschränkt und folglich

Wir beginnen damit, unseren Bereich auf einen ganz im Endlichen gelegenen Bereich abzubilden, so daß der Punkt x_0 in den Nullpunkt übergeht und daß die Derivierte der abbildenden Funktion in x_0 reell ist [1]). Ist B schon selbst ein endlicher Bereich, d. h. ist der unendlichferne Punkt weder innerer Punkt noch Randpunkt von B, so wird das Gewünschte durch die Parallelverschiebung $x' = x - x_0$ geleistet. Ist B nicht endlich, gibt es aber einen Punkt $x = a$, der mitsamt einer gewissen Umgebung außerhalb B liegt, so führt die Transformation $x' = \frac{1}{x-a}$ im wesentlichen auf den vorigen Fall, so daß eine Parallelverschiebung und nötigenfalls noch eine Drehung zum Ziele führen. Trifft auch diese Annahme nicht zu, so seien a, b zwei Randpunkte von B. Wir verbinden a mit b durch einen Schnitt und bauen über der x-Ebene eine zweiblättrige Riemannsche Fläche mit den Verzweigungspunkten a, b auf (vgl. Nr. 2); der Bereich B läßt sich dann ganz in einem Blatte dieser Riemannschen Fläche unterbringen. Durch die Funktion

$$x' = \sqrt{\frac{x-a}{x-b}}$$

wird unsere Riemannsche Fläche mit dem darin eingelagerten Bereich B auf die schlichte x'-Ebene abgebildet; dabei geht B in einen Bereich B' über, der sicher einen Teil der x'-Ebene unbedeckt läßt. Damit sind wir auf den vorigen Fall zurückgeführt.

Wir können also von vornherein annehmen, daß wir es mit einem schlichten, einfachzusammenhängenden, endlichen Bereich B zu tun haben, der den Nullpunkt im Innern enthält, und wollen jetzt zeigen, daß dieser homöometrisch auf das Innere eines Kreises abgebildet werden kann, der um den Nullpunkt als Mittelpunkt mit dem endlichen Halbmesser ϱ beschrieben ist, und zwar so, daß die abbildende Funktion im Nullpunkt verschwindet und daß ihre Derivierte daselbst den Wert 1 hat. Da der Kreis mit dem Halbmesser ϱ durch eine Ähnlichkeitstransformation in den Einheitskreis übergeführt werden kann, so wird damit auch die am

---

nach dem Liouvilleschen Satze eine Konstante sein müßte. Wir bemerken noch, daß es sich in dieser Nummer ausschließlich um die Abbildung des offenen, d. h. aus lauter inneren Punkten bestehenden Bereiches B handelt. Von der Randabbildung abgeschlossener Bereiche wird in der nächsten Nummer die Rede sein.

[1]) Siehe P. Koebe, Crelles Journal 145, 1915, S. 182. Wir zitieren hier nur diejenigen Schriften, an die sich unsere Darstellung unmittelbar anschließt; für die umfangreiche Literatur über den hier behandelten Gegenstand vergleiche man die einschlägigen Angaben in der Enzyklopädie der math. Wissenschaften Bd. II, 3. Teil, 1. Hälfte, II C 3 (Lichtenstein) und II C 4 (Bieberbach).

Anfang dieser Nummer aufgestellte Behauptung bewiesen sein. Eine einfache Bemerkung möge vorausgeschickt werden[1]).

Ist B ein schlichter, einfachzusammenhängender und endlicher Bereich, der den Nullpunkt als inneren Punkt enthält, so sei r_1 der größte, r_2 der kleinste Abstand seines Randes vom Nullpunkte. Wenn dann $r_1 > r_2$, also $r_1 \neq r_2$ ist, so kann B durch eine elementar herzustellende Funktion $g(x)$ mit $g(0) = 0, g'(0) = 1$ homöometrisch auf einen ebenso beschaffenen Bereich B' abgebildet werden, für den der größte Abstand r_1' eines Randpunktes vom Nullpunkt kleiner ist als r_1.

Um dies einzusehen, beachten wir, daß B ganz im Inneren des Kreises K mit dem Halbmesser r_1 und dem Mittelpunkte 0 gelegen ist und daß wir durch eine Drehung um den Nullpunkt stets erreichen können, daß der Punkt r_2 der positiven reellen x-Achse auf dem Rande von B liegt. Wir nehmen dann [2]) den Punkt r_2 und sein Spiegelbild $\frac{r_1^2}{r_2}$ in bezug auf den Kreis K als Verzweigungspunkte einer zweiblättrigen Riemannschen Fläche und schneiden aus dieser das über K liegende zweiblättrige und einfachzusammenhängende Stück B^* aus, das sicher den Bereich B ganz im Innern enthält. Setzt man

$$\frac{\frac{x'}{a} - \sqrt{\frac{r_2}{r_1}}}{\frac{x'}{a} - \sqrt{\frac{r_1}{r_2}}} = \sqrt{\frac{x - r_2}{x - \frac{r_1^2}{r_2}}}, \quad a = \frac{2r_1}{\sqrt{\frac{r_2}{r_1}} + \sqrt{\frac{r_1}{r_2}}},$$

so wird B^* homöometrisch auf das Innere des Kreises K' mit dem Mittelpunkte 0 und dem Halbmesser a der x'-Ebene abgebildet und es entspricht bei geeigneter Wahl der Vorzeichen in den auftretenden Quadratwurzeln dem in B gelegenen Punkte $x = 0$ der Punkt $x' = 0$, während für diesen Punkt $\frac{dx'}{dx} = 1$ ist. Diese Abbildung führt also B in einen im Innern des Kreises K' enthaltenen Bereich über, dessen größter Randabstand vom Nullpunkte somit nicht größer als a ist, und da für $r_1 \neq r_2, a < r_1$ ist, so sind wir am Ziel.

Die vorstehende Bemerkung legt es nahe zu vermuten, daß unter allen Bereichen von der für B vorausgesetzten Beschaffenheit der Kreis mit dem Mittelpunkt 0 und dem Halbmesser ϱ dadurch charakterisiert ist, daß für jede Funktion $F(x)$, die ihn homöometrisch auf einen schlichten Bereich B mit $F(0) = 0, F'(0) = 1$ abbildet, das Maximum des ab-

---

[1]) Diese Bemerkung rührt von H. Fuhr her.

[2]) Vgl. P. Koebe, a. a. O. und E. Lindelöf, Compte Rendu du 4. congr. des Mathématiciens Scandinaves, Uppsala (1920), S. 64.

soluten Betrages von $F(x)$ [1]) nicht kleiner ist als ϱ. In der Tat gilt der folgende Satz [2]):

Unter allen Funktionen, die den Bereich B konform abbilden, im Nullpunkt verschwinden und daselbst die Derivierte Eins haben, hat diejenige, die die homöometrische Abbildung auf einen Kreis mit dem Mittelpunkte 0 leistet, das kleinste Maximum des absoluten Betrages.

Der Beweis ist äußerst kurz. Es sei $f(x)$ die den Bereich B auf den Kreis mit dem Halbmesser ϱ und dem Mittelpunkt 0 homöometrisch abbildende und $\varphi(x)$ eine B auf irgendeinen andern Bereich konform abbildende Funktion; für $x = 0$ gilt

$$f(0) = 0, \quad f'(0) = 1, \quad \varphi(0) = 0, \quad \varphi'(0) = 1$$

und innerhalb B sind $f(x)$, $\varphi(x)$ holomorph. Da $f(x)$ in B keine andere Nullstelle hat als $x = 0$, so ist $\varphi(x)/f(x)$ in B holomorph und nimmt für $x = 0$ den Wert 1 an. Nun kann nach einem bekannten Satze (vgl. Nr. 23) $\left|\frac{\varphi(x)}{f(x)}\right|$ im Innern von B sein Maximum nicht erreichen; es ist also, da $\left|\frac{\varphi(x)}{f(x)}\right|$ keine Konstante ist, jedenfalls

$$\operatorname{mod}\max \frac{\varphi(x)}{f(x)} > 1.$$

Andererseits ist, wenn $x_1, x_2, \ldots$ eine unendliche Punktfolge von B bedeutet, die innerhalb B keine Häufungsstelle hat, stets $\lim\limits_{n\to\infty} |f(x_n)| = \varrho$, und wenn wir diese Punktfolge so wählen, daß

$$\lim_{n\to\infty} |\varphi(x_n)| = \operatorname{mod}\max \varphi(x)$$

ist, so erhalten wir

$$\frac{\operatorname{mod}\max \varphi(x)}{\varrho} = \lim_{n\to\infty} \left|\frac{\varphi(x_n)}{f(x_n)}\right| = \operatorname{mod}\max \frac{\varphi(x)}{f(x)} > 1,$$

also $\operatorname{mod}\max \varphi(x) > \varrho$, w. z. b. w.

Um nunmehr den Beweis des zu Anfang dieser Nummer ausgesprochenen Abbildungssatzes zu liefern, zeigen wir, daß eine solche Abbildungs-

[1]) Sofern es sich um offene Bereiche handelt, ist dem Ausdruck „Maximum" des absoluten Betrages einer in diesem Bereich holomorphen Funktion $F(x)$ die Bedeutung als obere Schranke der Werte beizulegen, die $|F(x)|$ in dem aus lauter innern Punkten bestehenden Bereiche annimmt. Wir bezeichnen diese obere Schranke im folgenden kurz als $\operatorname{mod}\max F(x)$.

[2]) Dieser Satz und der Gedankengang des nachfolgenden Beweises für den Abbildungssatz dieser Nummer rühren von L. Fejér und F. Riesz her; dem Verfasser wurde beides im September 1922 durch L. Fejér mündlich mitgeteilt. Vgl. T. Radó, Acta Univ. Franc. Ios. I, Szegedin 1923, S. 240.

funktion mit dem Minimum des mod max existiert. — Wir fassen die Menge der Funktionen $\varphi(x)$ ins Auge, die den Bereich B auf schlichte Bereiche abbilden; daß es solche Funktionen gibt, ist einleuchtend, da ja z. B. x selbst eine solche ist. Die mod max $\varphi(x)$ sind sicher in B nach untenhin beschränkt, denn da der Bereich B den Nullpunkt als inneren Punkt enthält, ist sein kleinster Randabstand r_2 vom Punkte 0 jedenfalls positiv und der Kreis mit dem Mittelpunkt 0 und dem Halbmesser r_2 wird durch alle unsere Funktionen $\varphi(x)$ schlicht abgebildet. Nach dem vorhin Bewiesenen ist also mod max $\varphi(x) \geqq r_2 > 0$. Es sei ϱ die untere Schranke der mod max $\varphi(x)$, dann kann man aus der Menge der Funktionen $\varphi(x)$ jedenfalls eine Folge

$$(3) \qquad \varphi_1(x),\ \varphi_2(x), \dots .$$

so auswählen, daß die mod max $\varphi_n(x)$ eine Zahlenfolge mit dem Grenzwert ϱ bilden. Diese Funktionen $\varphi_n(x)$ sind in B holomorph und gleichmäßig beschränkt; nach dem Satze von Vitali-Montel[1]) kann man daher aus ihnen eine Folge $\varphi_{n_1}(x), \varphi_{n_2}(x), \dots$. auswählen, die in jedem ganz innerhalb von B gelegenen Bereiche gleichmäßig konvergiert. Die Grenzfunktion

$$f(x) = \lim_{\lambda \to \infty} \varphi_{n_\lambda}(x)$$

ist nach Weierstraß innerhalb B holomorph und hat wie alle $\varphi(x)$ für $x = 0$ den Wert 0 und die Derivierte 1, ferner ist

$$(4) \qquad \text{mod max}\, f(x) \leqq \lim_{\lambda \to \infty} \text{mod max}\, \varphi_{n_\lambda}(x) = \varrho,$$

endlich bildet sie den Bereich B schlicht ab, d. h. sie kann nicht für zwei verschiedene im Innern von B gelegene Punkte x_1 und x_2 einen und denselben Wert annehmen. Das letztere folgt so[2]): wäre $f(x_1) = f(x_2) = a$, so könnte man, sofern $f(x)$ nicht konstant ist, einen inneren Teilbereich B' von B angeben, der x_1 und x_2 enthält und auf dessen Begrenzung β $f(x) \neq a$, also $|f(x) - a| > 2m$ wäre, wo m eine von 0 verschiedene Größe bedeutet. Andererseits würde zufolge der gleichmäßigen Konvergenz der Folge $\varphi_{n_\lambda}(x)$ in B' für hinreichend große Werte von λ

$$|\varphi_{n_\lambda}(x) - f(x)| < m$$

[1]) Dieser Satz (siehe P. Montel, Leçons sur les séries de polynomes, Coll. Borel, 1910, S. 21 und Note sur la représ. conf. in Goursat, Cours d'Analyse, III, 3. éd., 1923, S. 661 ff.) besagt, daß aus einer Folge von Funktionen, die in einem Bereiche holomorph und gleichmäßig beschränkt sind, stets eine im Innern gleichmäßig konvergierende Teilfolge ausgesondert werden kann; er ist eine unmittelbare Folge des Vitalischen Doppelreihensatzes, den man auch in L. Bieberbachs Funktionentheorie I (1921), S. 165 findet.

[2]) Vgl. für diese Schlußweise Fubini, a. a. O., S. 387.

sein. Nun ist aber

$$\frac{\varphi_{n\lambda}(x) - a}{f(x) - a} = 1 + \frac{\varphi_{n\lambda}(x) - f(x)}{f(x) - a} \tag{5}$$

und auf β

$$2|\varphi_{n_\lambda}(x) - f(x)| < 2m < |f(x) - a|,$$

demnach

$$\left|\frac{\varphi_{n\lambda}(x) - f(x)}{f(x) - a}\right| < \frac{1}{2},$$

es entspräche also wegen (5) der Begrenzung β von B' in der Ebene der komplexen Veränderlichen $t = \frac{\varphi_{n\lambda}(x) - a}{f(x) - a}$ eine geschlossene Kurve, die ganz innerhalb des Kreises $|t - 1| \leqq \frac{1}{2}$ liegt, also den Punkt $t = 0$ nicht enthält. Es muß folglich die Funktion t von x in B' ebensooft verschwinden wie unendlich werden, d. h. auch $\varphi_{n_\lambda}(x)$ würde den Wert a in B' zweimal annehmen, was wider die Voraussetzungen ist.

Unsere Grenzfunktion $f(x)$ bildet also das Innere des Bereichs B homöometrisch auf das Innere eines schlichten Bereiches Γ ab, der wegen (4) sicher in dem Kreise K_ϱ mit dem Mittelpunkte 0 und dem Halbmesser ϱ enthalten ist. Wir zeigen nun noch, daß Γ diesen Kreis ganz ausfüllt. Das ergibt sich ganz unmittelbar aus der obigen Bemerkung (S. 149). Wäre nämlich Γ mit K_ϱ nicht identisch, so könnte man Γ und demnach auch B homöometrisch auf einen schlichten Bereich Γ' abbilden, dessen größte Randentfernung vom Nullpunkt kleiner als ϱ wäre; dies widerspricht aber der Definition von ϱ.

Damit ist der Abbildungssatz dieser Nummer bewiesen, und wir zeigen nur noch der Vollständigkeit wegen, daß die Folge (3) selbst in jedem im Innern von B enthaltenen Bereich gleichmäßig gegen $f(x)$ konvergiert. Bliebe nämlich nach Aussonderung der Folge $\varphi_{n_\lambda}(x)$ noch eine unendliche Folge der φ_n übrig, so könnte nach dem Vitali-Montelschen Satze aus dieser wieder eine gleichmäßig konvergente Folge ausgesondert werden, deren Grenzfunktion $F(x)$ wieder die homöometrische Abbildung von B auf den Kreis K_ϱ leisten würde. Dann folgt aber aus dem Satze der Nr. 23, daß F eine linear gebrochene Funktion von f sein muß, und das Verhalten beider Funktionen im Punkte $x = 0$ lehrt weiter, daß F mit f identisch ist. Würde nun die Folge (3) nicht für jeden inneren Teilbereich von B gleichmäßig gegen $f(x)$ konvergieren, so wären nach Vorschrift eines beliebig kleinen ε und eines Teilbereichs von B noch unendlich viele Funktionen der Folge (3) vorhanden, für die in Punkten dieses Teilbereichs

$$|f(x) - \varphi_n(x)| > \varepsilon$$

wäre. Aus diesen unendlich vielen $\varphi_n(x)$ könnte dann aber im Widerspruch mit dem vorhin festgestellten keine gleichmäßig konvergente Teilfolge ausgewählt werden.

---

46. Die Ränderzuordnung bei Jordanscher Begrenzungskurve.

Wir fragen nunmehr, wie bei der durch die Funktion $f(x)$ vermittelten Abbildung die Randpunkte von B den Randpunkten des Kreises K_ϱ zugeordnet werden. Dabei beschränken wir uns auf solche Bereiche B, die von einer Jordankurve begrenzt sind, d. h. der Rand von B soll sich gegenseitig eindeutig und stetig auf die Peripherie des Einheitskreises abbilden lassen. Die Umkehrung der Funktion $X = f(x)$, die wir mit $x = \varphi(X)$ bezeichnen, bildet also das Innere des Kreises K_ϱ homöometrisch auf das Innere von B ab. Dem Kreise K_ε um den Nullpunkt mit dem Halbmesser $\varrho - \varepsilon$ entspricht bei dieser Abbildung nach dem Vorhergehenden eine ganz im Inneren von B liegende geschlossene analytische Kurve, die sich nirgends überschneidet und deren kleinste Entfernung δ_ε vom Rande von B von Null verschieden ist. Wenn $\varepsilon' < \varepsilon$, dann ist sicher $\delta_{\varepsilon'} < \delta_\varepsilon$, denn wegen der gegenseitigen Eindeutigkeit der Abbildung umschließt die dem Kreise $K_{\varepsilon'}$ entsprechende Kurve die K_ε entsprechende Kurve, ohne sie zu überschneiden oder zu berühren. Umgekehrt wird auf jeder im Inneren von B verlaufenden Kurve, deren sämtliche Punkte um weniger als δ vom Rande von B entfernt sind,

$$\varrho > |f(x)| > \varrho - \varepsilon$$

gelten, wenn $\delta < \delta_\varepsilon$ ist, d. h. die einer solchen Kurve vermöge unserer Abbildung zugeordnete Kurve nähert sich mit $\delta \to 0$ gleichmäßig der Peripherie des Kreises K_ϱ.

Wir wollen nun beweisen, daß jedem Punkte der Randkurve von B ein und nur ein Punkt der Peripherie des Kreises K_ϱ entspricht und umgekehrt[1]). Es sei P ein Punkt auf dem Rande von B; wir ziehen von ihm aus nach dem Nullpunkt eine ganz im Innern von B verlaufende stetige, sich selbst nicht überschneidende Linie L und schlagen dann um P einen Kreis $k(r)$ mit dem Halbmesser r, der kleiner ist als die Entfernung des Punktes P vom Nullpunkt. Dieser Kreis trifft den Rand von B in zwei oder mehr Punkten; die Peripherie von $k(r)$ zerfällt dadurch in eine gewisse Anzahl von Stücken, die teils das Innere von B durchsetzen, teils außerhalb von B verlaufen oder Stücke des Randes von B bilden. Die ersteren beginnen in einem Randpunkte von B, durchsetzen das Innere und enden wieder in einem Randpunkt dieses Bereichs, sie sind

[1]) Vgl. für das Folgende: G. Faber, Münchener Berichte, 1922, S. 91 ff. besonders § 2.

also Querschnitte von B. Wir greifen unter ihnen denjenigen heraus, auf den wir beim Durchlaufen von L von P nach dem Nullpunkte hin zuerst treffen, und nennen ihn $q(r)$. Durch $q(r)$ zerfällt B in zwei einfach-zusammenhängende Bereiche, von denen der eine $t(r)$ den Punkt P zum Randpunkte hat, während der andere den Nullpunkt im Innern enthält. Ist $r' < r$, dann ist $t(r')$ ein Teilbereich von $t(r)$. Wir bezeichnen den Bereich, der aus $t(r)$ durch Weglassen der Punkte von $t(r')$ entsteht, mit $t(r, r')$. In der X-Ebene seien $Q(r)$, $T(r)$, $T(r, r')$ die Bilder von $q(r)$, $t(r)$, $t(r, r')$. Es ist klar, daß für $r' < r$ auch $T(r')$ ein Teilbereich von $T(r)$ ist, und daß $T(r, r')$ gerade der Bereich ist, der zu $T(r')$ hinzugefügt werden muß, um $T(r)$ zu erhalten; gehört nämlich der Punkt A dem Bereich $T(r')$ an, so gehört er sicher auch dem Bereiche $T(r)$ an, falls $r > r'$ ist, auch wenn A ein Randpunkt von $T(r')$ sein sollte. Es kommt nun alles darauf an, zu zeigen, daß sich auch $T(r)$ mit gegen Null abnehmendem r auf einen einzigen Punkt zusammenzieht.

Wir führen diesen Beweis indirekt, d. h. wir nehmen an, es gäbe wenigstens zwei Punkte $\mathfrak{A}$ und $\mathfrak{B}$ auf der Kreisperipherie, die Randpunkte aller Bereiche $T(r)$ für jedes beliebig kleine r wären. Der innerhalb von K_ϱ verlaufende Teil der Begrenzung des Bereiches $T(r)$ ist nichts anderes als $Q(r)$ und die vom Nullpunkte aus auf die Peripherie des Kreises K_ϱ entworfene Projektion von $Q(r)$ bedeckt für jedes r mindestens einen der beiden von $\mathfrak{A}$ und $\mathfrak{B}$ begrenzten Kreisbogen vollständig, da ja die Abbildung des Bereiches $t(r)$ auf $T(r)$ für alle inneren Punkte von K_ϱ homöomorph ist. Werden für alle r diese beiden Bogen bedeckt, so wählen wir einen bestimmten von ihnen aus. Wird für ein r_0 nur einer der beiden Bogen bedeckt, so wird wegen der Stetigkeit derselbe Bogen auch für jedes $r < r_0$ bedeckt und dann der weiteren Betrachtung zugrunde gelegt. Es seien $\mathfrak{A}'$, $\mathfrak{B}'$ innere und voneinander verschiedene Punkte dieses Kreisbogens. Ziehen wir dann (vgl. Fig. 43) in der X-Ebene die vom Nullpunkte nach $\mathfrak{A}'$ und $\mathfrak{B}'$ führenden Fahrstrahlen, so trifft jedes $Q(r)$ jeden dieser beiden Strahlen. Wir fassen nun diejenigen beiden Schnittpunkte $P_1(r)$, $P_2(r)$ ins Auge, die man beim Durchlaufen jener Fahrstrahlen vom Nullpunkte nach $\mathfrak{A}'$ bzw. $\mathfrak{B}'$ hin zuerst antrifft. Lassen wir r bis zu einem Werte $r' > 0$ stetig abnehmen, so überstreicht das von diesen beiden Schnittpunkten begrenzte Stück $\overline{Q}(r)$ von $Q(r)$ einen einfach-zusammenhängenden Bereich $\overline{T}(r, r')$, der einen Teilbereich von $T(r, r')$

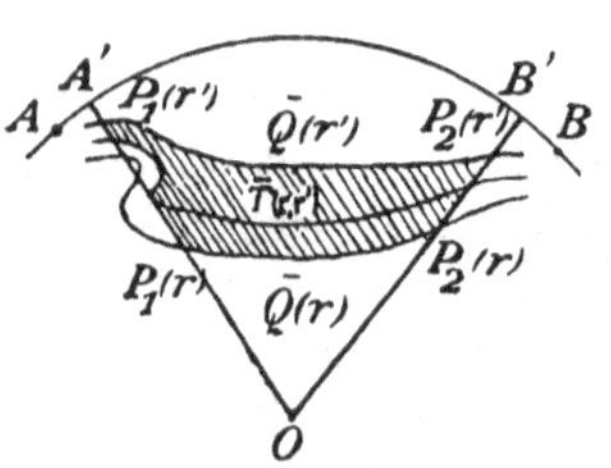

Fig. 43.

bildet und samt seinem Rande ganz im Inneren von K_ϱ liegt. Der entsprechende Bereich $\bar{t}(r, r')$ der x-Ebene liegt also samt seinem Rande ganz im Inneren von B und bildet einen Teilbereich von $t(r, r')$. Den Kurvenstücken $\overline{Q}(r)$ entsprechen hierbei Stücke von Kreisbogen $\bar{q}(r)$. Wir wählen von nun ab r stets kleiner als $\delta_{\frac{\varrho}{2}}$, wodurch bewirkt wird, daß alle $\overline{Q}(r)$ eine Bogenlänge haben, die größer als eine Zahl l ist, die selbst kleiner ist als die halbe Sehne $A'B'$ [1]).

Wir betrachten nun den Bereich $\bar{t}\left(r, \frac{r}{2}\right)$ und zerlegen ihn mittels der Querschnitte $q(r_1), q(r_2), \ldots, q(r_{n+1})$, wo

$$r_1 = r, \quad r_{k+1} = r\left(1 - \frac{k}{2n}\right), \quad (k = 1, 2, \ldots, n),$$

ist, und Stücken von Radien dieser Querschnitte in quadratartige Teilbereiche, die sämtlich den Inhalt δ^2 haben sollen, wobei $\delta = \frac{r}{2n}$ ist. Die über den Rand von $\bar{t}\left(r, \frac{r}{2}\right)$ hinausreichenden dieser Bereiche lassen wir weg, betrachten also nur diejenigen, die ganz im Innern von $\bar{t}\left(r, \frac{r}{2}\right)$ Platz finden. Die Anzahl derjenigen von ihnen, die zwischen $q(r_i)$ und $q(r_{i+1})$ (für $i = 1, 2, \ldots, n$) liegen, sei m_i; für hinreichend großes n ist dann jedes m_i mindestens gleich Eins. Die auf $q(r_i)$ liegenden Ecken jener m_i Teilbereiche bezeichnen wir mit $z_{ik} (k = 1, 2, \ldots, m_i; i = 1, 2, \ldots, n)$. Da $\bar{t}\left(r, \frac{r}{2}\right)$ ein innerer Teilbereich von B ist, wird $f'(x)$ daselbst beschränkt sein. Indem wir n hinreichend groß nehmen, können wir erreichen, daß $f'(z_{ik})$ von den Werten, die $f'(x)$ in den Punkten des entsprechenden quadratartigen Teilbereichs annimmt, um beliebig wenig abweicht, und damit auch, daß die Summe

$$\sum_{i=1}^{n} \sum_{k=1}^{m_i} |f'(z_{ik})|^2 \delta^2$$

von dem Flächeninhalt von $\overline{T}\left(r, \frac{r}{2}\right)$ und die Summen

$$s_i = \sum_{k=1}^{m_i} |f'(z_{ik})| \, \delta$$

von den Bogenlängen der Kurven $\overline{Q}(r_i)$ um weniger verschieden sind, als eine beliebig klein vorgeschriebene Größe. Dann würden also für

---

[1]) Die Ausführungen dieses Absatzes rühren von H. Fuhr her.

hinreichend großes n die Summen s_i $(i = 1, 2, \ldots, n)$ größer als l sein. Führen wir noch die Summen

$$S_i = \sum_{k=1}^{m_i} |f'(z_{ik})|^2 \delta^2$$

ein, so können wir, da für beliebige positive Zahlen $u_1, \ldots, u_m$ die Ungleichung

$$u_1^2 + u_2^2 + \cdots + u_m^2 \geqq \frac{1}{m}(u_1 + u_2 + \cdots + u_m)^2$$

gilt, schließen, daß $S_i \geqq \frac{s_i^2}{m_i}$, also $S_i > \frac{l^2}{m_i}$ ist. Nun gilt aber

$$m_i \delta < 2\pi r_i \leqq 2\pi r = 4\pi n \delta,$$

also $\frac{1}{m_i} > \frac{1}{4\pi n}$ und folglich $S_i > \frac{l^2}{4\pi n}$. Der Inhalt von $\overline{T}\left(r, \frac{r}{2}\right)$ und demnach erst recht der von $T\left(r, \frac{r}{2}\right)$ wäre also größer als $\frac{l^2}{4\pi}$, und dieselbe Betrachtung ließe sich für die Bereiche $T\left(\frac{r}{2}, \frac{r}{4}\right), T\left(\frac{r}{4}, \frac{r}{8}\right), \ldots$ durchführen. Der Inhalt des Bereiches $T(r)$, der doch ganz im Innern des Kreises $|X| \leqq \varrho$ enthalten ist, wäre also unendlich groß, was unmöglich ist. Damit ist gezeigt, daß jedem Punkte der Begrenzung von B ein und nur ein Punkt der Kreisperipherie K_ϱ entspricht.

Läßt man die Bereiche B und K_ϱ ihre Rollen vertauschen, so folgt ebenso, daß auch jedem Punkte der Kreisperipherie ein und nur ein Punkt der Begrenzung von B entspricht, und aus der Beweisführung geht hervor, daß diese Zuordnung auch stetig ist. Wir können also feststellen, daß, bei unserer durch die Funktion $X = f(x)$ vermittelten Abbildung, der Begrenzung von B gegenseitig eindeutig und stetig die Peripherie des Kreises K_ϱ entspricht.

---

47. Analytische Randstücke. Randpunkte mit Tangenten. Verhalten an Ecken.

Wir nehmen nunmehr an, der Rand unseres Bereiches B enthalte ein analytisches Kurvenstück ohne Doppelpunkt, das durch die Gleichungen

$$\xi = g(t), \quad \eta = h(t), \quad a \leqq t \leqq b, \quad x = \xi + i\eta$$

dargestellt wird, wo g, h in dem angegebenen Intervall reelle analytische, d. h. nach dem Taylorschen Satz entwickelbare Funktionen des reellen Parameters t sein mögen, für die $g'^2 + h'^2 \neq 0$ ist. Setzt man dann

$$x = g(t) + i\,h(t) = \psi(t),$$

so ist in dem Intervall a, b der reellen t-Achse und in einer gewissen Umgebung davon $\psi(t)$ eine monogene Funktion der komplexen Veränderlichen t, für die $\psi'(t) \neq 0$ ist. Betrachten wir also einen inneren Punkt p dieses Intervalls, so wird ein hinreichend kleiner Kreis mit dem Mittelpunkt p durch die Funktion $x = \psi(t)$ auf die Umgebung eines

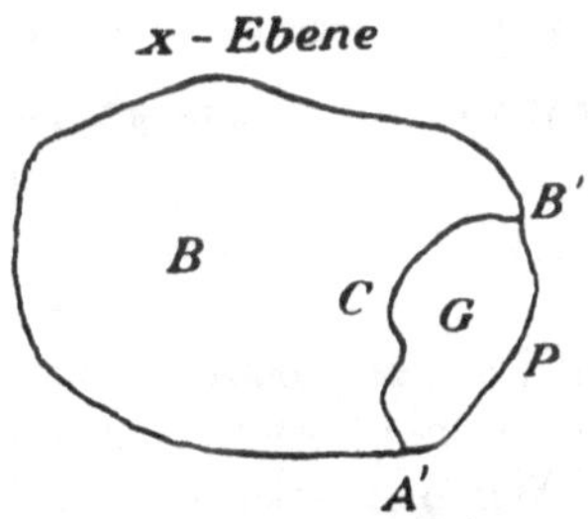

Fig. 44a.

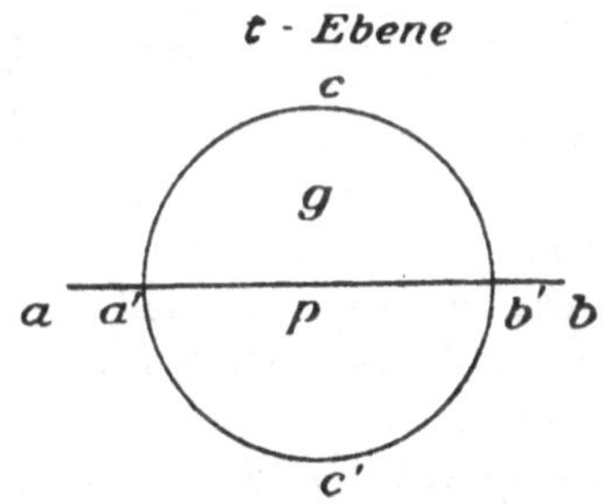

Fig. 44b.

inneren Punktes P des analytischen Randstückes von B homöometrisch so abgebildet, daß dem Punkte p der Punkt P und dem Stück $a'pb'$ der reellen t-Achse (siehe Fig. 44) das Stück $A'PB'$ der Begrenzung von B, dem von $(a'pb'ca')$ begrenzten Halbkreis g der t-Ebene der von $(A'PB'CA')$ begrenzte Teilbereich G von B entspricht. Die Funktion $X = f(x)$, die B auf den Kreis K_ϱ abbildet, wird den Teilbereich G so auf einen Teilbereich Γ von K_ϱ abbilden, daß dem Randstück $A'PB'$ der Kreisbogen $\alpha\Pi\beta$ entspricht. Also entspricht vermöge der Funktion $X = f(\psi(t)) = F(t)$, die innerhalb des Halbkreises g holomorph ist, dem Stück $a'pb'$ der reellen t-Achse der Kreisbogen $\alpha\Pi\beta$. Nach dem Spiegelungsprinzip der Nr. 40 kann folglich $F(t)$ über $a'pb'$ hinweg in das Innere des Halbkreises $a'c'b'a'$ analytisch fortgesetzt werden, $F(t)$ ist also insbesondere im Punkte p holomorph. Für die Abbildungsfunktion $f(x)$ selbst gilt demnach, daß sie noch in jedem inneren Punkte eines analytischen Randkurvenstücks holomorph und über dieses Randstück hinweg analytisch fortsetzbar ist; die durch diese Funktion vermittelte Abbildung ist also in den inneren Punkten eines solchen Randstücks homöometrisch.

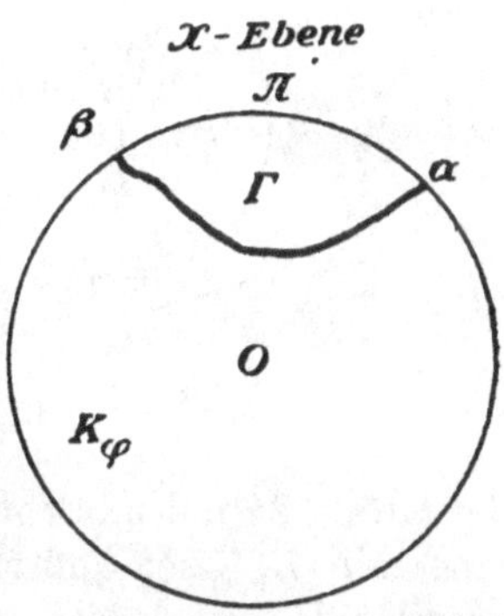

Fig. 44c.

Wir machen jetzt die allgemeinere Voraussetzung, daß der Rand von B eine Jordankurve sei, die in dem Punkte P, dem der Wert $x = a$

zugehört, eine bestimmte Tangente hat[1]). Die Funktion

$$F(x) = \frac{f(x) - f(a)}{x - a} \tag{6}$$

ist innerhalb B holomorph und von Null verschieden, auf dem Rande von B ist sie stetig, ausgenommen vielleicht den Punkt P. Es wird also

$$\arg F(x) = v - u, \quad v = \arg\,(f(x) - f(a)), \quad u = \arg\,(x - a)$$

innerhalb von B eine reguläre Potentialfunktion der beiden Koordinaten ξ, η von x sein[2]), die auch noch auf dem Rande von B, den Punkt P allenfalls ausgenommen, stetig ist. In bezug auf die beiden Bestandteile v und u ist zunächst klar, daß v innerhalb B beschränkt ist und daß die verschiedenen Werte, deren v in B fähig ist, sich höchstens um π voneinander unterscheiden können; aber man kann leicht einsehen, daß auch u im Innern von B beschränkt ist. Wir denken uns nämlich die in P an die Randkurve von B gelegte Tangente zwischen zwei durch P hindurchgehende Geraden g, g' eingeschlossen, die mit dieser Tangente einen Winkel ε von vorgeschriebener Kleinheit einschließen (Fig. 45). Dann kann man um P als Mittelpunkt einen Kreis $k(r)$ mit so kleinem Halbmesser r legen, daß alle Randpunkte von B, die innerhalb oder auf der Peripherie von $k(r)$ liegen, in den von g, g' begrenzten Winkelraum von der Größe 2ε fallen.

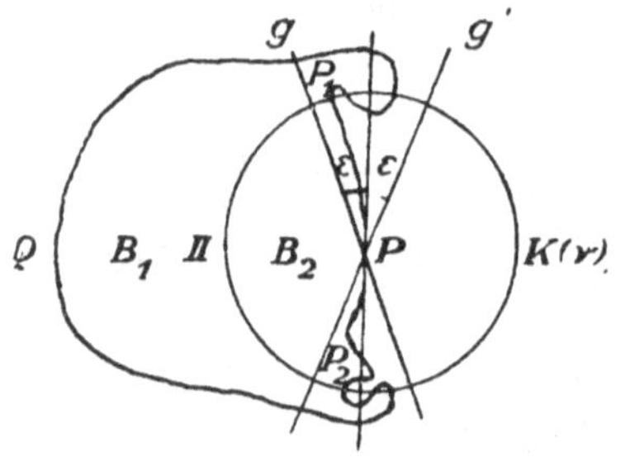

Fig. 45.

Von einem Punkte Π der Kreisperipherie $k(r)$, der innerhalb B, aber außerhalb des gedachten Winkelraumes (g, g') liegt, ausgehend, durchlaufen wir nun die Peripherie $k(r)$ einmal im positiven und das andere Mal im negativen Sinne und nennen die beiden Randpunkte von B, die wir dabei zuerst treffen, P_2, P_1. Der Kreisbogen $P_1 \Pi P_2$ ist dann ein Querschnitt von B, der B in die beiden Teilbereiche B_1, B_2 und den Rand von B in die beiden Stücke P_1QP_2 und P_1PP_2 zerlegt. Auf dem abgeschlossenen Jordanbogen P_1QP_2 ist u stetig und beschränkt, ferner unterscheiden sich die Werte von u auf dem Bogen P_1P von seinem

[1]) Vgl. für das Folgende: E. Lindelöf, Compte rendu du 4. congrès des Mathématiciens Scandinaves, Uppsala, 1920, S. 85—87; einige bei Lindelöf nur angedeutete Schlüsse haben H. Fuhr und A. Pleßner ausgeführt.

[2]) d. h. sie befriedigt die Differentialgleichung $\frac{\partial^2 w}{\partial \xi^2} + \frac{\partial^2 w}{\partial \eta^2} = 0$.

Werte in P_1, und ebenso die Werte von u auf dem Bogen P_2P von seinem Werte in P_2 um weniger als 2ε. Also ist u auf dem ganzen Rande von B und folglich auch im Innern von B beschränkt.

Durchläuft x den Rand von B vom Punkte P aus stetig und einmal im positiven Sinne bis wieder nach P zurück, so hat $X = f(x)$ die Peripherie des Einheitskreises einmal im positiven Sinne durchlaufen, es ist also v um π gewachsen. — Wir behaupten, daß dabei auch $u = \arg(x - a)$ sich um π vermehrt hat. In der Tat, gehen wir in P mit einem bestimmten der unendlich vielen u-Werte, etwa u_0 aus, so kommen wir, bei stetiger Wertänderung von u, in P_1 mit einem bestimmten Werte u_1 an. In bezug auf den von dem Jordanbogen P_1QP_2 und dem Querschnitt $P_2\Pi P_1$ begrenzten Teilbereich B_1 von B ist P ein äußerer Punkt, wir kommen also, wenn wir die Begrenzung dieses Teilbereichs von P_1 aus durchlaufen [1]), in P_1 wieder mit dem Ausgangswerte u_1 von u an. Wir können folglich die Wertänderung untersuchen, die u beim Durchlaufen der Begrenzung $PP_1\Pi P_2P$ des Teilbereichs B_2 von B erfährt. Nun schwankt u auf dem Stück PP_1 zwischen $u_0 - \varepsilon$ und $u_0 + \varepsilon$, auf $P_1\Pi P_2$ nimmt u um mehr als $\pi - 2\varepsilon$ und um weniger als $\pi + 2\varepsilon$ zu, endlich schwankt u auf P_2P wieder um weniger als 2ε. Da ε beliebig klein gewählt werden kann, ist demnach der Wert von u, mit dem man in P nach Durchlaufen des Randes von B_2 und also auch nach Durchlaufen des Randes von B ankommt, genau gleich $u_0 + \pi$, wie wir behauptet hatten.

Damit ist also nachgewiesen, daß $\arg F(x) = v - u$ seinen Ausgangswert wieder annimmt, wenn x die Begrenzung von B von dem Punkte P (oder $x = a$) aus durchläuft.

Übertragen wir die Werte von $\arg F(x)$ durch $X = f(x)$ auf den Einheitskreis der X-Ebene, so erhalten wir eine im Innern dieses Kreises reguläre und beschränkte Potentialfunktion V, die auch noch für $|X| = 1$ höchstens mit Ausnahme des Punktes $\alpha = f(a)$ stetig ist; aber jedenfalls nähert sich V demselben Grenzwerte, von welcher Seite her man sich auf der Kreisperipherie $|X| = 1$ dem Punkte α annähern mag. Wir zeigen, daß V auch noch in diesem Punkte $X = \alpha$ stetig ist [2]). — Zu dem Ende setzen wir $X = re^{\theta i}$, stellen $V(r, \theta)$ für $r < R < 1$ durch das Poissonsche Integral [3]) in der Form

$$(7) \quad V(r, \theta) = \frac{1}{2\pi}\int\limits_{a}^{a+2\pi} V(R, \varphi)\,\frac{R^2 - r^2}{R^2 - 2Rr\cos(\varphi - \theta) + r^2}\,d\varphi$$

---

[1]) Vgl. W. F. Osgood, Lehrbuch der Funktionentheorie I. 2. Aufl. 1912, S. 171.

[2]) Vgl. H. A. Schwarz, Gesammelte math. Abhandl. II, 1890, S. 195, 196.

[3]) Siehe z. B. Osgood, a. a. O., S. 634.

dar und zeigen zunächst, daß diese Darstellung gültig bleibt, wenn man rechter Hand $R \to 1$ gehen läßt. Bedeutet δ eine beliebig kleine positive Größe, so ist

$$V(r, \theta) = \frac{1}{2\pi}\int_{a+\delta}^{a+2\pi-\delta} + \frac{1}{2\pi}\int_{a-\delta}^{a+\delta};$$

wir bezeichnen diese beiden Integrale in ihrer Abhängigkeit von R und δ mit $J_1(R, \delta)$, $J_2(R, \delta)$. Das erste $J_1(R, \delta)$ ändert sich stetig, wenn $R \to 1$ geht; für ein beliebig klein vorgeschriebenes ε kann also $1 - R$ so klein genommen werden, daß

$$|J_1(R, \delta) - J_1(1, \delta)| < \frac{\varepsilon}{3}$$

wird. Da $V(r, \theta)$ im Einheitskreise $r \leqq 1$ beschränkt ist, so gilt, wenn wir die obere Schranke von $V(r, \theta)$ mit g bezeichnen,

$$|J_1(1, \delta) - J_1(1, 0)| < \frac{2g\delta}{r(1-r)},$$

was für hinreichend kleines δ auch kleiner wird als $\frac{\varepsilon}{3}$. Endlich ist

$$|J_2(R, \delta)| < \frac{g\delta}{\pi}\frac{R+r}{R-r}$$

und hier kann die Größe rechter Hand durch Verkleinerung von δ unter $\frac{\varepsilon}{3}$ herabgedrückt werden. Es ist folglich, wenn δ hinreichend klein und dann R hinreichend nahe an 1 genommen wird,

$$|V(r, \theta) - J_1(1, 0)| < \varepsilon,$$

und da der Ausdruck linker Hand von δ, R überhaupt nicht abhängt,

$$V(r, \theta) - J_1(1, 0) = 0,$$

d. h. also für jedes $r < 1$ in der Tat

$$V(r, \theta) = \frac{1}{2\pi}\int_a^{a+2\pi} V(1, \varphi)\frac{1-r^2}{1-2r\cos(\theta-\varphi)+r^2}\,d\varphi.$$

Aus dieser Darstellung folgt nun in bekannter Weise [1]), daß sich $V(r, \theta)$ an jeder Stelle, wo der Randwert $V(1, \theta)$ als Funktion von θ stetig ist, diesem Randwerte stetig annähert, dies gilt also insbesondere an der Stelle $X = a$ und damit ist die Stetigkeit von V an dieser Stelle, d. h. die Stetigkeit von $\arg F(x)$ an der Stelle $x = a$ erwiesen.

---

[1]) H. A. Schwarz, Ges. math. Abh. II, S. 186; vgl. z. B. Osgood, a. a. O., S. 640.

Erinnern wir uns der Bedeutung von $F(x)$, wie sie durch (6) festgelegt ist, so schließen wir aus dem Bewiesenen, daß zwei Kurven, die von dem Punkte P (oder $x = a$) aus nach dem Innern des Bereiches B gehen und in $x = a$ den Winkel ψ miteinander einschließen, vermöge $X = f(x)$ in zwei Kurven der X-Ebene übergehen, die in dem Punkte $\alpha = f(a)$ des Einheitskreises unter demselben Winkel ψ zusammentreffen.

Die Verallgemeinerung auf den Fall, wo im Punkte P nicht eine bestimmte Tangente an die Randkurve von B existiert, sondern nach beiden Seiten hin Tangenten vorhanden sind, die einen Winkel ω miteinander bilden, der von Null und von 2π verschieden ist, ergibt sich sofort, indem man $F(x)$ statt durch die Gleichung (6) durch

$$F(x) = \frac{f(x) - f(a)}{(x - a)^{\frac{\pi}{\omega}}}$$

erklärt. Man zeigt ganz analog wie vorhin, daß $\arg F(x)$ auch für $x = a$ stetig ist, daß also in dem Falle, wo die Randkurve in P (oder $x = a$) eine Ecke mit dem Winkel ω hat, die Winkel in diesem Punkte bei der Abbildung durch $X = f(x)$ im Verhältnis $\frac{\pi}{\omega}$ geändert werden. Zusammenfassend gilt also, wenn der Rand von B eine Jordankurve ist, daß die Abbildung in denjenigen Randpunkten, wo eine bestimmte Tangente existiert, konform[1]), in den Ecken, wo zwei verschiedene Tangenten vorhanden sind, quasikonform ist.

---

48. Abbildung von Bereichen mit einer endlichen Blätterzahl.

Wir kommen zur letzten Etappe in dem Beweise unserer Behauptung 2. der Nr. 44. Es sei ein über der x-Ebene ausgebreiteter, einfachzusammenhängender Bereich U gegeben, der aus einer endlichen Anzahl von Blättern besteht und dessen Begrenzung von einer endlichen Anzahl Jordanscher Kurvenbogen gebildet wird. Die Umgebung eines inneren Punktes eines solchen Bereichs ist entweder eine schlichte Kreisfläche oder aber, wenn der betreffende Punkt ein Verzweigungspunkt x_0 mit der endlichen Verzweigungszahl g ist, ein kreisförmiger Ausschnitt aus der zu der Funktion $(x - x_0)^{\frac{1}{g}}$ gehörigen Riemannschen Fläche, ein g-fach gewundener Kreis. Verzweigungspunkte mit unendlich hoher Verzweigungszahl können im Innern von U nicht vorkommen. — Man kann dann den Be-

[1]) In solchen Randpunkten, wo die abbildende Funktion im allgemeinen nicht holomorph ist, bedeutet konform nur soviel wie winkeltreu.

reich U mit einer endlichen Anzahl von durch Jordankurven begrenzten, schlichten Bereichen und gewundenen Kreisen „dachziegelartig" überdecken, d. h. so, daß jeder neue Ziegel (Teilbereich) mit dem durch die bereits aufgelegten Ziegel bedeckten Bereich einen und nur einen schlichten, einfachzusammenhängenden Bereich gemein hat. Nun wird jeder g-fach gewundene Kreis durch eine Funktion von der Form $(x - x_0)^{\frac{1}{g}}$ auf einen schlichten Kreis abgebildet; daß jeder schlichte Bereich von einfachem Zusammenhang einer Abbildung auf eine Kreisscheibe fähig ist, haben wir in der Nr. 45 gezeigt. Um die Abbildbarkeit des Bereichs U auf eine Kreisscheibe nachzuweisen, genügt es also, den folgenden Kombinationssatz[1]) zu beweisen:

Haben zwei Bereiche, die einzeln homöometrisch auf einen Kreis abgebildet werden können und deren Begrenzung von Jordankurven gebildet wird, ein schlichtes, einfachzusammenhängendes Gebiet gemein, so kann auch der aus den beiden Bereichen zusammengesetzte Bereich homöometrisch auf einen Kreis abgebildet werden.

Der Beweis dieses Satzes ist durch die in den Nrn. 46, 47 entwickelten Betrachtungen so weit vorbereitet, daß er jetzt ohne Schwierigkeit geliefert werden kann.

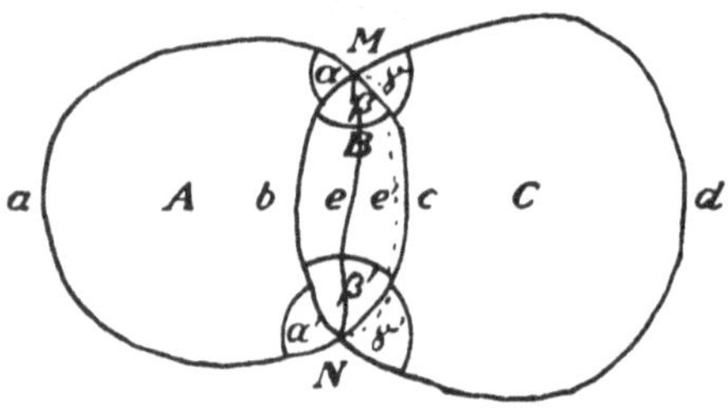

Fig. 46.

Es seien (siehe die Fig. 46) $A + B$ und $B + C$ die beiden Bereiche, B der ihnen gemeinsame Teil, ferner a, b, c, d die durch die Kreuzungspunkte M, N der Ränder begrenzten Randstücke der Bereiche, die der Voraussetzung gemäß Jordansche Kurvenbogen sind. Wir können voraussetzen, daß diese Kurvenbogen in den Punkten M, N Tangenten haben, die beziehungsweise die Winkel α, β, γ; α', β', γ' miteinander einschließen, und daß zunächst $\alpha, \beta, \alpha', \beta'$ nicht gleich Null seien. Sollte diese Voraussetzung nicht zutreffen, so könnte man die Begrenzungskurven so abändern, daß ein Bereich $A' + B' + C'$ entsteht, für dessen Randkurven die Voraussetzung gilt und der den Bereich $A + B + C$ ganz im Innern enthält. Wenn wir dann gezeigt haben werden, daß $A' + B' + C'$ homöometrisch auf einen Kreis abgebildet werden kann, so erscheint $A + B + C$ auf einen schlichten Teilbereich dieses Kreises abgebildet

[1]) Der Grundgedanke dieses Kombinationssatzes stammt von C. Neumann und H. A. Schwarz. Die folgende Darstellung des Beweises schließt an C. Carathéodory, Schwarz-Festschrift, 1914, S. 19 ff. an; vgl. auch L. Bieberbach, Einführung in die konforme Abbildung, 1915, S. 122.

und dieser Teilbereich kann dann nach Nr. 45 wieder auf einen Kreis abgebildet werden [1]).

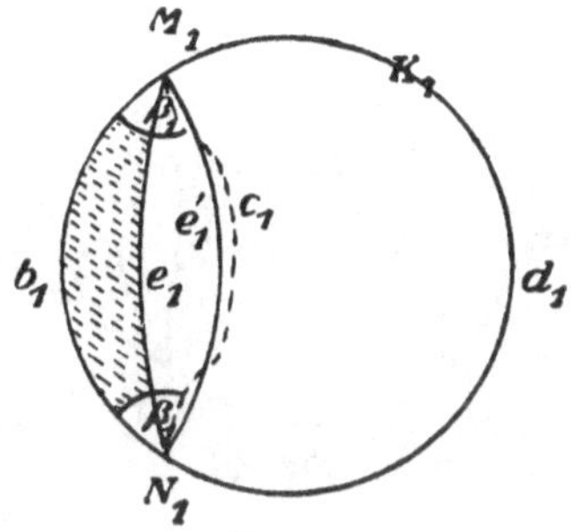

Fig. 47.

Wir bilden jetzt den Bereich $B + C$ auf einen Kreis K_1 ab (Fig. 47); dem Randstück b entspricht dann ein Kreisbogen b_1, der von den Punkten M_1, N_1, die M, N entsprechen, begrenzt wird, dem Randstück c eine M_1, N_1 verbindende Kurve c_1, die mit der Peripherie von K_1 in den Punkten M_1, N_1 von Null verschiedene Winkel β_1, β_1' einschließt, da ja (Nr. 47) die Abbildung in diesen Punkten quasikonform ist. Man kann daher M_1, N_1 durch einen Kreisbogen e_1 verbinden, der ganz in dem von b_1, c_1 begrenzten Gebiete verläuft und mit b_1 einen Winkel $\varepsilon = \frac{\pi}{2^n}$ bildet, wo n eine endliche positive ganze Zahl bedeutet. Das zu diesem Winkel gehörige, von b_1, e_1 begrenzte Zweieck (in der Fig. 47 schraffiert) spiegeln wir über den Kreisbogen e_1, wodurch b_1 in e_1' übergehen möge; weiter spiegeln wir das von b_1, e_1' begrenzte Zweieck über e_1', wodurch sich b_1 in e_1'' verwandelt, und fahren so fort. Auf diese Weise wird der Kreis K_1 in $n + 1$ Zweiecke zerlegt, deren Begrenzungslinien $b_1, e_1, e_1', \ldots, e_1^{(n-1)}, d_1$ sind, während die Winkel bei M_1, N_1, die je zwei aufeinanderfolgende dieser Kreisbogen einschließen, bzw. die Größe

$$\frac{\pi}{2^n}, \frac{\pi}{2^n}, \frac{\pi}{2^{n-1}}, \ldots, \frac{\pi}{4}, \frac{\pi}{2}$$

haben. Vermöge unserer homöometrischen Abbildung entsprechen den Kreisbogen $e_1, e_1', \ldots, e_1^{(n-1)}$ in dem Bereiche $B + C$ analytische, die Punkte M, N verbindende Kurven $e, e', \ldots, e^{(n-1)}$, die wegen der Quasikonformität der Abbildung in diesen Punkten die Winkel

$$\frac{\beta + \gamma}{2^n}, \frac{\beta + \gamma}{2^{n-1}}, \ldots, \frac{\beta + \gamma}{4} \text{ bzw. } \frac{\beta' + \gamma'}{2^n}, \frac{\beta' + \gamma'}{2^{n-1}}, \ldots, \frac{\beta' + \gamma'}{4}$$

miteinander einschließen; mit b bildet e in M, N bzw. die Winkel $\frac{\beta + \gamma}{2^n}$, $\frac{\beta' + \gamma'}{2^n}$ und $e^{(n-1)}$ bildet in diesen Punkten mit d bzw. die Winkel $\frac{\beta + \gamma}{2}$, $\frac{\beta' + \gamma'}{2}$. — Nunmehr vollziehen wir die homöometrische Abbildung des

[1]) Man sieht übrigens durch eine ähnliche Überlegung, daß in dem Kombinationssatz auch die Voraussetzung, daß die Begrenzung der Bereiche aus Jordankurven besteht, wegfallen kann.

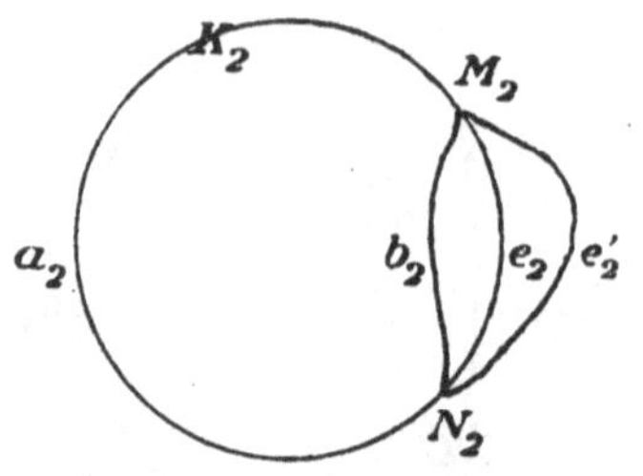

Fig. 48.

Bereiches $A+B$ auf einen Kreis K; bei dieser entspricht dem von a und e begrenzten Gebiete ein schlichter Teilbereich von K, der selbst wieder homöometrisch auf einen Kreis K_2 (Fig. 48) abgebildet werden kann. Es geht bei dieser Abbildung a in a_2, M in M_2, N in N_2, e in e_2 über; b verwandelt sich in eine M_2, N_2 verbindende Kurve b_2, die wegen der Quasikonformität unserer Abbildung in M, N mit dem Kreisbogen e_2 in M_2, N_2 bzw. die Winkel

$$\frac{\beta+\gamma}{2^n}\cdot\frac{\pi}{\alpha+\frac{\beta+\gamma}{2^n}},\quad \frac{\beta'+\gamma'}{2^n}\cdot\frac{\pi}{\alpha'+\frac{\beta'+\gamma'}{2^n}}$$

einschließt. — Wir spiegeln jetzt b_2 in bezug auf e_2 und erhalten die Kurve e_2'. Nach Nr. 47 ist die Abbildungsfunktion auf dem analytischen Kurvenstück e holomorph und über e hinweg analytisch fortsetzbar; wir behaupten, daß der von a_2 und e_2' begrenzte schlichte Bereich das von unserer Abbildungsfunktion entworfene Bild des von a und e' begrenzten Bereiches ist. In der Tat sind zunächst der von b_1, e_1 und der von b_2, e_2 begrenzte Bereich homöometrisch aufeinander bezogen, da ja beide die Bilder des Bereiches (b, e) sind. Nach dem Spiegelungsprinzip der Nr. 40 wird also das Spiegelbild (e_2, e_2') von (b_2, e_2) in bezug auf e_2 dem Spiegelbilde (e_1, e_1') von (b_1, e_1) in bezug auf e_1 entsprechen, d. h. es entspricht (e_2, e_2') dem Bereiche (e, e'), also wie behauptet (a_2, e_2') dem (a, e'). Den schlichten Bereich (a_2, e_2') können wir auf einen Kreis K_3 abbilden, der also die homöometrische Abbildung des Bereichs (a, e') liefert. Dem Kurvenstück e' oder e_2' entspricht ein Bogen e_3' von K_3, der Kurve b entspreche b_3. Spiegeln wir b_3 in bezug auf e_3, so erhalten wir e_3''. Der von a_3, e_3'' begrenzte schlichte Bereich ist das homöometrische Bild des Bereiches (a, e''); diesen Bereich (a_3, e_3'') bilden wir wieder auf einen Kreis K_4 ab und fahren so fort. Nach $n+1$ Schritten ist das ganze von a und d begrenzte Gebiet $A+B+C$ homöometrisch auf eine Kreisscheibe $\mathfrak{K}$ abgebildet, womit der Kombinationssatz bewiesen ist.

Man kann noch bemerken, daß auch diese Abbildung in den Punkten M, N quasikonform ist, wenn man noch voraussetzt, daß $\alpha+\beta+\gamma$ und $\alpha'+\beta'+\gamma'$ von Null verschieden sind; es werden nämlich die Winkel bei M im Verhältnis $\pi:(\alpha+\beta+\gamma)$ und bei N im Verhältnis $\pi:(\alpha'+\beta'+\gamma')$ geändert. Die für die Randabbildung der schlichten Bereiche in der Nr. 47 gemachten Ausführungen übertragen sich auch auf den zusammengesetzten Bereich $A+B+C$, da z. B. für die Abbildung von d auf den Kreisbogen d_1 (Figur 47) die Ergebnisse der Nummer 47 ohne weiteres gelten und bei der Abbildung von $A + B + C$ auf den Kreis $\mathfrak{K}$ d in einen Kreisbogen $\mathfrak{d}$ übergeht, so daß die Abbildung von d_1 auf $\mathfrak{d}$ für die inneren Punkte dieser Kreisbogen homöometrisch ist.

---

49. Ausschöpfung der Überlagerungsfläche. Die Greenschen Konstanten.

Nachdem in den Nummern 45—48 der Beweis für den Riemannschen Abbildungssatz (Behauptung 2. der Nr. 44) geführt worden ist, wenden wir uns zunächst einer genaueren Erörterung des Punktes 1. der Nr. 44 zu. Dabei wird es lehrreich sein, wenn wir auch solche Verzweigungsschemata mit in Betracht ziehen, die zur Euklidischen Ebene gehören, obwohl diese Fälle bereits erledigt sind.

Bei gegebenem Verzweigungsschema $(\sigma; g_1, \ldots, g_{\sigma+1})$ und gegebenen Verzweigungspunkten $a_1, \ldots, a_\sigma, a_{\sigma+1} = \infty$ konstruieren wir die Überlagerungsfläche T über der x-Ebene, wie in der Nr. 44 angegeben, unter Zuhilfenahme einer zu unserem Verzweigungsschema gehörigen, aber sonst beliebigen Teilung der betreffenden absoluten Ebene H in ein Netz von Polygonen $H^{(0)}, H^{(1)}, \ldots$. Die auf die Ausschöpfung von T bezüglichen Überlegungen sind wesentlich topologischer Art, wir können sie deshalb am anschaulichsten darstellen, indem wir uns T homöomorph (d. h. gegenseitig eindeutig und stetig, aber nicht konform) bezogen denken auf das bei der Konstruktion von T benutzte Polygonnetz der Ebene H. Bei dieser homöomorphen Beziehung entspricht also jedem Polygon $H^{(k)}$ ein bestimmtes Blatt von T, den Ecken von $H^{(k)}$ entsprechen die vorgeschriebenen x-Werte $a_1, \ldots, a_\sigma; \infty$, ferner entspricht einer in der Ebene H gezogenen analytischen oder Jordanschen Kurve eine Jordankurve auf T. Unter einem inneren Punkte von T verstehen wir einen solchen, der einem im Endlichen gelegenen Punkte der Ebene H entspricht; alle anderen gelten als Grenzpunkte oder Randpunkte von T. Insbesondere wird also über denjenigen der x-Punkte $a_1, \ldots, a_\sigma, \infty$, zu denen eine Verzweigungszahl $g_k = \infty$ gehört, kein innerer Punkt von T liegen; wir sagen von einem solchen Werte $x = a_k$ kurz, er werde von T nicht bedeckt.

Wir erhalten z. B. eine brauchbare Ausschöpfung von T, wenn wir (ähnlich wie beim Konvergenzbeweise der Nr. 32, S. 98) in der absoluten Ebene H eine Schaar konzentrischer Kreise K_n mit dem Mittelpunkte $\eta = 0$ und den in arithmetischer Progression wachsenden Halbmessern $n\mathfrak{r}$ legen, wo $\mathfrak{r} > 0, n = 1, 2, \ldots$ ist, und uns diese vermöge der homöomorphen Beziehung auf T übertragen denken. Die Anzahl der Polygone $H^{(k)}$, die ganz oder zum Teil im Innern von K_n liegen, ist endlich, es entspricht also der Kreisscheibe K_n ein Bereich T_n von T, der aus einer endlichen Anzahl von Blättern besteht und von einer Jordankurve begrenzt ist. Diese Bereichfolge $T_1, T_2, \ldots$ ist so beschaffen, daß T_n ganz im Innern von T_{n+1} gelegen ist. Wir geben deshalb ein zweites Beispiel, bei dem die aufeinanderfolgenden Bereiche Randpunkte miteinander gemein haben. — Es seien alle Verzweigungszahlen g_k unendlich groß, also alle Punkte $a_1, \ldots, a_\sigma, \infty$ von T nicht bedeckt, in der B.-L.schen Ebene H somit alle Polygonecken im Unendlichen gelegen. Wir gehen von $H^{(0)}$ aus, vereinigen damit alle kongruenten Polygone, die längs der 2σ Seiten mit $H^{(0)}$ benachbart sind, und nennen diesen Bereich H_2. Dann vereinigen wir mit H_2 alle diejenigen mit $H^{(0)}$ kongruenten Polygone, die längs der $2\sigma(2\sigma - 1)$ Seiten von H_2 mit diesem Bereich benachbart sind; der so entstehende Bereich heiße H_3. Fahren wir so fort, lassen also H_{n+1} aus H_n dadurch hervorgehen, daß wir die an H_n längs seiner Seiten anstoßenden, mit $H^{(0)}$ kongruenten Polygone mit H_n vereinigen, so wird offenbar jeder endliche Punkt der B.-L.schen Ebene in allen H_n liegen, deren Index n größer ist als eine hinreichend große Zahl. Der H_n vermöge der homöomorphen Beziehung entsprechende Bereich T_n von T besteht dann aus einer endlichen Anzahl ganzer Blätter der Überlagerungsfläche T und die Begrenzung von T_n wird von Ufern der Schnitte $l_k = (a_k, \infty)$ gebildet. Es liegt also jeder innere Punkt von T_n im Innern von T_{n+1}, aber die $a_1, \ldots, a_\sigma, \infty$ sind Randpunkte von allen T_n.

Wir gehen nun an die Ausführung des in 3. der Nr. 44 angegebenen Grenzüberganges, indem wir irgendeine T ausschöpfende Bereichfolge $T_1, T_2, \ldots$ zugrunde legen[1]). Jeder Bereich T_n kann homöometrisch auf den Einheitskreis abgebildet werden; wir normieren die abbildende Funktion $\varphi_n(x)$ so, daß sie in einem nach Belieben gewählten inneren Punkte x_0 von T_1 verschwindet und daß die Derivierte $\varphi_n'(x)$ in x_0 einen reellen positiven Wert besitzt, so daß die von x_0 ausgehenden Richtungen parallel abgebildet werden. Den positiven Wert $\varphi_n'(x_0)$ bezeichnet man als die zu dem Bereiche T_n gehörige Greensche Konstante[2]). Es sei also

[1]) Vgl. für das Folgende: P. Koebe, Mathem. Annal. 67, 1909, S. 194ff.; L. Schlesinger, Anhang zu Bonola-Liebmann, Die nichteuklidische Geometrie, 2. Aufl. 1919, S. 197ff.; H. Fuhr, Mitteilungen des Math. Seminars Gießen, Heft I, 1921, S. 6ff.

[2]) Die Potentialfunktion $\log\left|\frac{1}{\varphi_n(x)}\right|$, die in $x = x_0$ wie $\log\left|\frac{1}{x - x_0}\right|$ unendlich wird, sonst allenthalben im Innern von T_{n-1} regulär ist und auf dem Rande von T_{n-1} verschwindet, bezeichnet man als die zu T_{n-1} gehörige Greensche Funktion. H. Poincaré und auch P. Koebe benutzen in ihren genannten Arbeiten diese Funktionen anstatt der $\varphi_n(x)$.

(8) $$\varphi_n(x) = (x - x_0)\, C_n(1 + (0)), \qquad (n=1,2,\ldots),$$

wo $C_n > 0$ die Greensche Konstante ist und (0) eine in der Umgebung von x_0 holomorphe und in x_0 verschwindende Funktion bedeutet. Der Quotient

(9) $$\frac{\varphi_n(x)}{\varphi_{n-1}(x)} = f_n(x) \qquad (n=2,3,\ldots)$$

ist dann im Innern von T_{n-1} holomorph. Bezeichnen wir die inverse Funktion der Funktion $\xi = \varphi_{n-1}(x)$, die T_{n-1} auf den Einheitskreis $|\xi| \leqq 1$ abbildet, mit $x = \Phi_{n-1}(\xi)$, so ist

$$x = \Phi_{n-1}(\xi) = x_0 + \xi \frac{1}{C_{n-1}} (1 + (0)),$$

wo jetzt (0) eine für $|\xi| < 1$ holomorphe Funktion von ξ andeutet, die für $\xi = 0$ verschwindet, und folglich

$$\varphi_n(x) = \varphi_n(\Phi_{n-1}(\xi)) = \xi \frac{C_n}{C_{n-1}} (1 + (0)),$$

(10) $$f_n(x) = \frac{C_n}{C_{n-1}} (1 + (0)).$$

Auf der Begrenzung von T_n ist $|\varphi_n(x)| = 1$, im Innern von T_n ist $|\varphi_n(x)| < 1$; auf der Begrenzung von T_{n-1}, wo $|\xi| = |\varphi_{n-1}(x)| = 1$ ist, gilt folglich $|\varphi_n(x)| \leqq 1$ und demnach auch $|f_n(x)| \leqq 1$, wo das Gleichheitszeichen aber nur in solchen Punkten stattfinden kann, die die Begrenzungen von T_{n-1} und T_n miteinander gemein haben. Da der absolute Betrag einer in einem Bereiche holomorphen Funktion seine Extremwerte nur auf der Begrenzung dieses Bereichs annehmen kann, so folgt, daß für $|\xi| < 1$, d. h. im Innern von T_{n-1} stets $|f_n(x)| < 1$ ist, das gilt also jedenfalls für $\xi = 0, x = x_0$; es folgt also aus (10)

$$C_n < C_{n-1}.$$

Die zu den Bereichen $T_1, T_2, \ldots$ gehörigen Greenschen Konstanten $C_1, C_2, \ldots$ bilden somit eine monoton abnehmende Folge; wir bezeichnen den Grenzwert dieser Folge mit

$$\lim_{n\to\infty} C_n = C$$

und unterscheiden die beiden Möglichkeiten

$$\text{a) } \lim_{n\to\infty} C_n = C > 0, \qquad \text{b) } \lim_{n\to\infty} C_n = C = 0.$$

Der Fall a) tritt stets ein, wenn sich eine in der Überlagerungsfläche T eindeutige Funktion $\eta = S(x)$ angeben läßt, die in $x = x_0$ ebenso normiert ist wie die Funktionen $\varphi_n(x)$, d. h. für die $S(x_0) = 0$ und die Derivierte $S'(x_0) = \Gamma > 0$ ist, und für die in allen inneren Punkten von T die Ungleichung $|S(x)| < 1$ gilt; es ist ja dann für jedes n

$$\frac{S(x)}{\varphi_n(x)} = \frac{\Gamma}{C_n}(1 + (0)),$$

wo (0) eine in T_n holomorphe und für $x = x_0$ verschwindende Funktion andeutet, und auf der Begrenzung von T_n ist, wenigstens für alle inneren Punkte von T,

$$\left|\frac{S(x)}{\varphi_n(x)}\right| < 1.$$

Daraus folgt aber durch ähnliche Schlüsse wie oben, daß

$$\Gamma < C_n,$$

also $\lim\limits_{n\to\infty} C_n = C \geqq \Gamma > 0$ ist. — Wir wollen zeigen, daß sich eine solche Minorantenfunktion $S(x)$ immer angeben läßt, wenn das Verzweigungsschema der gegebenen Überlagerungsfläche T zu einer B.-L.-schen Ebene gehört, d. h. wenn

$$\sum_{k=1}^{\sigma+1} \frac{1}{g_k} < \sigma - 1 \tag{11}$$

ist.

In dem Falle, wo unter den Verzweigungszahlen g_k drei vorkommen, die unendlich groß sind, d. h. wo T mindestens drei der Punkte $a_k (k = 1, 2, \ldots, \sigma + 1)$, etwa a_λ, a_μ, a_ν unbedeckt läßt, kann die Inverse der Modulfunktion $\eta = S\left(\infty, \infty, \infty\,; \frac{x - a_\lambda}{x - a_\nu} \cdot \frac{a_\mu - a_\nu}{a_\mu - a_\lambda}\right)$ bei passender Normierung als Minorantenfunktion gewählt werden. Denn sie ist offenbar in T eindeutig und durch Anwendung einer linear gebrochenen Transformation auf η läßt sich stets erreichen, daß für alle von a_λ, a_μ, a_ν verschiedenen Werte von x die Ungleichung $|\eta| < 1$ gilt und daß für $x = x_0, \eta = 0, \frac{d\eta}{dx} > 0$ ist. Dieser Fall ist schon in der klassischen Abhandlung von Poincaré aus dem Jahre 1883 in Betracht gezogen. Wenn T nicht wenigstens drei Punkte der x-Ebene unbedeckt läßt, so versagt die Modulfunktion, man kann aber, wie Koebe[1]) gezeigt hat, dann mit Hilfe anderer Dreiecksfunktionen (siehe die Nr. 40) Minoranten herstellen. Dabei sind mehrere Fälle zu unterscheiden.

Gibt es unter den $a_k (k = 1, 2, \ldots, \sigma + 1)$ drei Punkte a_λ, a_μ, a_ν, deren Verzweigungszahlen die Ungleichung

$$\frac{1}{g_\lambda} + \frac{1}{g_\mu} + \frac{1}{g_\nu} < 1 \tag{I}$$

[1]) P. Koebe, Göttinger Nachrichten, 1907, S. 410.

erfüllen, so liefert die in der B.-L.schen Ebene existierende Dreiecksfunktion

$$\eta = S\left(g_\lambda, g_\mu, g_\nu; \frac{x - a_\lambda}{x - a_\nu} \cdot \frac{a_\mu - a_\nu}{a_\mu - a_\lambda}\right)$$

eine Minorante. Gibt es drei solche a_k nicht, wohl aber solche, für die

$$\text{(II)} \qquad \frac{1}{g_\lambda} + \frac{1}{g_\mu} + \frac{1}{g_\nu} = 1$$

ist, so bilden wir vorerst die jetzt in der Euklidischen Ebene existierende Dreiecksfunktion

$$u = S\left(g_\lambda, g_\mu, g_\nu; \frac{x - a_\lambda}{x - a_\nu} \cdot \frac{a_\mu - a_\nu}{a_\mu - a_\lambda}\right);$$

sie ist als Integral erster Gattung für jeden inneren Punkt der Überlagerungsfläche T endlich. Es sei 2ω eine Periode von u, dann nimmt

$$v = e^{\frac{u\pi i}{\omega}}$$

in T die Werte 0 und ∞ nicht an; ist dann $v = a$ ein Wert, den v in einem von a_λ, a_μ, a_ν verschiedenen der Verzweigungspunkte $x = a_\varrho$ mit der Verzweigungszahl g_ϱ annimmt, so stellt die Dreiecksfunktion

$$\eta = S\left(\infty, g_\varrho, \infty; \frac{v}{a}\right)$$

bei geeigneter Normierung eine Minorante dar. Ist es unmöglich, durch drei der Verzweigungszahlen (I) oder (II) zu befriedigen, gibt es aber ein g_ϱ, das größer oder gleich 3 ist, so nehmen wir irgend drei a_λ, a_μ, a_ν, die von a_ϱ verschieden sind, und bilden zuvörderst

$$t = S\left(g_\lambda, g_\mu, g_\nu; \frac{x - a_\lambda}{x - a_\nu} \cdot \frac{a_\mu - a_\nu}{a_\mu - a_\lambda}\right).$$

Ist $g_\varrho > 3$, so seien a, b, c drei voneinander verschiedene Werte von t, die zu $x = a_\varrho$ gehören, dann stellt die in der B.-L.schen Ebene existierende Funktion

$$\eta = S\left(g_\varrho, g_\varrho, g_\varrho; \frac{t - a}{t - c} \cdot \frac{b - c}{b - a}\right)$$

eine in T eindeutige Funktion dar und kann also bei passender Normierung als Minorante dienen. Ist dagegen $g_\varrho = 3$, so sei d ein vierter, von a, b, c verschiedener Wert, den t in $x = a_\varrho$ annimmt; die Dreiecksfunktion η existiert jetzt in der Euklidischen Ebene und man erhält eine Minorante, wenn man wie im Falle (II)

$$\zeta = S\left(\infty, g_\varrho, \infty; \frac{e^{\frac{\eta\pi i}{\omega}}}{a}\right)$$

setzt, wo 2ω eine Periode von η, und a einen der Werte bedeutet, die $e^{\frac{\eta\pi i}{\omega}}$ für $t = d$ annimmt. Es bleibt nur noch der Fall zu erledigen, wo alle g_k gleich 2 sind; dann ist wegen (11) $\sigma \geqq 4$. Wir nehmen dann vier Punkte $a_\iota, a_\lambda, a_\mu, a_\nu$ und bilden

$$v = e^{\frac{u\pi i}{\omega}}, \quad u = \int \frac{dx}{\sqrt{(x-a_\iota)(x-a_\lambda)(x-a_\mu)(x-a_\nu)}},$$

wo 2ω eine Periode des Integrals erster Gattung u bedeutet; ist a_ϱ ein von den $a_\iota, a_\lambda, a_\mu, a_\nu$ verschiedener Verzweigungspunkt und a ein Wert, den v für $x = a_\varrho$ annimmt, so liefert

$$\eta = S\left(\infty, \tfrac{1}{2}, \infty; \frac{v}{a}\right)$$

eine Minorante.

50. Der Konvergenzbeweis. Abbildung der Überlagerungsfläche auf den Einheitskreis.

Wir setzen nunmehr $\lim\limits_{n\to\infty} C_n = C > 0$ voraus und beweisen, daß in diesem Falle die Funktionenfolge $\varphi_1(x), \varphi_2(x), \ldots$ in jedem inneren Teilbereiche von T gleichmäßig gegen eine Grenzfunktion konvergiert.

Nach (9) (S. 167) haben wir

$$\text{(12)} \qquad \varphi_{n+m} = \varphi_n f_{n+1} f_{n+2} \cdots f_{n+m};$$

lassen wir $m \to \infty$ wachsen, so ist nach einem bekannten Satze[1]) das unendliche Produkt

$$\text{(13)} \qquad \lim_{m\to\infty} \varphi_{n+m} = \varphi_n \prod_{k=1}^{\infty} f_{n+k}$$

unbedingt und gleichmäßig konvergent, wenn dies für die unendliche Reihe

$$\text{(14)} \qquad \log \varphi_n + \sum_{k=1}^{\infty} \log f_{n+k}$$

stattfindet. Diese Reihe untersuchen wir am bequemsten in der Ebene der komplexen Veränderlichen $\xi = \varphi_n(x)$, wo ja die f_{n+k} im Innern des Einheitskreises $|\xi| = 1$ holomorph sind, dem absoluten Betrage nach kleiner bleiben als 1 und für $\xi = 0$ die Werte $\frac{C_{n+k}}{C_{n+k-1}}$ annehmen. Bezeichnen wir die inverse Funktion von $\varphi_n(x)$ mit $x = \Phi_n(\xi)$ und setzen

[1]) Vgl. z. B. W. F. Osgood, Funktionentheorie I, 2. Aufl. 1912, S. 525.

$f_{n+k}(x) = f_{n+k}(\Phi_n(\xi)) = g_{n+k}(\xi)$, so gilt für $|\xi| < R < 1$ die aus dem Poissonschen Integral unmittelbar folgende [1]) Darstellung:

$$\log g_{n+k}(\xi) = \frac{1}{2\pi}\int_0^{2\pi} \Re \log g_{n+k}(\zeta)\, \frac{\zeta + \xi}{\zeta - \xi}\, d\theta, \quad \zeta = Re^{\theta i},$$

wo $\Re p$ den reellen Teil der komplexen Größe p bedeutet. Für diese Werte von ξ ist aber

$$\left|\frac{\zeta + \xi}{\zeta - \xi}\right| \leqq \frac{R + |\xi|}{R - |\xi|}$$

und $\Re \log g(\zeta) < 0$, wir haben also

$$|\log g_{n+k}(\xi)| \leqq \frac{R + |\xi|}{R - |\xi|} \cdot \frac{-1}{2\pi}\int_0^{2\pi} \Re \log g_{n+k}(\zeta)\, d\theta.$$

Das Integral rechter Hand hat nach dem sogenannten Mittelwertsatze der Potentialtheorie [2]) den Wert

$$2\pi \log g_{n+k}(0) = 2\pi \log \frac{C_{n+k}}{C_{n+k-1}},$$

es gilt folglich für $|\xi| = r < R < 1$ und demnach auch für $|\xi| < r$

$$|\log g_{n+k}(\xi)| \leqq \frac{R + r}{R - r} \log \frac{C_{n+k-1}}{C_{n+k}}.$$

Indem wir diese Ungleichung in der Überlagerungsfläche T deuten, finden wir also: es lassen sich für jeden samt seinem Rande im Innern von T_n gelegenen Teilbereich zwei Zahlen r, R, für die $0 < r < R < 1$ ist, so angeben, daß für jeden Punkt x dieses Teilbereichs

$$(15) \qquad |\log f_{n+k}(x)| \leqq \frac{R + r}{R - r} \log \frac{C_{n+k-1}}{C_{n+k}} \qquad (k = 1, 2, \ldots)$$

ist. Nun ist aber die unendliche Reihe

$$\sum_{k=1}^{\infty} \log \frac{C_{n+k-1}}{C_{n+k}} = \lim_{j \to \infty} \log \frac{C_{n+j}}{C_n} = \log \frac{C}{C_n}$$

konvergent, da wir $\lim\limits_{j \to \infty} C_j = C > 0$ vorausgesetzt haben, es folgt also aus (15), daß die Reihe (14) und daher auch das Produkt (13) in jedem Teilbereiche von der bezeichneten Art gleichmäßig konvergiert [3]). Nun ist aber jeder samt seinem Rande im Innern von T liegende Teilbereich

---

[1]) Siehe z. B. Osgood, a. a. O. S. 634.

[2]) Siehe z. B. Osgood, a. a. O. S. 621.

[3]) Die hier angewandte Schlußweise ist im wesentlichen eine Übertragung des sogenannten Harnackschen Satzes der Potentialtheorie (siehe z. B. Osgood, a. a. O. S. 654).

für ein hinreichend großes n auch ganz im Innern von T_n enthalten, die zu Anfang dieser Nummer aufgestellte Behauptung ist also bewiesen.

Die Grenzfunktion $\lim\limits_{n \to \infty} \varphi_n(x) = \varphi(x)$ ist nach dem Weierstraßschen Doppelreihensatz in jedem inneren Punkte von T holomorph, und da für jeden inneren Punkt von T, für den $\varphi_{n-1}(x)$ definiert ist,

$$|\varphi_n(x)| \leqq |\varphi_{n-1}(x)| < 1$$

gilt, so ist daselbst auch $|\varphi(x)| < 1$. Ferner wissen wir, daß jeder innere Teilbereich von T von allen $\varphi_n(x)$, für die n hinreichend groß ist [1]), auf ein schlichtes Gebiet abgebildet wird; daraus schließen wir genau so wie in der Nr. 45 (S. 151), daß auch die Grenzfunktion $\xi = \varphi(x)$ ein schlichtes Abbild des Teilbereichs auf die ξ-Ebene entwirft, ein Abbild, das nach der vorhin gemachten Bemerkung im Innern des Einheitskreises der ξ-Ebene liegt. Wir zeigen nun noch, daß die durch $\xi = \varphi(x)$ vermittelte Abbildung der ganzen Überlagerungsfläche T den Einheitskreis der ξ-Ebene ganz ausfüllt [2]).

Die durch $\xi = \varphi(x)$ vermittelten Bilder der Bereiche T_n sind nach dem Vorhergehenden schlichte und natürlich einfach zusammenhängende Teilbereiche Ξ_n des Einheitskreises der ξ-Ebene, und wenn Ξ das Bild der gesamten Überlagerungsfläche T bezeichnet, so ist jeder innere Punkt von Ξ von einem bestimmten N ab in allen Bereichen Ξ_n für $n \geqq N$ enthalten; d. h. die Folge der Ξ_n schöpft den Bereich Ξ aus. Wenn wir die inverse Funktion von $\xi = \varphi(x)$ mit $x = \Phi(\xi)$ bezeichnen, so vermittelt die Funktion

$$\zeta = \varphi_n(\Phi(\xi)) = \psi_n(\xi)$$

die homöometrische Abbildung von Ξ_n auf den Einheitskreis der ζ-Ebene und es ist offenbar $\lim\limits_{n \to \infty} \psi_n(\xi) = \xi$. Es sei nun A irgendein Punkt der Begrenzung von Ξ; man kann dann A als Häufungsstelle von Randpunkten der Bereiche Ξ_n auffassen, und zwar liegt A entweder außerhalb oder auf dem Rande der Ξ_n, niemals innerhalb solcher Bereiche. Wir nehmen ferner zwei beliebige, außerhalb des Einheitskreises der ξ-Ebene befindliche Punkte B, C und bilden die Dreiecksfunktion (Inverse der Modulfunktion, vgl. Nr. 41)

$$X = S\left(\infty, \infty, \infty; \frac{\xi - A}{\xi - C} \cdot \frac{B - C}{B - A}\right),$$

die wir uns so normiert denken, daß stets $|X| \leqq 1$ und für $\xi = 0$ auch $X = 0$ ist. Denken wir uns die zu dieser Funktion gehörige Überlagerungs-

[1]) Es muß n nur so groß sein, daß unser Teilbereich in T_n enthalten ist.

[2]) Vgl. für das Folgende G. Fubini, Funzioni automorfe, Pisa 1908, S. 383 ff.

fläche $\mathfrak{T}$ mit den Verzweigungspunkten A, B, C über der ξ-Ebene aufgebaut, so können wir den Bereich Ξ und mit ihm alle Bereiche Ξ_n in $\mathfrak{T}$ so einlagern, daß der jedem Bereiche Ξ_n als innerer Punkt angehörende Wert $\xi = 0$ in einem und demselben Blatte von $\mathfrak{T}$ liegt. Für alle inneren Punkte von $\mathfrak{T}$ ist $|X| < 1$, dagegen nähert sich $|X|$ dem Werte 1, wenn ξ in einem Blatte von $\mathfrak{T}$ verbleibend in einen der Verzweigungspunkte A, B, C einrückt. Da die Bereiche Ξ_n im Innern der Überlagerungsfläche $\mathfrak{T}$ liegen, so ist auf dem Rande von Ξ_n einerseits $|X| < 1$, andererseits hat man auf ebendiesem Rande $|\psi_n(\xi)| = 1$, also gilt nach einem oft angewandten Schlußverfahren im Innern von Ξ_n die Ungleichung

$$|X| < |\psi_n(\xi)| < 1.$$

Nähert sich ξ dem Punkte A, so nähert sich $|X|$ dem Werte 1, also strebt auch $|\psi_n(\xi)|$ gegen 1, und da $|\xi| = \lim\limits_{n\to\infty} |\psi_n(\xi)|$ ist, so folgt, daß $|A| = 1$ sein muß. Es muß also A und damit jeder Randpunkt von Ξ auf der Peripherie des Einheitskreises der ξ-Ebene liegen, d. h. die Abbildung Ξ der Überlagerungsfläche T füllt in der Tat den Einheitskreis $|\xi| < 1$ ganz aus.

Wie wir in der Nr. 49 gesehen haben, trifft die zu Anfang dieser Nummer gemachte Voraussetzung $C > 0$ stets zu, wenn für das Verzweigungsschema der Überlagerungsfläche T die Ungleichung (11) erfüllt ist; wir haben also den Beweis geliefert, daß eine Überlagerungsfläche mit so beschaffenem Verzweigungsschema stets, d. h. bei beliebiger Lage der Verzweigungspunkte $a_1, a_2, \ldots, a_\sigma$ homöometrisch auf das Innere des Einheitskreises abgebildet werden kann (Behauptung 3. der Nr. 44). Um zur endgültigen Lösung des Fundamentalproblems zu gelangen, bedarf es nur noch einiger ergänzender Bemerkungen. Vorher erledigen wir noch die Frage, welche von den beiden Möglichkeiten $C > 0$ und $C = 0$ eintritt, wenn für das Verzweigungsschema von T die Gleichung

$$\sum_{k=1}^{\sigma+1} \frac{1}{g_k} = \sigma - 1 \tag{17}$$

besteht. In diesem Falle wissen wir aus den Nummern 39 und 43, daß die Überlagerungsfläche T stets auf eine punktierte Euklidische Ebene homöometrisch abgebildet werden kann; wäre $C > 0$, so würde T auf das Innere des Einheitskreises abbildbar sein, das ist aber unmöglich. Wir haben also, wenn die Gleichung (17) besteht, stets $C = 0$. In diesem Falle konvergiert die Folge der Funktionen $\varphi_n(x)$ nicht, man kann aber auf folgende Weise [1]) eine einheitliche Behandlung der Fälle (11) und (17) erzielen. Man betrachtet statt der $\varphi_n(x)$ die Funktionen

[1]) Siehe P. Koebe, Mathem. Annalen 67 (1909), S. 214ff.

$$\frac{\varphi_n(x)}{C_n} = \chi_n(x); \tag{18}$$

diese liefern die homöometrischen Abbildungen der Bereiche T_n auf die Kreise mit dem Mittelpunkt 0 und den Halbmessern $\frac{1}{C_n}$. Man kann zeigen, daß die Folge der Funktionen (18) stets gegen eine Grenzfunktion $\chi(x)$ konvergiert, und $\chi(x)$ bewirkt dann die homöometrische Abbildung von T auf einen Kreis mit dem Halbmesser $\lim\limits_{n\to\infty} \frac{1}{C_n}$, also im Falle (11), wo $\lim\limits_{n\to\infty} C_n > 0$ ist, auf einen Kreis mit endlichem Halbmesser, d. h. auf eine B.-L.sche Ebene, im Falle (17) dagegen, wo $\lim\limits_{n\to\infty} C_n = 0$ ist, auf einen Kreis mit unendlichgroßem Halbmesser, also auf eine Euklidische Ebene. Auf den Beweis für die Konvergenz der Folge (18) gehen wir nicht ein.

51. Eigenschaften der abbildenden Funktion. Zusammenfassung.

Wir wenden uns wieder zu dem Falle einer Überlagerungsfläche, für die die Ungleichung (11) besteht, also eine homöometrische Abbildung auf das Innere des Einheitskreises oder, wie wir jetzt lieber sagen wollen, auf die B.-L.sche Ebene möglich ist. Die analytischen Eigenschaften der Funktion $\xi = \varphi(x)$, die diese Abbildung vermittelt, können jetzt leicht angegeben werden[1]). — In der Umgebung des in dem Bereiche T_1 enthaltenen Punktes $x = x_0$ gilt die aus (8) durch Grenzübergang folgende Darstellung

$$\varphi(x) = (x - x_0)\,C(1 + (0)), \quad C = \lim_{n\to\infty} C_n > 0,$$

wo (0) eine in der Umgebung von $x = x_0$ holomorphe und in diesem Punkte verschwindende Funktion bedeutet. Das Blatt von T, in dem der Punkt x_0 gelegen ist, hat vor keinem anderen Blatte von T irgendeinen Vorzug; wir können also einen über dem Werte $x = x_0$ in einem anderen Blatte gelegenen Punkt von T zugrunde legen und eine Funktion

$$\tilde{\varphi}(x) = (x - x_0)\tilde{C}(1 + (0)), \quad \tilde{C} > 0,$$

herstellen, die in diesem Punkte verschwindet, daselbst eine positive Derivierte hat und die Fläche T auf das Innere des Einheitskreises homöometrisch abbildet. Diese Funktion $\tilde{\varphi}(x)$ unterscheidet sich von $\varphi(x)$ nur so, wie sich die verschiedenen Zweige von $\varphi(x)$ voneinander unter-

[1]) Vgl. z. B. H. Fuhr, Mitteilungen des Math. Sem. der Univ. Gießen, Heft I (1921), S. 10.

scheiden. Die Funktion $\tilde{\varphi}(\Phi(\xi))$ bildet das Innere des Einheitskreises auf sich selbst ab; nach dem Satze der Nr. 23 ist also $\tilde{\varphi}(x)$ mit $\varphi(x) = \xi$ durch eine projektive Transformation verknüpft, die die Scheibe des Einheitskreises in sich selbst überführt, d. h. eine Verschiebung der B.-L.-schen Ebene darstellt. Die sämtlichen Zweige von $\varphi(x)$ gehen also auseinander durch solche Verschiebungen hervor, und da $x = \Phi(\xi)$ eine eindeutige Funktion ist, so bildet die Gesamtheit dieser Verschiebungen eine diskontinuierliche, also Fuchssche Gruppe. Jedes Blatt $T^{(k)}$ der Überlagerungsfläche T wird auf ein schlichtes, einfach zusammenhängendes Gebiet $\Xi^{(k)}$ der B.-L.schen Ebene abgebildet; diese Gebiete lagern sich schlicht nebeneinander, füllen die B.-L.sche Ebene lückenlos aus und sind (im Sinne der B.-L.schen Geometrie) kongruent. Der Bereich $\Xi^{(0)}$, der dem Blatte $T^{(0)}$ entspricht, wird von 2σ Kurven $\overset{+}{s}_k, \overset{-}{s}_k (k = 1, 2, \ldots, \sigma)$ begrenzt, die den beiden Ufern $\overset{+}{l}_k, \overset{-}{l}_k$ der Querschnitte (a_k, ∞) entsprechen, mit Hilfe deren die Fläche T aufgebaut ist. Wenn wir uns diese Schnitte längs analytischer Kurven gelegt denken, so sind auch die $\overset{-}{s}_k, \overset{+}{s}_k$ analytische Kurven; eine besondere Erörterung erfordert nur noch das Verhalten dieser Kurven in den Endpunkten a_k, ∞ der Querschnitte, d. h. in den Verzweigungspunkten der Überlagerungsfläche T.

Wenn der Punkt a_k ein innerer Punkt der Fläche T, d. h. wenn die Zahl g_k endlich ist, so muß die Verschiebung, die einem einfachen Umlauf um den Punkt $x = a_k$ in der schlichten x-Ebene entspricht, g_k-mal hintereinander angewandt die Identität ergeben; sie ist also eine Drehung, d. h. eine elliptische Transformation von der Form

$$\frac{\xi' - \alpha_k}{\xi' - \alpha_k^{(0)}} = e^{\frac{2\pi i}{g_k}} \frac{\xi - \alpha_k}{\xi - \alpha_k^{(0)}}, \quad \alpha_k^{(0)} = \frac{1}{\bar{\alpha}_k},$$

wo α_k ein endlicher Punkt der B.-L.schen Ebene, also $|\alpha_k| < 1$ ist. In der Umgebung von $x = a_k$ ist dann $\left(\frac{\xi - \alpha_k}{\xi - \alpha_k^{(0)}}\right)^{g_k}$ eindeutig und für jeden von a_k verschiedenen Punkt dieser Umgebung holomorph; ferner ist dieser Ausdruck, da ξ stets im Innern des Einheitskreises verbleibt, beschränkt, er besitzt also in $x = a_k$ höchstens eine hebbare Unstetigkeit, d. h. es gilt in der Umgebung dieses Punktes eine Entwicklung

$$\left(\frac{\xi - \alpha_k}{\xi - \alpha_k^{(0)}}\right)^{g_k} = (x - a_k)(c_0 + c_1(x - a) + \cdots),$$

und hierin ist, da x eine eindeutige Funktion von ξ sein muß, c_0 von Null verschieden. Daraus folgt, daß die Kurven $\overset{-}{s}_k, \overset{+}{s}_k$ bis in den Punkt α_k hinein analytisch sind und dort mit bestimmten Tangenten unter dem

Winkel $\frac{2\pi}{g_k}$ zusammentreffen. — Ähnlich sind, wenn $g_{\sigma+1}$ endlich ist, alle Kurven $\bar{s}_k, \overset{+}{s}_k$ bis in die dem $x = \infty$ entsprechenden Endpunkte $\beta_{\sigma-k+1}$ von $\bar{s}_k$ und $\beta_{\sigma-k+2}$ von $\overset{+}{s}_k$ hinein analytisch und besitzen dort bestimmte Tangenten; die Summe der Winkel des Bereichs $\Xi^{(0)}$ in allen Eckpunkten $\beta_1, \ldots, \beta_\sigma$ ist gleich $\frac{2\pi}{g_{\sigma+1}}$.

Wenn $g_k = \infty$ ist, so kann die dem Umlauf um $x = a_k$ entsprechende Verschiebung nur eine parabolische oder hyperbolische Transformation sein, denn eine nicht periodisch elliptische, d. h. eine Drehung mit einem Winkel, der kein aliquoter Teil von 2π ist, kann ja wegen der Eindeutigkeit von x als Funktion von ξ nicht vorkommen (vgl. Nr. 27, S. 75). Entspräche einer Umkreisung von $x = a_k$ die hyperbolische Transformation

$$\frac{\xi' - \alpha}{\xi' - \beta} = k \frac{\xi - \alpha}{\xi - \beta}, \quad k > 0, \quad |\alpha| = |\beta| = 1,$$

so würde der Ausdruck

$$\left(\frac{\xi - \alpha}{\xi - \beta}\right)^{\frac{2\pi i}{\log k}} = t,$$

wo $\log k$ den reellen Logarithmus bedeuten soll, in einer in der schlichten x-Ebene zu denkenden Umgebung des Punktes $x = a_k$, aus der dieser Punkt selbst aber auszuschließen ist, eindeutig sein, jeden Wert nur einmal annehmen, niemals gleich Null oder Unendlich werden und unterhalb einer angebbaren Schranke bleiben. Es folgte also wieder, daß in dieser Umgebung, aber jetzt mit Einschluß des Punktes a_k, eine Entwicklung von der Form

$$t = (x - a_k)(c_0 + c_1(x - a_k) + \cdots), \; c_0 \neq 0$$

gelten würde. Das ist aber unmöglich, weil aus einer solchen Beziehung x nicht als eindeutige Funktion von ξ hervorgehen kann. Die dem Umlauf um $x = a_k$ entsprechende Verschiebung muß also eine parabolische Transformation

$$\frac{1}{\xi' - \mathfrak{a}_k} = \frac{1}{\xi - \mathfrak{a}_k} + p, \quad |\mathfrak{a}_k| = 1,$$

sein. Für diese folgt dann wieder in der Umgebung von $x = a_k$

$$e^{\left|\frac{2\pi i}{p \mathfrak{a}_k}\right| \frac{\mathfrak{a}_k}{\xi - \mathfrak{a}_k}} = (x - a_k)\,(c_0 + c_1(x - a_k) + \cdots)$$

und hieraus sehen wir, daß die den beiden Ufern des Schnittes (a_k, ∞) entsprechenden Seiten $\bar{s}_k, \overset{+}{s}_k$ von $\Xi^{(0)}$ auch für $g_k = \infty$ bis in den Punkt $\mathfrak{a}_k$ hinein, der dem Verzweigungspunkte a_k entspricht, analytisch bleiben und in diesem Punkte den Winkel Null miteinander bilden, d. h. daß sie im Sinne der B.-L.schen Geometrie in dem unendlich fernen Punkte a_k zusammentreffen und dort eine gemeinsame Asymptote haben. — Der Bereich $\Xi^{(0)}$ unterscheidet sich also nur noch darin von einem Normalpolygon im Sinne der Nr. 28, daß seine Seiten nicht notwendig gerade Linien der B.-L.schen Ebene sind; aber auch dies läßt sich jetzt leicht erreichen.

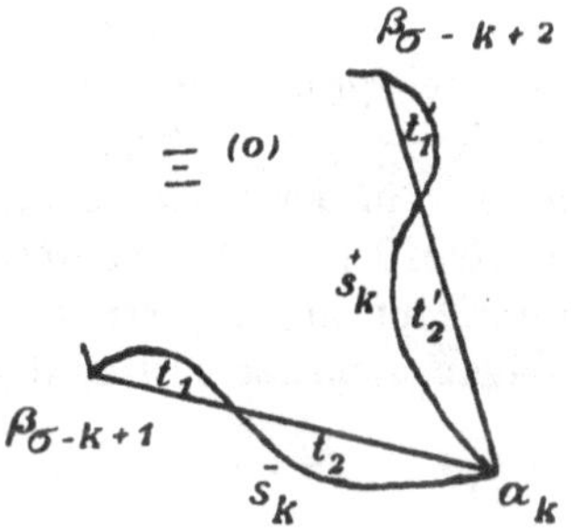

Fig. 49.

Wenn wir nämlich die die Seite $\bar{s}_k$ begrenzenden Ecken (siehe Fig. 49) $\beta_{\sigma-k+1}$, a_k geradlinig verbinden, so schneidet diese Gerade die Kurve $\bar{s}_k$, sofern sie nicht stückweise mit ihr zusammenfällt, nur in einer endlichen Anzahl von Punkten; die entstehenden sichelförmigen und schlichten Flächenstücke t_i, die teils innerhalb, teils außerhalb von $\Xi^{(0)}$ liegen, entsprechen kongruenten Stücken t_i', die von der Seite $\overset{+}{s}_k$ und der geraden Verbindungslinie ihrer Ecken $a_k, \beta_{\sigma-k+2}$ begrenzt werden, und wenn t_i innerhalb $\Xi^{(0)}$ liegt, so liegt t_i' außerhalb und umgekehrt, weil ja die Gerade $(a_k, \beta_{\sigma-k+2})$ aus der Geraden $(a_k, \beta_{\sigma-k+1})$ durch dieselbe Verschiebung hervorgeht wie $\overset{+}{s}_k$ aus $\bar{s}_k$. — Nun können wir ganz ähnlich verfahren wie bei der analogen Frage in der Nr. 12, d. h. wir lassen die innerhalb $\Xi^{(0)}$ gelegenen Stücke t_i, t_j' weg und ersetzen sie durch die kongruenten t_i', t_j; dadurch kommen an die Stelle der Seiten $\bar{s}_k$, $\overset{+}{s}_k$ geradlinige Begrenzungsstücke, denen dann eine abgeänderte Gestalt des Querschnitts (a_k, ∞) entspricht. Wenn wir das für $k = 1, 2, \ldots, \sigma$ durchführen, so kommen wir zu einem geradlinig begrenzten Normalpolygon, das durch die eindeutige Funktion $x = \Phi(\xi)$ homöometrisch abgebildet ist auf ein Blatt der Überlagerungsfläche T, in der jetzt die Schnitte (a_k, ∞) in ganz bestimmter Weise geformt sind. — Damit ist gezeigt, daß $x = \Phi(\xi)$ eine zu diesem Normalpolygon gehörige Fuchssche Funktion ersten Grades ist, der Beweis des Fundamentaltheorems (siehe die Formulierung II. in der Nr. 28, S. 80) ist somit erbracht.

Wir fassen zusammen, indem wir zugleich hervortreten lassen, wie die in der Nr. 3 (S. 7, Fußnote) angegebene Dreigliederung der Transformationen zweifach ausgedehnter geometrischer Gebilde in homöomorphe, homöometrische und isometrische bei unserem funktionentheoretischen Problem zur Geltung kommt.

Die Aufgabe, von der wir ausgegangen sind, war die Uniformisierung einer mehrdeutigen Funktion y von x mit einer endlichen Anzahl von Verzweigungspunkten $a_1, a_2, \ldots, a_\sigma, a_{\sigma+1} = \infty$, zu denen die Verzweigungszahlen $g_1, g_2, \ldots, g_{\sigma+1}$ gehören, die positive ganze Zahlen oder unendlich groß sind. Die durch die Verzweigungspunkte $a_1, \ldots, a_\sigma$ und das Verzweigungsschema $(\sigma; g_1, g_2, \ldots, g_{\sigma+1})$ bestimmte Überlagerungsfläche T, in der y eine eindeutige Funktion des Ortes ist, wurde vorerst in der Nr. 19 (S. 51) ganz abstrakt definiert, dann aber gaben wir ein Verfahren für ihre Konstruktion, das in Folgendem bestand. — Das Verzweigungsschema bestimmt durch die dreifache Möglichkeit

$$\sum_{k=1}^{\sigma+1} \frac{1}{g_k} \gtreqless \sigma - 1$$

den Charakter der absoluten Ebene, in der ein zu unserem Verzweigungsschema gehöriges Normalpolygon existieren kann. Wir konstruieren ein solches, $H^{(0)}$, indem wir den $(\sigma - 2)$ komplexen Parametern, von denen es noch abhängt, ganz beliebige Werte beilegen, und erfüllen dann die betreffende absolute Ebene schlicht und lückenlos mit Bereichen, die diesem Normalpolygon kongruent sind. Es sei $x = f(\eta)$ eine zu $H^{(0)}$ gehörige automorphe Funktion ersten Grades und S die Überlagerungsfläche, die entsteht, wenn wir die absolute Ebene mit der aus $H^{(0)}$ entspringenden Polygonteilung mit Hilfe dieser Funktion auf die x-Ebene übertragen. — Die Fläche T ist dann mit den Punkten $a_1, a_2, \ldots, a_\sigma, \infty$ ebenso aufzubauen wie S mit den Punkten $c_1, c_2, \ldots, c_\sigma, \infty$ aufgebaut ist, die vermöge $x = f(\eta)$ den Ecken von $H^{(0)}$ entsprechen. Also ist T mit S homöomorph und demnach auf die betreffende absolute Ebene mit ihrer Polygonteilung homöomorph bezogen. Nun ist die absolute Ebene wieder auf einen schlichten, einfach zusammenhängenden Bereich der η-Ebene homöometrisch bezogen, nämlich je nach dem Charakter der absoluten Ebene auf die abgeschlossene η-Ebene oder auf die punktierte η-Ebene oder endlich auf das Innere eines Kreises der η-Ebene. Also haben wir die Überlagerungsfläche T homöomorph auf einen schlichten Bereich der η-Ebene abgebildet und damit zunächst die Uniformisierung der Funktion y von x vom Standpunkte der Analysis situs aus vollzogen. — Die Uniformisierung im Sinne der Funktionentheorie erfordert, daß die Überlagerungsfläche T auf die ihrem Charakter nach durch das Verzweigungsschema bestimmte absolute Ebene homöometrisch abgebildet werde. Wir haben die Möglichkeit einer solchen Abbildung in allen Fällen bewiesen. Die Funktion, die diese Abbildung leistet, ist, von einer Verschiebung abgesehen, vollkommen bestimmt und ihre verschiedenen Zweige gehen durch Verschiebungen, d. h. durch isometrische Abbildungen der absoluten Ebene auf sich selbst, auseinander hervor.

52. Der symmetrische Fall; algebraischer Algorithmus. Verallgemeinerungen.

Während in den Fällen, wo die Abbildung der Überlagerungsfläche auf eine Riemannsche oder eine Euklidische Ebene erfolgt, die wirkliche analytische Herstellung der abbildenden Funktion stets durchführbar ist, wird für die Abbildung auf die B.-L.sche Ebene nur für $\sigma = 2$, d. h. für die Dreiecksfunktionen, die Differentialgleichung vollkommen bestimmt, der die abbildende Funktion $\xi = \varphi(x)$ Genüge leistet. Für $\sigma \geqq 3$ ist weder eine Methode zur Bestimmung der akzessorischen Parameter, noch ein Algorithmus zur Berechnung der Funktion $\xi = \varphi(x)$ angegeben, sondern ein bloßer Existenzbeweis geliefert worden. Ja man wird im allgemeinen Falle nicht einmal imstande sein, die Gestalt der Querschnitte (a_k, ∞) anzugeben, denen bei der Abbildung auf die absolute Ebene geradlinige Begrenzungsstücke der Fundamentalbereiche entsprechen, eine Schwierigkeit, auf die wir schon in der Nr. 12 im Falle der elliptischen Funktionen hingewiesen hatten. Nur im Falle einer symmetrischen Funktion, d. h. wenn die Verzweigungspunkte $a_1, a_2, \ldots, a_\sigma, a_{\sigma+1}$ reelle Werte haben oder auf einer Kreisperipherie gelegen sind, wissen wir aus der Nr. 42, daß bei der dort angegebenen Schnittanordnung für reelle Werte der a_k die Abschnitte der reellen Achsen in den einzelnen Blättern der Überlagerungsfläche auf geradlinige Begrenzungsstücke der entsprechenden Bereiche der absoluten Ebene abgebildet werden, so daß also in diesem Falle die zuletzt betonte Schwierigkeit nicht besteht. Für $\sigma = 3$, $g_k = 2$, d. h. für die elliptischen Funktionen, ist dies schon in der Nr. 12 (ohne Beweis) hervorgehoben worden. — Es ist nun aber sehr bemerkenswert, daß in dem symmetrischen Falle auch die erstgenannte Schwierigkeit, wenigstens in einem gewissen Sinne, überwunden werden kann, indem es nämlich gelingt, für diesen Fall solche Ausschöpfungsarten der Überlagerungsfläche anzugeben, bei denen die Folge der Funktionen $\varphi_n(x)$, als deren Grenzfunktion die abbildende Funktion $\xi = \varphi(x)$ erscheint, durch einen algebraischen Algorithmus gegeben wird.

Für reelle Werte der $a_1, a_2, \ldots, a_\sigma$ wird jedes Blatt der Überlagerungsfläche T durch die reelle Achse in zwei Halbblätter geteilt, denen die geradlinig begrenzten Halbbereiche $R^{(k)}, \overline{R}^{(k)}$ des Polygonnetzes der B.-L.-schen Ebene entsprechen. Die Fuchssche Funktion $x = \Phi(\xi)$ bildet jeden der Halbbereiche $R^{(k)}$ auf die untere Halbebene eines Blattes $T^{(k)}$ von T homöometrisch ab und ist dadurch nach dem Riemannschen Abbildungssatze abgesehen von einer projektiven Transformation mit reellen Koeffizienten und positiver Determinante vollkommen bestimmt. — Wir nehmen nunmehr die Ausschöpfung von T in der Weise vor, daß wir uns zunächst in der ξ-Ebene eine Folge $R_1, R_2, \ldots$ von einfach zusammenhängenden Bereichen denken, die die B.-L.sche Ebene oder das Innere des Einheitskreises der ξ-Ebene ausschöpfen, von denen jeder aus einer endlichen Anzahl von Halbbereichen $R^{(k)}, \bar{R}^{(k)}$ besteht, und wo R_n allemal ein Teilbereich von R_{n+1} ist. Diesen Bereichen $R_1, R_2, \ldots$ entsprechen Teilbereiche $T_1, T_2, \ldots$ von T, die diese Überlagerungsfläche vollkommen ausschöpfen, von denen jeder aus einer endlichen Anzahl von Halbblättern besteht und wo T_n ein Teilbereich von T_{n+1} ist. Es sei dann $\varphi_n(x) = \chi_n(\xi)$ die Funktion, die T_n oder R_n auf die untere Halbebene homöometrisch abbildet; wir behaupten, daß diese Funktion eine algebraische Funktion von x ist. —

In der Tat ist unsere Funktion als Funktion von ξ betrachtet eine symmetrische Fuchssche Funktion, da sie ja den geradlinig begrenzten Bereich R_n der B.-L.schen Ebene auf die untere Halbebene abbildet; die den Ecken von R_n entsprechenden Werte von $\chi_n(\xi)$, also die Verzweigungspunkte der Umkehrungsfunktion von $\chi_n(\xi)$ sind reell. Nun besteht R_n aus einer endlichen Anzahl von Halbbereichen $R^{(k)}, \bar{R}^{(k)}$; es sei diese Anzahl gleich ν. Einige der Seiten dieser Halbbereiche bleiben frei; sie bilden die Seiten von R_n. Spiegeln wir R_n in bezug auf eine dieser Seiten, so besteht das Spiegelbild $\bar{R}_n$ wieder aus ν Halbbereichen; man übersieht ohne weiteres, daß $R_n + \bar{R}_n$ genau ν Bereiche enthält, die mit $R^{(0)}$, und genau ν, die mit $\bar{R}^{(0)}$ kongruent sind. Dieser Bereich $R_n + \bar{R}_n$ stellt einen Fundamentalbereich der Fuchsschen Funktion $\chi_n(\xi)$ dar, innerhalb dessen sie jeden Wert nur ein einziges Mal annimmt. Die Funktion $x = \Phi(\xi)$ ist aber auch eine zu dem Fundamentalbereich $R_n + \bar{R}_n$ gehörige Fuchssche Funktion, die in diesem Bereiche jeden Wert genau ν-mal annimmt, also ist nach dem Satze der Nr. 37 x als rationale Funktion von $\chi_n(\xi) = \varphi_n(x)$ ausdrückbar und umgekehrt ist $\varphi_n(x)$ Wurzel einer algebraischen Gleichung ν-ten Grades mit in x linearen Koeffizienten. Diese rationale Funktion oder auch die ihre Umkehrung definierende algebraische Gleichung kann durch rein algebraische Prozesse bestimmt werden, wenn einerseits die Überlagerungsfläche T, also die Lage der Verzweigungspunkte $a_1, a_2, \ldots, a_\sigma$ und das Verzweigungsschema $(\sigma; g_1, g_2, \ldots, g_{\sigma+1})$, andererseits die Art und Weise bekannt ist, wie sich der Bereich T_n aus Halbblättern von T zusammensetzt. Es ist dann also, wie behauptet wurde, $\xi = \lim\limits_{n\to\infty} \varphi_n(x)$ als Grenzfunktion eines algebraischen Algorithmus gegeben. Besondere Fälle dieses Algorithmus haben namentlich für den Fall, wo alle Verzweigungszahlen g_k unendlich groß sind, Poincaré[1]),

[1]) H. Poincaré, Oeuvres II, S. 390ff. (1883).

Schlesinger[1]) und Fuhr[2]) gegeben. Geschichtlich bemerkenswert ist, daß für den Fall $\sigma = 2$, d. h. also für die Modulfunktion, ein solcher algebraischer Algorithmus in dem sogenannten arithmetisch-geometrischen Mittel vorliegt, das Gauß[3]) den Zugang zu der Theorie der Modulfunktion eröffnet und dessen er sich auch in der Theorie der elliptischen Funktionen mit dem größten Erfolge bedient hat. Wir erkennen also auch von diesem Gesichtspunkte aus in den symmetrischen Fuchsschen Funktionen, insbesondere in denen mit unendlichen Verzweigungszahlen, die direkte Verallgemeinerung der Modulfunktion.

Es möge noch bemerkt werden, daß der Schluß, den wir in bezug auf den algebraischen Zusammenhang zwischen x und der Funktion $\varphi_n(x)$ gezogen haben, unter ein allgemeines und fruchtbares Prinzip der Lehre von den automorphen Funktionen fällt, das man als Transformationsprinzip bezeichnen kann. Bedeutet G eine Fuchssche Gruppe und Γ eine andere Fuchssche Gruppe, die in G als Untergruppe enthalten ist, und zwar so, daß der Fundamentalbereich P von Γ aus einer endlichen Anzahl von mit dem Fundamentalbereich R von G kongruenten Bereichen zusammengesetzt ist, so ist jede zu G oder R gehörige Fuchssche Funktion x auch eine Fuchssche Funktion in bezug auf Γ oder P und demnach, allgemein zu reden, mit jeder zu Γ oder P gehörigen Fuchsschen Funktion y durch eine algebraische Gleichung verknüpft. — In dem von uns oben betrachteten besonderen Falle ist nicht nur der ursprüngliche Fundamentalbereich $R^{(0)} + \overline{R}^{(0)}$ vom Geschlechte Null, sondern auch der Bereich $R_n + \overline{R}_n$, zu dem die Funktion $\varphi_n(x)$ gehört; denn für beide ist die geschlossene Fläche, die hervorgeht, wenn man den Fundamentalbereich ausschneidet und dann so deformiert, daß die korrespondierenden Seitenpaare vereinigt werden, eine einfach zusammenhängende (vgl. Nr. 35, S. 106 und Nr. 37, S. 115). Dem ist es zuzuschreiben, daß für beide Fundamentalbereiche Fuchssche Funktionen ersten Grades vorhanden sind und daß sich die algebraische Beziehung zwischen diesen Funktionen x und $\varphi_n(x)$ in der Form darstellt, daß x als rationale Funktion von $\varphi_n(x)$ erscheint. Daß es aber für eine Fuchssche Gruppe vom Geschlechte Null Untergruppen geben kann, die von höherem Geschlechte sind, werden wir sehr bald an Beispielen sehen; für die Gruppe der elliptischen Funktionen, die aus der Teilung der Euklidischen Ebene in geradlinige Dreiecke entspringt, haben wir schon in der Nr. 13 in der Gruppe der Perioden (Parallelverschiebungen), deren Fundamentalbereich das Periodenparallelogramm ist, eine Untergruppe vom Geschlechte Eins gefunden, da ja

[1]) L. Schlesinger, Crelles Journal 105 (1889), S. 181.

[2]) H. Fuhr, Mitteil. d. Math. Sem. Gießen, Heft I (1921).

[3]) Siehe Gauß, Werke, III, S. 352ff., X,1, S. 172ff.

die aus dem Parallelogramm durch Zusammenbiegen hervorgehende Torusfläche dreifach zusammenhängend ist (siehe S. 33). Wir kommen in den nächsten Nummern auf Fuchssche Gruppen von höherem Geschlecht und damit auf Überlagerungsflächen zu sprechen, die allgemeiner sind als die, von denen wir bisher ausschließlich gehandelt haben; vorher wollen wir aber eine noch weiter gehende Verallgemeinerung des Begriffs der Überlagerungsfläche und des Uniformisierungsproblems wenigstens erwähnen, um die ganze Tragweite der in diesem Abschnitte dargelegten Methoden hervortreten zu lassen.

Wir hatten bisher von mehrdeutigen Funktionen y von x gehandelt, die eine endliche Anzahl von Verzweigungspunkten aufweisen; es sei nunmehr y eine ganz beliebige mehrdeutige Funktion der komplexen Veränderlichen x. Man kann dann, wie Poincaré gezeigt hat [1]), stets eine einfach zusammenhängende, über der x-Ebene aufgebaute Überlagerungsfläche U herstellen, in der y eine eindeutige Funktion des Ortes ist. Als innere Punkte dieser Fläche gelten die, wo sich y wie eine algebraische Funktion von x verhält, alle andern gelten als Grenzpunkte von U. — Hat U überhaupt keine Grenzpunkte, so ist es eine geschlossene Fläche von endlicher Blätterzahl, die stets auf eine Riemannsche Ebene (die abgeschlossene Ebene der komplexen Veränderlichen η) homöometrisch abgebildet werden kann [2]); y und x sind dann rationale Funktionen der uniformisierenden Veränderlichen η. Dieser Fall bietet also nichts Neues. — In jedem anderen Falle hat U Grenzpunkte und kann dann ebenso behandelt werden wie die Überlagerungsfläche T in den Nrn. 49, 50. Man kann nämlich die Fläche U durch eine Folge von einander umfassenden Bereichen $U_1, U_2, \dots$ ausschöpfen, die einzeln nach dem Riemannschen Abbildungssatze homöometrisch auf das Innere des Einheitskreises abgebildet werden können. Normiert man die abbildenden Funktionen wie in der Nr. 49, so sind wieder die beiden Fälle zu unterscheiden, je nachdem die Folge der Greenschen Konstanten einem von Null verschiedenen Grenzwert oder dem Grenzwert Null zustrebt. Im letzteren Falle läßt sich U homöometrisch auf die Euklidische Ebene (punktierte Ebene) abbilden. Im ersteren Falle dagegen konvergiert die Folge der die einzelnen Bereiche U_k abbildenden Funktionen gegen eine Grenzfunktion, die die Fläche U homöometrisch auf das Innere des Einheitskreises, also auf die B.-L.sche Ebene abbildet. Diese abbildende Funktion η ist abgesehen von einer Verschiebung der B.-L.schen Ebene

[1]) H. Poincaré, Comptes Rendus 1883, Oeuvres II, S. 61, Bulletin de la Societé Math. de France, 11 (1883) S. 112; Acta Mathematica 31 (1907) S. 1; siehe für das Folgende auch P. Koebe, Gött. Nachrichten 1907, S. 191 und Math. Annalen 67 (1909) S. 145.

[2]) H. A. Schwarz, Ges. Abhandl. II, S. 167 (1870).

in sich selbst eindeutig bestimmt und hat die Eigenschaft, daß alle ihre Zweige durch Verschiebungen auseinander hervorgehen. Aber die Gruppe dieser Verschiebungen ist im allgemeinen keine Fuchssche, weil sie nicht aus einer endlichen Anzahl von Fundamentaltransformationen zusammengesetzt werden kann; mit anderen Worten, der zu dieser Gruppe gehörige Fundamentalbereich besitzt im allgemeinen unendlich viele Seiten. Poincaré bezeichnet diese Art von Gruppen als groupes fuchsoïdes. Die Veränderliche x ist eine eindeutige, nur im Inneren des Einheitskreises existierende Funktion von η, die in bezug auf jene fuchsoide Gruppe automorph ist, und auch y ist, ebenso wie jede auf U eindeutige Funktion, eine eindeutige Funktion von η. Wir haben also in diesem Falle für die mehrdeutige Funktion y von x die Uniformisierung geleistet. Im Falle, wo U auf die Euklidische Ebene abgebildet werden kann, liefert die die Abbildung leistende Funktion ebenfalls die Uniformisierung von x und y, so daß also jede mehrdeutige Funktion einer komplexen Veränderlichen einer Uniformisierung in dem hier angedeuteten Sinne fähig erscheint. — Eine durchgebildete Theorie der für eine fuchsoide Gruppe automorphen Funktionen steht noch aus.

53. Uniformisierung algebraischer Funktionen. Hyperelliptische Gebilde.

Wir greifen nunmehr auf das in der Nr. 18 in Angriff genommene Beispiel eines hyperelliptischen Integrals zurück und wollen die Uniformisierung mit den uns jetzt zu Gebote stehenden Hilfsmitteln durchzuführen suchen. Dabei beschränken wir uns aber nicht auf den Fall von fünf im Endlichen gelegenen Verzweigungspunkten, sondern nehmen gleich das allgemeine hyperelliptische Gebilde[1])

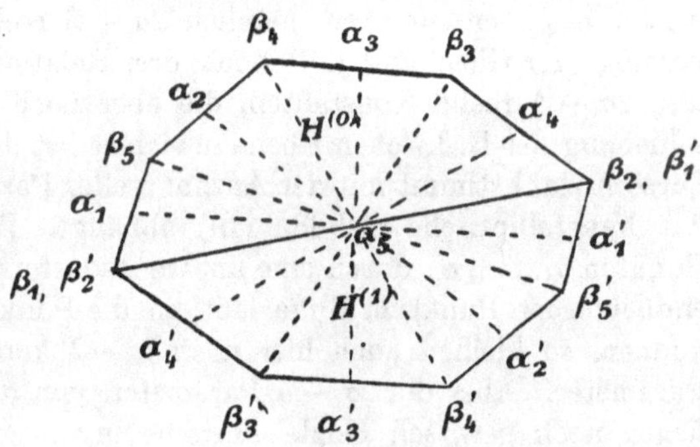

Fig. 50.

$$(19) \qquad y = \sqrt{(x - a_1)(x - a_2) \ldots (x - a_\sigma)},$$

[1]) Vgl. für das Folgende E. T. Whittaker, Phil. Trans. Ser. A, vol. 192 (1898), S. 1; H. Poincaré, Oeuvres II, S. 222 ff.

wo $\sigma = 2n + 1, n > 1$ sein möge; das Verzweigungsschema lautet für diesen Fall $(\sigma; 2, 2, \ldots, 2)$, es zeigt, daß die zugehörige, mit den Verzweigungspunkten $a_1, a_2, \ldots, a_\sigma, a_{\sigma+1} = \infty$ aufgebaute Überlagerungsfläche T auf die B.-L.sche Ebene oder auf das Innere des Einheitskreises abzubilden sein wird. Die Schnitte (a_k, ∞) denken wir uns so gelegt, daß der dem Blatte $T^{(0)}$ entsprechende Normalbereich $H^{(0)}$ geradlinig begrenzt ist, die Ecken von $H^{(0)}$ werden in gewohnter Weise bezeichnet (vgl. die Fig. 50, wo $n = 2$ genommen wurde). Da alle Verzweigungszahlen g_k gleich Zwei sind, so haben wir bei den Ecken α_k die Winkel π und bei dem Eckenzyklus $\beta_1, \ldots, \beta_\sigma$ die Winkelsumme π; $H^{(0)}$ ist also ein geradliniges σ-Eck mit der Winkelsumme π. Die Substitution S_k ist eine Drehung von der Form

$$\frac{S_k\eta - \alpha_k}{S_k\eta - \alpha_k^{(0)}} = -\frac{\eta - \alpha_k}{\eta - \alpha_k^{(0)}}, \quad \alpha_k^{(0)} = \frac{1}{\bar{\alpha}_k}, \qquad (k=1, 2, \ldots, \sigma+1)$$

wo (vgl. Nr. 28)

$$(20) \qquad S_{\sigma+1}\, S_\sigma \ldots S_1 = 1,$$

$$(21) \qquad \beta_\sigma = S_1(\alpha_{\sigma+1}),\ \beta_{\sigma-1} = S_2 S_1(\alpha_{\sigma+1}), \ldots,$$
$$\beta_1 = S_\sigma S_{\sigma-1} \ldots S_1(\alpha_{\sigma+1}) = S_{\sigma+1}(\alpha_{\sigma+1}) = \alpha_{\sigma+1}$$

ist; die Ecken α_k liegen also für $k = 1, 2, \ldots, \sigma$ in den Halbierungspunkten der Seiten (β_{k-1}, β_k) von $H^{(0)}$. Die Anzahl der wesentlichen reellen Parameter, von denen $H^{(0)}$ abhängt, ist $2\sigma - 4$; die $\sigma + 1$ komplexen Größen $\alpha_1, \ldots, \alpha_{\sigma+1}$ entsprechen nämlich $2\sigma + 2$ reellen, zwischen denen aber vermöge der Gleichung (20) noch drei Relationen bestehen. Es bleiben also $2\sigma - 1$ reelle Konstanten, die aber noch durch eine beliebige Verschiebung der B.-L.schen Ebene in sich selbst um drei vermindert werden. Diese Anzahl stimmt mit der Anzahl reeller Parameter überein, von denen das hyperelliptische Gebilde (19) abhängt. Da nämlich zwei von den Punkten $a_1, \ldots, a_\sigma$ durch eine lineare Transformation von x, die den unendlichfernen Punkt in Ruhe läßt, in die Punkte 0 und 1 verlegt werden können, so bleiben auch hier noch $\sigma - 2$ komplexe, also $2\sigma - 4$ reelle Parameter. Aber die $2\sigma - 4$ Parameter, von denen $H^{(0)}$ abhängt, unterliegen noch gewissen Ungleichheitsbedingungen, die bewirken, daß sich mit den Ecken $\beta_1, \beta_2, \ldots, \beta_\sigma$ ein geradliniges σ-Eck der B.-L.schen Ebene konstruieren läßt, das die Winkelsumme π aufweist. — Haben wir in der B.-L.schen Ebene ein solches σ-Eck $H^{(0)}$, so wird diese Ebene durch ein Netz von mit $H^{(0)}$ kongruenten Polygonen schlicht und lückenlos bedeckt. Wir erkennen in dieser Teilung der B.-L.schen Ebene die direkte Verallgemeinerung der Dreiecksteilung der Euklidischen Ebene, wie wir sie in den Nummern 13, 16 für das elliptische Gebilde, d. h. für $\sigma = 3, n = 1$

behandelt haben. — Die zu dem Normalpolygon $H^{(0)}$ gehörige Fuchssche Funktion ersten Grades $x = f(\eta)$ kann dann so eingerichtet werden, daß sie in den Ecken $\alpha_1, \ldots, \alpha_\sigma$ die Werte $a_1, \ldots, a_\sigma$ und in dem Eckenzyklus $\beta_1, \ldots, \beta_\sigma$ den Wert ∞ annimmt. Umgekehrt bestimmen, wenn man $H^{(0)}$ als Ausgangspunkt nimmt, die Werte $f(\alpha_k)$ die Verzweigungspunkte des hyperelliptischen Gebildes. Durch die Variable η wird nicht nur die Funktion y von x, sondern auch jedes zu dem hyperelliptischen Gebilde (19) gehörige Integral erster und zweiter Gattung

$$\int \frac{g(x)dx}{y}, \quad g(x) = A_0 + A_1 x + \cdots + A_r x^r,$$

uniformisiert; ein solches Integral ist nämlich offenbar eine eindeutige Funktion des Orts in der Überlagerungsfläche T.

Die uniformisierende Veränderliche η wird als Funktion von x durch den Integralquotienten der in der Nr. 39, S. 118 aufgestellten linearen Differentialgleichung

$$\frac{d^2u}{dx^2} = uQ(x) \tag{22}$$

gegeben; nach den S. 123 entwickelten Formeln hat man

$$Q(x) = -\frac{3}{16}\sum_{k=1}^{\sigma}\frac{1}{(x-a_k)^2} + \frac{1}{(x-a_1)\cdots(x-a_\sigma)}\left\{b_0 + \cdots + b_{\sigma-3}x^{\sigma-3} - \frac{3(\sigma-1)}{16}x^{\sigma-2}\right\},$$

wo die $b_0, \ldots, b_{\sigma-3}$ die algebraisch nicht bestimmbaren akzessorischen Parameter bedeuten. Für $\sigma = 3$ reduziert sich diese Differentialgleichung auf das in der Nr. 43 behandelte Fuchssche Beispiel mit $\lambda = 0$, d. h. auf den Fall der elliptischen Funktionen [1]).

Wir wollen nun, ähnlich wie wir es in der Nr. 13 für die elliptischen Funktionen getan haben, auch hier zu einem geometrischen Gebilde zu gelangen suchen, dessen Punkte den durch die Gleichung (19) verknüpften Wertepaaren y, x gegenseitig eindeutig und stetig entsprechen, d. h. also zu einer der algebraischen Funktion (19) zugehörigen Riemannschen Fläche. Dazu gehen wir von dem Blatte $T^{(0)}$ von T aus und denken uns in diesem der Quadratwurzel y einen bestimmten Wert beigelegt, während der entgegengesetzte Wert von y in einem andern Blatte $T^{(1)}$ repräsentiert werden möge. Um die Stetigkeit der Beziehung herzustellen, haben wir dann die beiden Blätter $T^{(0)}$ und $T^{(1)}$ in der Weise mitein-

---

[1]) Auch für $\sigma > 3$ läßt sich (vgl. Nr. 43) durch Einführung von $\int \frac{dx}{y}$ als neue unabhängige Veränderliche eine formale Vereinfachung der Differentialgleichung (22) erzielen; vgl. Whittaker, a. a. O., S. 18.

ander zu verbinden, daß wir längs eines jeden der Schnitte (a_k, ∞) das positive Ufer des Schnittes in $T^{(0)}$ mit dem negativen in $T^{(1)}$ und umgekehrt vereinigen. Die so entstehende geschlossene Fläche $\widetilde{T}$ ist die Riemannsche Fläche von y.

Um die Ordnung ihres Zusammenhangs festzustellen, übertragen wir unsere Fläche mit Hilfe der Fuchsschen Funktion $x = f(\eta)$ in die η-Ebene (vgl. Nr. 13). Wir unterwerfen den dem Blatte $T^{(0)}$ entsprechenden Fundamentalbereich $H^{(0)}$ einer der Drehungen S_k, z. B. der Drehung S_σ, wodurch $H^{(0)}$ in den kongruenten Bereich $H^{(1)}$ übergeht, den wir dem Blatte $T^{(1)}$ zuordnen können. Die Ecken von $H^{(1)}$ bezeichnen wir mit α_k', β_k'. — Durch Vereinigung der beiden Bereiche $H^{(0)}, H^{(1)}$ entsteht ein einfach zusammenhängender Bereich $\Phi^{(0)}$ mit $2\sigma - 2$ freien Seiten und der Winkelsumme 2π (vgl. Fig. 50), den wir nun mit der Fläche $\widetilde{T}$ in Beziehung setzen wollen. Die Seite (β_{k-1}, β_k) von $H^{(0)}$ entspricht den beiden Ufern des Schnittes $(a_{\sigma-k+2}, \infty)$ des Blattes $T^{(0)}$, ebenso die Seite (β_{k-1}', β_k') von $H^{(1)}$ den beiden Ufern desselben Schnittes in $T^{(1)}$; wir erhalten also das mit $\Phi^{(0)}$ homöometrische Gebilde, indem wir $T^{(0)}$ und $T^{(1)}$ in der Weise miteinander verbinden, daß wir nur die gegenüberliegenden Ufer des Schnittes (a_σ, ∞) in $T^{(0)}$ und $T^{(1)}$ wechselweise miteinander verschmelzen. Die so entstehende Fläche $\overline{T}^{(0)}$ ist natürlich einfach zusammenhängend und sie geht aus der Riemannschen Fläche $\widetilde{T}$ dadurch hervor, daß wir in $\widetilde{T}$ die Verbindungen, die längs den Ufern der Schnitte (a_k, ∞) für $k = 1, 2, \ldots, \sigma - 1$, zwischen den beiden Blättern $T^{(0)}$ und $T^{(1)}$ bestehen, trennen. Wollen wir nun umgekehrt $\Phi^{(0)}$ so umgestalten, daß das entstehende Gebilde der Riemannschen Fläche $\widetilde{T}$ gegenseitig eindeutig und stetig entspricht, so haben wir in $\Phi^{(0)}$ die den Schnittufern von (a_k, ∞) für $k = 1, 2, \ldots, \sigma - 1$ entsprechenden Seitenpaare $(\beta_{\nu-1}, \beta_\nu)$ und $(\beta_{\nu-1}', \beta_\nu')$ für $\nu = 3, 4, \ldots, \sigma + 1$ miteinander zu verschmelzen. Die dadurch aus $\Phi^{(0)}$ entstehende geschlossene Fläche R kann dann auch direkt als Riemannsche Fläche von y angesprochen werden und wir können nun ihre Zusammenhangszahl nach dem verallgemeinerten Eulerschen Polyedersatz (vgl. Nr. 37) bestimmen. Durch Verschmelzen der gegenüberliegenden Seitenpaare von $\Phi^{(0)}$ vereinigen sich, wie man sofort erkennt, alle Ecken β_ν und β_ν' in einem Punkt, der dem Punkte $x = \infty$ entspricht. Die Fläche R hat also eine Ecke, $E = 1$, ferner hat sie, da $2\sigma - 2$ Seiten zu je zweien miteinander vereinigt wurden, $\sigma - 1$ Kanten, $K = \sigma - 1$, und eine Fläche, $F = 1$; die Polyederformel $E - K + F = 2 - 2p$ ergibt also

$$p = \frac{\sigma - 1}{2} = n,$$

d. h. unsere Fläche R, und folglich auch $\tilde{T}$, ist $(2n+1)$-fach zusammenhängend. Wir schließen daraus rückwärts, daß die Trennungen, die wir oben vornehmen mußten, um von $\tilde{T}$ zu der einfach zusammenhängenden Fläche $\overline{T}^{(0)}$ überzugehen, darin bestehen, daß wir von dem Punkte $x = \infty$ aus $2n$ in diesen Punkt zurücklaufende Querschnitte legen; man kann dies natürlich auch direkt einsehen (vgl. den Fall $n = 1$ in der Nr. 13[1])). Von besonderer Wichtigkeit ist nun der Bereich $\Phi^{(0)}$, den wir deshalb noch genauer ins Auge fassen wollen.

Der Bereich $\Phi^{(0)}$ ist, wie bereits bemerkt, ein geradliniges $(2\sigma-2)$-Eck der B.-L.schen Ebene mit der Winkelsumme 2π. Die einander gegenüberliegenden Seiten (β_k, β_{k+1}) und (β'_k, β'_{k+1}) sind kongruent, für $k = 1, 2, \ldots, \sigma - 1$, und gehen durch die Verschiebungen

$$U_{\sigma-1} = S_\sigma S_{\sigma-1},\ U_{\sigma-2} = S_\sigma S_{\sigma-2}, \ldots, U_1 = S_\sigma S_1$$

auseinander hervor. Die Verschiebung $U_k = S_\sigma S_k$ ist eine Schraubung um die Verbindungslinie der Doppelpunkte α_σ, α_k, d. h. also eine hyperbolische Transformation, deren Doppelpunkte in den beiden unendlichfernen Punkten der Verbindungslinie $(\alpha_\sigma, \alpha_k)$ liegen (wir sehen hier den Unterschied gegenüber dem Falle $n = 1$, wo für das in der Euklidischen Ebene gelegene Parallelogramm $\Phi^{(0)}$ die Transformationen, die je zwei gegenüberliegende Seiten ineinander überführen, Parallelverschiebungen, also parabolische Transformationen waren). Die sämtlichen Ecken von $\Phi^{(0)}$ werden als zu einem einzigen Zyklus gehörig zu betrachten sein, da sie bei dem Übergang zu der geschlossenen Fläche R in einem Punkt vereinigt werden, der dem Punkte $x = \infty$ entspricht. In $\Phi^{(0)}$ entspricht jedem der durch die Gleichung (19) verknüpften Wertepaare (x, y) ein und nur ein Punkt; wenn wir y als Funktion von η mit $g(\eta)$ bezeichnen, so bleibt diese eindeutige Funktion bei den Transformationen U_k ungeändert, dagegen verwandelt sie sich in ihren entgegengesetzten Wert, wenn auf η eine der Drehungen S_k angewandt wird,

$$g(U_k\eta) = g(\eta),\ g(S_k\eta) = -g(\eta).$$

Die aus den $\sigma - 1$ Schraubungen U_k komponierte Gruppe Γ ist eine

[1]) Wir bemerken, daß das auf diese Weise in der $(2n+1)$-fach zusammenhängenden Fläche entstehende Querschnittsystem von der Art ist, wie es Riemann in der Nr. 3 seiner „Theorie der Abelschen Funktionen" (Riemanns Werke, 2. Aufl., S. 104) einführt. Es gehört also nicht zu dem in der Nr. 19 der gedachten Riemannschen Abhandlung betrachteten Typus von sogenannten kanonischen Schnittsystemen. Für die Topologie der Riemannschen Flächen verweisen wir auf C. Neumann, Abelsche Funktionen, 2. Aufl., 1884, 7. Kap. und B. von Kerékjártó, Topologie I, 1923, 4. Abschnitt.

Untergruppe der aus den σ Drehungen S_k komponierten Gruppe G, aber während G vom Geschlechte Null ist, wird Γ als vom Geschlechte n zu bezeichnen sein, weil der Bereich $\Phi^{(0)}$, der als Fundamentalbereich von Γ anzusehen ist, nach Vereinigung der korrespondierenden Seiten eine geschlossene Fläche R vom Zusammenhange $2n+1$ ergibt (vgl. die Festsetzungen der Nr. 37). Wir sind damit zu einer neuen Art von diskontinuierlichen Gruppen von Verschiebungen der B.-L.schen Ebene und zugleich zu einer Klasse von bei diesen Gruppen automorphen Funktionen gelangt, die wir nach Poincaré ebenfalls als Fuchssche Gruppen bzw. Funktionen bezeichnen.

Wenn wir die aus $\Phi^{(0)}$ durch die Transformationen von Γ hervorgehenden Bereiche $\Phi^{(1)}, \Phi^{(2)}, \ldots$ herstellen, so bedeckt ihre Gesamtheit die B.-L.sche Ebene schlicht und lückenlos, da ja jeder der so entstehenden Bereiche aus der Vereinigung von zwei benachbarten Bereichen $H^{(\nu)}$ hervorgeht. Entsprechend dieser Teilung der B.-L.schen Ebene können wir uns dann auch die Überlagerungsfläche T statt aus den einzelnen Blättern $T^{(k)}$ aus „Zellen" $\overline{T}^{(k)}$ zusammensetzen, die nach Art von $\overline{T}^{(0)}$ beschaffen sind. D. h. also, jede solche Zelle $\overline{T}^{(k)}$ geht aus einem Exemplar der $(2n+1)$-fach zusammenhängenden Riemannschen Fläche $\tilde{T}$ dadurch hervor, daß diese Fläche durch $2n$ geeignete, von $x=\infty$ ausgehende und dahin zurückkehrende Querschnitte in eine einfach zusammenhängende zerschnitten wird, und die Verbindung zwischen diesen Zellen ist dann so herzustellen, wie es der Aneinanderlagerung der entsprechenden Bereiche $\Phi^{(k)}$ in der B.-L.schen Ebene entspricht.

Es könnte scheinen, daß dieser Verallgemeinerung des Begriffs der Fuchsschen Gruppen und Funktionen keine grundsätzliche Bedeutung zukommt, indem ja das Wesen der Sache schon durch die Gruppe G und die zu dieser gehörigen automorphen Funktionen vom Geschlechte Null erschöpft wird. — Das trifft für die hier betrachteten Verhältnisse tatsächlich zu und ist in einer besonderen Beschaffenheit des Bereiches $\Phi^{(0)}$ begründet, die wir jetzt noch genau charakterisieren wollen. — Der Bereich $\Phi^{(0)}$ weist eine Symmetrie in bezug auf den Punkt a_σ auf, die darin besteht, daß er von einer durch a_σ hindurchgehenden Geraden (β_1, β_2) in zwei Bereiche $H^{(0)}$ und $H^{(1)}$ zerlegt wird, die durch eine Drehung um den Punkt a_σ mit einem Winkel von 180^0 auseinander hervorgehen. Diese Symmetrie bewirkt, daß es unter den für die Gruppe Γ automorphen Funktionen eine gibt, nämlich $x=f(\eta)$, die innerhalb von $\Phi^{(0)}$ jeden Wert zweimal annimmt, so daß also jede zu $\Phi^{(0)}$ gehörige Fuchssche Funktion als Funktion von x betrachtet zweiwertig ist, d. h. einer quadratischen Gleichung mit eindeutigen und genauer rationalen Koeffizienten genügt. — Wir werden nunmehr zur Betrachtung von Bereichen übergehen, die topologisch wie $\Phi^{(0)}$ beschaffen, aber mit der eben geschilderten Symmetrieeigenschaft nicht begabt sind. Dies wird uns zu einer wirklich neuen Klasse von Fuchsschen Gruppen und Funktionen führen.

---

54. Fuchssche Gruppen und Funktionen von höherem Geschlecht[1]).

Wir denken uns in der B.-L.schen Ebene für $n > 1$ ein geradliniges $4n$-Eck $\Phi^{(0)}$, dessen Ecken wir in derselben Weise bezeichnen wollen wie für das besondere $4n$-Eck der vorigen Nummer. Ein solches $4n$-Eck hängt, allgemein zu reden, von $8n - 3$ reellen Parametern ab, wenn wir nur seine geometrische Gestalt, abgesehen von einer Verschiebung in der B.-L.schen Ebene, ins Auge fassen, nämlich von den $8n$ Koordinaten seiner $4n$ Ecken, von denen noch die drei Konstanten einer beliebigen Verschiebung abzuziehen sind. Wir unterwerfen $\Phi^{(0)}$ noch den folgenden Bedingungen: je zwei gegenüberliegende Seiten, also (vgl. die Fig. 51, wo $n = 2$ ist) (β_{k-1}, β_k) und (β'_{k-1}, β'_k) seien kongruent und die Summe aller Winkel sei gleich 2π. Dadurch reduziert sich die Anzahl der Parameter, von denen $\Phi^{(0)}$ abhängt, um $2n + 1$ auf $6n - 4$. Die Paare gegenüberliegender Seiten gehen im allgemeinen durch Schraubungen, d. h. also durch hyperbolische Transformationen $U_1, U_2, \ldots, U_{2n}$ ineinander über; denkt man sich $\Phi^{(0)}$ ausgeschnitten und so deformiert, daß die kongruenten Seitenpaare zusammenfallen, so vereinigen sich alle $4n$ Ecken β_k, β'_k in einem Punkt. Die sämtlichen Ecken von $\Phi^{(0)}$ bilden also einen einzigen Zyklus. Die geschlossene Fläche R, die so durch Zusammenfügen der kongruenten Seitenpaare aus $\Phi^{(0)}$ hervorgeht, hat dann (vgl. die vorige Nummer) eine Ecke, $E = 1$, $2n$ in dieser Ecke zusammenlaufende Kanten, $K = 2n$, und eine Fläche, $F = 1$, sie ist also nach dem Eulerschen Polyedersatze vom Zusammenhang $2n + 1$, d. h. vom Geschlechte n. Die Gruppe von Verschiebungen Γ, die aus den $2n$ Schraubungen $U_1, \ldots, U_{2n}$ als Fundamentaltransformationen zusammengesetzt ist, verwandelt $\Phi^{(0)}$ in eine Folge kongruenter Polygone $\Phi^{(1)}, \Phi^{(2)}, \ldots$

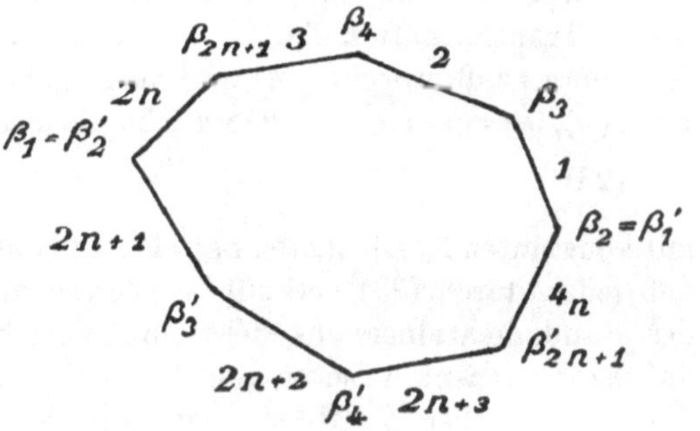

Fig. 51.

---

[1]) Vgl. für diese Nummer H. Poincaré, Oeuvres II, S. 222ff. (1882); F. Klein, Gesammelte Abhandlungen III, Abh. CII, CIII (1882).

Durch Schlüsse, die denen der Nr. 30 ganz analog sind, zeigt man, daß diese Polygonenfolge die B.-L.sche Ebene schlicht und lückenlos bedeckt; die Gruppe Γ ist also eine diskontinuierliche, wir bezeichnen sie als Fuchssche Gruppe vom Geschlechte n. Wir werden später sehen, daß diese Gruppe Γ für $n > 2$ im allgemeinen nicht als Untergruppe einer Fuchsschen Gruppe vom Geschlechte Null erhalten werden kann, nur für $n = 2$ ist sie von der in der vorigen Nummer betrachteten Gruppe nicht wesentlich verschieden.

Man kann nun mit der Gruppe Γ zunächst Fuchssche Thetareihen (vgl. Nr. 32) und aus diesen dann Fuchssche Funktionen bilden, d. h. eindeutige Funktionen, die nur für diejenigen Werte η existieren, die endlichen Punkten der B.-L.schen Ebene entsprechen, für alle diese Werte meromorphes Verhalten zeigen und ihren Wert nicht verändern, wenn η eine Transformation der Gruppe Γ erfährt. Genau wie in der Nr. 37 zeigt man, daß zwischen je zwei zu Γ gehörigen Fuchsschen Funktionen $x = f(\eta), y = g(\eta)$ eine algebraische Beziehung

$$F(y, x) = 0 \tag{23}$$

mit konstanten Koeffizienten besteht, und daß sich x, y so auswählen lassen, daß jedes durch (23) verknüpfte Wertepaar (x, y) nur für einen Punkt des Fundamentalbereichs $\Phi^{(0)}$ zum Vorschein kommt, wobei in bezug auf die kongruenten Seiten von $\Phi^{(0)}$ und in bezug auf die Ecken natürlich die erforderlichen Verabredungen (vgl. Nr. 35) zu treffen sind. Die aus $\Phi^{(0)}$ durch Zusammenbiegen entstehende Fläche R wird dann als Riemannsche Fläche des durch die Gleichung (23) definierten algebraischen Gebildes anzusehen sein, indem zwischen den diese Gleichung befriedigenden Wertepaaren (x, y) und den Punkten von R ausnahmslos gegenseitig eindeutiges und stetiges Entsprechen stattfindet. Bedeutet z irgendeine dritte zu Γ gehörige Fuchssche Funktion, so ist z algebraisch in x und eindeutig in den durch (23) verknüpften Größen (x, y), also rational in (x, y). Soweit ist alles genau so wie in der Nr. 37; aber die Gleichung (23) ist jetzt nicht wie dort vom Geschlecht Null, sondern vom Geschlecht n, weil ihre Riemannsche Fläche $(2n + 1)$-fach zusammenhängend ist. Bedeutet $\mathfrak{x}, \mathfrak{y}$ ein zweites Paar Fuchsscher Funktionen, das durch die Gleichung

$$\mathfrak{F}(\mathfrak{y}, \mathfrak{x}) = 0 \tag{24}$$

verknüpft und so beschaffen ist, daß jedes Wertepaar $(\mathfrak{x}, \mathfrak{y})$ nur für einen Punkt von $\Phi^{(0)}$ angenommen wird, so ist also x, y durch $\mathfrak{x}, \mathfrak{y}$ und umgekehrt $\mathfrak{x}, \mathfrak{y}$ durch x, y rational ausdrückbar, d. h. die beiden algebraischen Gleichungen (23), (24) gehen durch eine rationale und rational umkehrbare, eine sogenannte birationale Transformation auseinander hervor.

Man sagt nach Riemann, daß sie zu derselben Klasse gehören; natürlich haben sie auch die Riemannsche Fläche R gemein. Aber die Gemeinsamkeit von R ist für die Zugehörigkeit zu derselben Klasse noch nicht charakteristisch, weil in dieser Fläche R nur die topologische Eigenart des algebraischen Gebildes zum Ausdruck kommt, eine Eigenart, die alle algebraischen Gebilde vom selben Geschlecht gemein haben. Um hier zur völligen Klarheit zu gelangen, bedarf es einiger allgemeiner Bemerkungen über die Riemannsche Fläche einer algebraischen Funktion.

Bedeutet (23) irgendeine irreduzible algebraische Gleichung zwischen den komplexen Veränderlichen x, y, so haben wir bisher als Riemannsche Fläche dieser Gleichung ein zweifach ausgedehntes geometrisches Gebilde angesehen, dessen Punkte gegenseitig eindeutig und stetig den durch die Gleichung (23) verknüpften Wertepaaren x, y zugeordnet sind. Nach Poincaré[1]) kann man aber die verschiedenen Riemannschen Flächen, die zu einer und derselben Gleichung gehören, in zwei Arten sondern, in isotrope und anisotrope. Eine solche Fläche heißt isotrop, wenn die Beziehung zwischen ihren Punkten und den Wertepaaren (x, y) eine derartige ist, daß die x-Ebene auf die Fläche konform abgebildet wird. Offenbar ist diese Eigenschaft unabhängig von der Wahl der unabhängigen Veränderlichen x; denn wenn sie für x gilt, so gilt sie auch für y und allgemein für jede rationale Funktion z der durch die Gleichung (23) verknüpften Veränderlichen (x, y). Z. B. ist für die Quadratwurzel $y = \sqrt{(x-a_1)(x-a_2)(x-a_3)}$ die in der Nr. 9 betrachtete zweiblättrige Fläche $\overset{\frown}{T}$ eine isotrope, dagegen die Torusfläche der Nr. 13 im allgemeinen eine anisotrope Riemannsche Fläche. Für die durch die Fuchsschen Funktionen $x = f(\eta), y = g(\eta)$ befriedigte Gleichung (23) kann man eine isotrope Fläche durch die folgende Betrachtung erhalten:

Wenn wir mit Hilfe von $x = f(\eta)$ die Teilung der B.-L.schen Ebene in ein Netz von mit $\Phi^{(0)}$ kongruenten Polygonen $\Phi^{(1)}, \Phi^{(2)}, \ldots$ auf die x-Ebene übertragen, so erhalten wir eine unendlich vielblättrige Fläche T, die einen neuen Typus von Überlagerungsflächen repräsentiert. Sie zerfällt entsprechend den einzelnen Polygonen $\Phi^{(k)}$ in Zellen $T^{(k)}$; die dem Polygon $\Phi^{(0)}$ entsprechende Zelle $T^{(0)}$ besteht aus so vielen über der x-Ebene ausgebreiteten Blättern, als die Anzahl der Werte y beträgt, die vermöge der Gleichung (23) zu einem willkürlichen Werte von x gehören. Entsprechend den $4n$ Seiten von $\Phi^{(0)}$ trägt die Zelle $T^{(0)}$ $4n$ analytische Linienzüge, längs denen sie mit den benachbarten Zellen in derselben

[1]) H. Poincaré, Oeuvres II, S. 522, (1898). Poincaré spricht daselbst statt von Riemannschen Flächen von „surfaces de Klein"; in der Tat hat Riemann stets nur die besondere Art von Flächen betrachtet, von der sogleich die Rede sein wird. Vgl. F. Klein, Ges. Abh. III, S. 479.

Weise zusammenhängt wie $\Phi^{(0)}$ mit seinen Nachbarpolygonen. — Wenn wir diesen Zusammenhang aufheben, was also in der B.-L.schen Ebene dem entspricht, daß wir $\Phi^{(0)}$ ausschneiden, so erhalten wir eine einfach zusammenhängende Fläche, auf der jene $4n$ Linienzüge wie folgt verlaufen: Wir bezeichnen die Seiten von $\Phi^{(0)}$, indem wir die Begrenzung dieses Polygons von der Ecke $\beta_2 = \beta_1'$ ausgehend im positiven Sinne durchlaufen, mit den Nummern $1, \ldots, 4n$, also (β_2, β_3) mit 1, (β_3, β_4) mit $2, \ldots, (\beta_{2n}, \beta_1)$ mit $2n$, (β_2', β_3') mit $2n+1, \ldots, (\beta_{2n+1}, \beta_1')$ mit $4n$; dann sind allemal die Seiten ν und $2n+\nu$ kongruent. Dem Eckenzyklus der β_k, β_k' von $\Phi^{(0)}$ entspricht ein bestimmter Punkt von $T^{(0)}$, den wir durch das entsprechende Wertepaar (x_0, y_0) von (x, y) charakterisieren wollen; diejenigen Linienzüge von $T^{(0)}$, die einem Paare kongruenter Seiten von $\Phi^{(0)}$ entsprechen, verlaufen unendlich benachbart, da ja x und y in korrespondierenden Punkten jener kongruenten Seiten gleiche Werte annehmen. Wir haben also auf der einfach zusammenhängenden Fläche $T^{(0)}$ $2n$ Paare geschlossener, von (x_0, y_0) auslaufender und ebendahin zurückkehrender Kurven $C_1^+, C_1^-, \ldots, C_{2n}^+, C_{2n}^-$. Wenn wir jeweils ein Paar C_k^+, C_k^-, das den kongruenten Seiten k und $2n+k$ von $\Phi^{(0)}$ entspricht, miteinander verschmelzen (was ohne Deformation von $T^{(0)}$ möglich ist, weil ja diese Kurven unendlich benachbart verlaufen), so verwandelt sich $T^{(0)}$ in eine Fläche $\tilde{T}$, die nun offenbar vom Standpunkte der Analysis situs aus mit der vorhin konstruierten Fläche R äquivalent ist. Die über der x-Ebene ausgebreitete mehrblättrige Fläche $\tilde{T}$ ist also wie R vom Zusammenhange $2n+1$ und kann als Riemannsche Fläche des algebraischen Gebildes (23) angesehen werden. Diese Fläche ist nun offenbar isotrop, weil sie aus lauter zur x-Ebene kongruenten Blättern besteht, es ist die von Riemann[1]) selbst ursprünglich betrachtete Form einer Riemannschen Fläche. Sie ist, wie wir sehen, an die spezielle Form der Gleichung (23) und sogar an die Wahl von x als unabhängige Veränderliche gebunden. Konstruiert man sie etwa für die Gleichung (24) und für $\mathfrak{x}$ als unabhängige Veränderliche, so erhält man eine über der $\mathfrak{x}$-Ebene mehrblättrig ausgebreitete Fläche $\mathfrak{T}$ von ganz anderer Gestalt, aber die beiden Flächen $\tilde{T}$ und $\mathfrak{T}$ sind nicht nur homöomorph, sondern vermöge der zwischen (x, y) und $(\mathfrak{x}, \mathfrak{y})$ bestehenden birationalen Beziehung sogar homöometrisch. Allgemein kann man sagen, daß alle zu einer Klasse von algebraischen Gebilden gehörigen isotropen Riemannschen Flächen untereinander homöometrisch, dagegen mit den zugehörigen anisotropen Flächen nur homöomorph sind.

[1]) B. Riemann, Werke, 2.Aufl., S. 88 (1887); vgl. die Fußnote auf S. 191.

Man kann von der $(2n+1)$-fach zusammenhängenden Fläche $\widetilde{T}$ wieder zu der einfach zusammenhängenden $T^{(0)}$ übergehen, indem man die vorhin miteinander verschmolzenen Linienzüge wieder trennt, d. h. indem man von dem Punkte (x_0, y_0) aus die $2n$ in sich zurücklaufenden Querschnitte $C_1, C_2, \ldots, C_{2n}$ legt, wo jetzt C_k^+, C_k^- die beiden Ufer des Schnittes C_k sind[1]). Vermöge der homöometrischen Beziehung überträgt man dieses Querschnittsystem auf jede zu einer Gleichung (24) derselben Klasse gehörige isotrope Fläche $\mathfrak{T}$, die dann auch in eine einfach zusammenhängende $\mathfrak{T}^{(0)}$ zerschnitten erscheint. Alle diese so zerschnittenen Flächen sind wieder untereinander homöometrisch und sie sind (durch Vermittlung von $T^{(0)}$) auch homöometrisch auf das Polygon $\Phi^{(0)}$ bezogen, das seinerseits von der besonderen Wahl der Gleichung, (23) oder (24), und der unabhängigen Veränderlichen, x oder $\mathfrak{x}$, nicht abhängt, also, wie man sagen kann, eine Invariante der ganzen Klasse ist.

Die homöometrische Beziehung, die zwischen $\Phi^{(0)}$ und z. B. $T^{(0)}$ besteht, zeichnet keinen Punkt von $\widetilde{T}$ aus; daß der Punkt (x_0, y_0) als Ausgangspunkt des Querschnittsystems fungiert, ist insofern nicht wesentlich, als (x_0, y_0) keine irgendwie besonders ausgezeichnete Stelle des algebraischen Gebildes (23) ist. Wählen wir an Stelle von (x_0, y_0) ein anderes der Gleichung (23) genügendes Wertepaar, so würde freilich $\Phi^{(0)}$ eine Änderung erfahren, aber diese hätte weder einen Einfluß auf die Gruppe Γ, noch auf die zu Γ gehörigen Fuchsschen Funktionen, es wäre eine sogenannte erlaubte Abänderung (vgl. oben S. 136). Ohne uns des näheren mit der Natur dieser Abänderungen zu beschäftigen, stellen wir nur fest, daß sich auf diese Weise entsprechend den doppeltunendlichvielen Punkten von $\widetilde{T}$ eine doppeltunendliche Mannigfaltigkeit von Polygonen $\Phi^{(0)}$ ergibt, die durch erlaubte Abänderung auseinander hervorgehen. Nun hing, wie wir gesehen haben, $\Phi^{(0)}$ von $6n-4$ reellen Parametern ab, die Klasse algebraischer Funktionen oder, was auf dasselbe hinauskommt, die Gesamtheit der zugehörigen isotropen Riemannschen Flächen wird also von zwei Parametern weniger, d. h. von $6n-6$ abhängen. Diese Zahl ist für $n>2$ größer als die Anzahl der Parameter, von denen der in der vorigen Nummer betrachtete Bereich $H^{(0)}$ und damit das hyperelliptische Gebilde (19) abhing, diese letztere Anzahl war nämlich $2\sigma-4=4n-2$. Wir sehen also, daß unser algebraisches Gebilde (23) für $n>2$ sicher allgemeiner ist, als das hyperelliptische, daß wir also wirklich zu einer neuen Klasse Fuchsscher Funktionen vorge-

[1]) Für diese Zerschneidung von $\widetilde{T}$ gilt die oben S. 187, Fußnote für das dort betrachtete Querschnittsystem gemachte Bemerkung ebenfalls.

drungen sind. Nur für $n = 2$ stimmen die beiden Zahlen überein und man zeigt in der Tat in der Lehre von den algebraischen Funktionen, daß jedes algebraische Gebilde vom Geschlechte Zwei durch birationale Transformation auf ein hyperelliptisches zurückgeführt werden kann.

Aber die Theorie der algebraischen Funktionen lehrt weiter, daß die Anzahl der komplexen Parameter, von denen die allgemeinste Klasse algebraischer Funktionen vom Geschlechte n abhängt, die Anzahl der sogenannten Riemannschen Klassenmoduln, gleich $3n - 3$ ist (für $n > 1$). Da diese Anzahl $6n - 6$ reellen Parametern entspricht, also mit der Anzahl der Parameter übereinstimmt, von denen die zu unserem Polygon $\Phi^{(0)}$ gehörige Klasse von algebraischen Funktionen abhängt, so liegt es nahe zu fragen, ob es nicht möglich ist, über die Parameter, die das Polygon $\Phi^{(0)}$ bestimmen, in der Weise zu disponieren, daß die Gleichung (23) mit irgendeiner vorgegebenen algebraischen Gleichung vom Geschlechte n zwischen den beiden Veränderlichen x, y übereinstimmt. — Daß diese Möglichkeit besteht, läßt sich in der Tat zeigen und zwar mit den in den Nummern 45—51 entwickelten Hilfsmitteln. Man hat vor allem die zu der vorgelegten algebraischen Gleichung gehörige isotrope Riemannsche Fläche zu konstruieren, diese dann in eine einfach zusammenhängende zu zerschneiden und aus Zellen, die mit dieser einfach zusammenhängenden Fläche kongruent sind, die Überlagerungsfläche aufzubauen. Man zeigt dann durch Ausschöpfen der Überlagerungsfläche, daß diese homöometrisch auf eine B.-L.sche Ebene abgebildet werden kann, und führt den Beweis analog wie in der Nr. 51 zu Ende. Da eine exakte Durchführung nicht ohne einige Kenntnisse aus der Theorie der algebraischen Funktionen möglich ist, begnügen wir uns mit diesen Andeutungen [1]) und knüpfen unsere weiteren Betrachtungen an die aus einem gegebenen Polygon $\Phi^{(0)}$ hervorgehende Klasse algebraischer Funktionen.

---

55. Die auf der Riemannschen Fläche unverzweigten Funktionen.

Die durch die Gleichung (23) verknüpften Veränderlichen x, y sind eindeutige Funktionen von η, die algebraische Beziehung zwischen x und y wird also durch Einführung des Parameters η uniformisiert. Freilich wäre eine Uniformisierung dieser Beziehung auch mit Hilfe von Fuchsschen Funktionen vom Geschlechte Null möglich, etwa in folgender Weise. Wie in der Lehre von den algebraischen Funktionen gezeigt wird [2]),

[1]) Eine erschöpfende Darstellung des in Rede stehenden Beweises hat P. Koebe, Mathem. Annalen Bd. 67 (1909) S. 145 gegeben.

[2]) Siehe z. B. Hensel und Landsberg, Theorie der algebr. Funktionen, 1902, 24. Vorlesung.

kann man von der Gleichung (23) stets zu einer Gleichung derselben Klasse (24) übergehen, für die zu allen Verzweigungspunkten der algebraischen Funktion $\mathfrak{y}$ von $\mathfrak{x}$ die Verzweigungszahl Zwei gehört. In der Umgebung eines solchen Verzweigungspunktes $\mathfrak{x} = a$ ist dann jeder Zweig der Funktion $\mathfrak{y}$ von $\mathfrak{x}$ entweder nach aufsteigenden Potenzen von $(\mathfrak{x} - a)^{\frac{1}{2}}$ oder von $(\mathfrak{x} - a)$ entwickelbar. Sind $a_1, \ldots, a_\sigma, \infty$ die sämtlichen Verzweigungspunkte, so ist also $\mathfrak{y}$ als Funktion von $\mathfrak{x}$ und folglich auch x und y als Funktionen von $\mathfrak{x}$ in der mit den Verzweigungspunkten $a_1, \ldots, a_\sigma, \infty$ und dem Verzweigungsschema $(\sigma; 2, \ldots, 2)$ aufgebauten Überlagerungsfläche S eindeutig, die Veränderliche ζ, die die homöometrische Abbildung von S auf die absolute Ebene leistet, liefert demnach die Uniformisierung. Aber im allgemeinen wird dann die Beziehung zwischen dem Fundamentalbereiche $Z^{(0)}$ der Fuchsschen Funktion $\mathfrak{x}$ von ζ und den durch die Gleichung (24) verknüpften Wertepaaren $(\mathfrak{x}, \mathfrak{y})$ keine gegenseitig eindeutige sein, und man wird auch nicht durch Vereinigung einer endlichen Anzahl solcher Fundamentalbereiche zu einem Bereiche Ψ gelangen können, der diese Eigenschaft hat, d. h. der homöometrisch bezogen werden kann auf die durch geeignete Querschnitte in eine einfach zusammenhängende zerschnittene, isotrope Riemannsche Fläche $\mathfrak{T}$ der Gleichung (24). Dies erscheint nur möglich, wenn die Gleichung (24) eine in $\mathfrak{y}$ quadratische, d. h. wenn das gegebene algebraische Gebilde ein hyperelliptisches ist, und allgemeiner, wenn die Riemannsche Fläche $\mathfrak{T}$ **regulär** ist, d. h. wenn sie entsprechend der Art, wie der Bereich Ψ in eine Anzahl von mit $Z^{(0)}$ kongruenten Bereichen zerfällt, eine Einteilung in eine gleiche Anzahl von Bereichen gestattet, die durch birationale Transformationen auseinander hervorgehen [1]). In jedem Falle ist klar, daß die uniformisierende Veränderliche η selbst eine eindeutige Funktion der uniformisierenden Veränderlichen ζ ist; in den Fällen einer hyperelliptischen und allgemeiner einer regulären Riemannschen Fläche ist η eine rationale, in jedem anderen Falle jedoch eine transzendente eindeutige Funktion von ζ. Die uniformisierende Veränderliche η ist offenbar überhaupt durch **jede** andere uniformisierende Veränderliche eindeutig darstellbar, während sie selbst abgesehen von einer projektiven Transformation vollkommen bestimmt ist; sie kann darum als die **einfachste** Uniformisierende der Gleichung (24) bezeichnet werden. Wir heben noch einige Eigenschaften dieser einfachsten Uniformisierenden hervor.

Wenn (23) eine Gleichung vom Geschlechte Null, also $n = 0$ ist, so gibt es (vgl. oben S. 115) eine rationale Funktion η von x und y, die

---

[1]) Vgl. über reguläre Riemannsche Flächen F. **Klein** (1879), Ges. Abh. III, S. 121 ff.; A. **Hurwitz**, Math. Ann. 32 (1888), S. 290; 41 (1893), S. 403; H. **Axel**, Mitteilungen des Math. Sem. Gießen, Heft VIII, 1922, § 1.

in der Riemannschen Fläche $\tilde{T}$ jeden Wert nur einmal annimmt, und durch diese sind x und y rational ausdrückbar; dieses η ist dann die einfachste Uniformisierende. Die Überlagerungsfläche T besteht in diesem Falle aus einer endlichen Anzahl von Blättern und ist homöometrisch auf eine Riemannsche Ebene (Kugel) abgebildet. — Ist (23) eine Gleichung vom Geschlechte $n = 1$, so ist der Bereich $\Phi^{(0)}$ ein Viereck mit der Winkelsumme 2π, also ein in der Euklidischen Ebene gelegenes Parallelogramm; wir haben als einfachste uniformisierende Veränderliche das zu der Gleichung (23) gehörige elliptische Integral erster Gattung η, das die homöometrische Abbildung der zerschnittenen Riemannschen Fläche $T^{(0)}$ auf das Parallelogramm $\Phi^{(0)}$ und der gesamten Überlagerungsfläche T auf die punktierte Euklidische Ebene vermittelt. Das Parallelogramm $\Phi^{(0)}$ zerfällt nämlich durch eine seiner Diagonalen in zwei Dreiecke, die durch eine Drehung um den Mittelpunkt des Parallelogramms mit einem Winkel von 180 Grad auseinander hervorgehen. Bedeutet dann $\mathfrak{x}$ die im Sinne der Nr. 16 (S. 41) zu diesem Dreieck gehörige automorphe (elliptische) Funktion ersten Grades, so nimmt $\mathfrak{x}$ in dem Parallelogramm $\Phi^{(0)}$ jeden Wert zweimal an, so daß eine willkürliche rationale Funktion $\mathfrak{y}$ von (x, y) Wurzel einer quadratischen Gleichung mit in $\mathfrak{x}$ rationalen Koeffizienten wird. Bei geeigneter Normierung ist dann

$$\eta = \int \frac{d\mathfrak{x}}{\mathfrak{y}} \tag{25}$$

und wir sind damit auf die im ersten Kapitel behandelten Formen zurückgeführt.

Wenn endlich n größer ist als Eins, so liegt der mit der zerschnittenen Riemannschen Fläche $T^{(0)}$ homöometrische Fundamentalbereich $\Phi^{(0)}$ stets in der B.-L.schen Ebene. Die einfachste Uniformisierende η erscheint jetzt als Integralquotient der linearen Differentialgleichung zweiter Ordnung

$$\frac{d^2u}{dx^2} = u\,Q(x, y), \tag{26}$$

wo $Q(x, y)$ durch die Schwarzsche Derivierte (17) der Nr. 38 gegeben ist. Wie in dieser Nummer ergibt sich, daß $Q(x, y)$ eine Fuchssche Funktion, also eine rationale Funktion von x und y ist; man kann auch wie dort eine Anzahl algebraischer Bedingungen für diese Funktion herleiten, aber es bleiben dann noch $3n - 3$ komplexe akzessorische Parameter, die durch algebraische Bedingungen nicht bestimmt werden können [1]).

---

[1]) Für die Form dieser rationalen Funktion $Q(x, y)$ vgl. man H. Poincaré, Oeuvres II, S. 223ff.; F. Klein (1894), Ges. Abhandl. II, Abh. LXIX; siehe auch Enzykl. d. Math. Wiss. II B 4 (Fricke), S. 437, 438, wo weitere Literatur angegeben ist.

Als Funktion von (x, y), d. h., wie wir sagen wollen, als Funktion des Ortes in der Riemannschen Fläche $\overset{\frown}{T}$ betrachtet, ist η in der Umgebung eines jeden Punktes (x_0, y_0) der Riemannschen Fläche $\overset{\frown}{T}$ *eindeutig*, das will besagen, daß η zu seinem Ausgangswerte zurückkehrt, wenn der veränderliche Punkt (x, y) in hinreichender Nähe von (x_0, y_0) verbleibend einen in der Riemannschen Fläche $\overset{\frown}{T}$ geschlossenen Umlauf um diesen Punkt vollzieht, einen Umlauf also, bei dem nicht nur x, sondern auch y zu seinem Ausgangswerte zurückkehrt. Man sagt, η sei in der Riemannschen Fläche $\overset{\frown}{T}$ *unverzweigt*. In der einfach zusammenhängenden Fläche $T^{(0)}$, die aus $\overset{\frown}{T}$ durch Legen der Querschnitte $C_1, C_2, \ldots, C_{2n}$ hervorgeht, ist η *eindeutig*, wenn aber der Punkt (x, y) den Schnitt C_k überschreitet, so erleidet η die Transformation U_k, die die Seiten k und $2n + k$ von $\Phi^{(0)}$ ineinander überführt. Wir sehen, daß η hier eine analoge Rolle spielt, wie das Integral erster Gattung für $n = 1$; die $2n$ Schraubungen U_k entsprechen den Zuwüchsen um Perioden, die das Integral erster Gattung erfährt, wenn (x, y) die beiden Querschnitte überschreitet, die die Riemannsche Fläche vom Geschlechte Eins in eine einfach zusammenhängende zerschneiden (vgl. Nr. 13). — Allgemein können wir sagen, daß *jede auf der Riemannschen Fläche $\overset{\frown}{T}$ unverzweigte Funktion*, d. h. also jede Funktion, die in dem oben präzisierten Sinne in der Umgebung eines jeden Punktes von $\overset{\frown}{T}$ eindeutig ist, durch η uniformisiert wird. Das gilt also z. B. von einem zu der Gleichung (23) gehörigen Integral

$$\int R(x, y)\, dx,$$

wo $R(x, y)$ eine rationale Funktion von (x, y) bedeutet, wenn dieses Integral keine logarithmische Singularität besitzt, also von den Integralen erster und zweiter Gattung. Auch die Lösungen linearer homogener Differentialgleichungen beliebig hoher Ordnung, deren Koeffizienten rationale Funktionen von (x, y) sind, können auf $\overset{\frown}{T}$ unverzweigt sein; im allgemeinen haben die Lösungen solcher linearer Differentialgleichungen aber noch Singularitäten, in denen sie sich *relativ* zu der Riemannschen Fläche verzweigen. Dann bedarf es zu ihrer Uniformisierung einer noch allgemeineren Klasse Fuchsscher Funktionen, von denen nunmehr noch kurz die Rede sein soll.

56. Die allgemeinste Klasse Fuchsscher Funktionen in der B.-L.schen Ebene.

Die Fundamentalbereiche der nunmehr zu betrachtenden Fuchsschen Funktionen sind in gewissem Sinne aus den Fundamentalbereichen vom Typus $H^{(0)}$ und aus denen vom Typus $\Phi^{(0)}$ kombiniert. Um in naturgemäßer Weise zu solchen Bereichen geführt zu werden, denken wir uns eine $(2n+1)$-fach zusammenhängende Riemannsche Fläche $\tilde{S}$, die durch die Querschnitte $C_1, C_2, \ldots, C_{2n}$ in eine einfach zusammenhängende S^* zerschnitten sein möge. Auf $\tilde{S}$ nehmen wir als singuläre Punkte einer Funktion $z = f(x)$ die $\sigma + 1$ Stellen ($x = a_k$, $y = b_k$ für $k = 1, 2, \ldots, \sigma + 1$), die wir kurz mit A_k bezeichnen und (im Anschluß an J. B. Listing) Tremata nennen wollen; wenn ein in der Fläche $\tilde{S}$ geschlossener Umlauf um den Punkt A_k nach g_k-maliger Wiederholung alle Zweige der Funktion z zu ihren Ausgangswerten zurückführt, so schreiben wir dem Punkte A_k die Verzweigungszahl g_k relativ zur Fläche $\tilde{S}$ zu, gibt es eine solche endliche Zahl nicht, so nehmen wir $g_k = \infty$. — Um nun zu einem einfach zusammenhängenden Bereiche zu gelangen, in dem jeder Zweig der Funktion z eindeutig bestimmt ist, lassen wir zunächst der Einfachheit wegen die Schnitte C_k sämtlich von einem Trema, etwa von $A_{\sigma+1}$ ausgehen und verbinden dann die übrigen Tremata $A_1, \ldots, A_\sigma$ mit $A_{\sigma+1}$ durch Schnitte l_k. Man kann dann das ganze so auf der Fläche $\tilde{S}$ gelegte Schnittsystem in einem geschlossenen Zuge durchlaufen, z. B. bei geeigneter Bezeichnung in der folgenden Anordnung (vgl. die Fig. 52, wo wir $n = 1, \sigma = 3$ genommen haben):

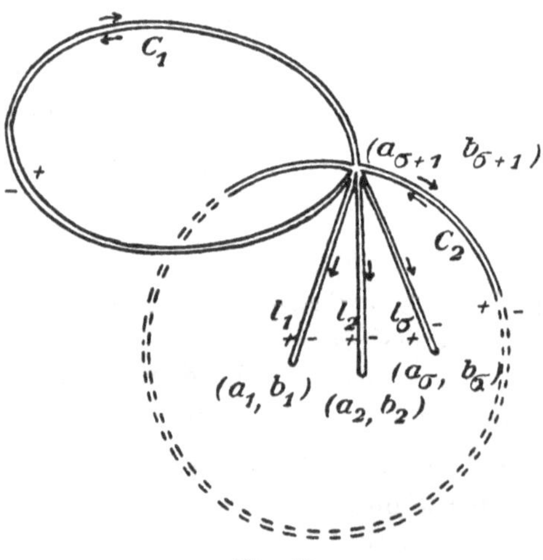

Fig. 52.

$$\overset{-}{l}_\sigma, \overset{+}{l}_\sigma, \overset{-}{l}_{\sigma-1}, \overset{+}{l}_{\sigma-1}, \ldots, \overset{-}{l}_1, \overset{+}{l}_1, \overset{-}{C}_1, \overset{-}{C}_2, \ldots, \overset{-}{C}_{2n}, \overset{+}{C}_1, \overset{+}{C}_2, \ldots, \overset{+}{C}_{2n}.$$

Die von diesem geschlossenen Linienzuge begrenzte Fläche $S^{(0)}$ ist einfach zusammenhängend und in ihr sind auch alle Zweige von z eindeutig bestimmt. Der Bau eines geradlinigen Polygons $\Psi^{(0)}$ der absoluten Ebene, das als homöometrisches Bild von $S^{(0)}$ soll gelten können, liegt jetzt klar zutage. Wir bezeichnen (vgl. die Fig. 52) die dem Trema $A_{\sigma+1}$ je nach den Einmündungspunkten der verschiedenen Schnitte entsprechenden Ecken von $\Psi^{(0)}$ mit $\beta_1, \ldots, \beta_\sigma, \beta_{\sigma+1}, \ldots, \beta_{\sigma+4n}$ und die dem Trema A_k entsprechende mit α_k, für $k = 1, 2, \ldots, \sigma$, ferner die den beiden Ufern der Schnitte l_k entsprechenden Seiten von $\Psi^{(0)}$ mit $\bar{s}_k, \overset{+}{s}_k (k = 1, 2, \ldots, \sigma)$ und die den Ufern der Schnitte C_k entsprechenden mit $\bar{t}_k, \overset{+}{t}_k$ $(k = 1, 2, \ldots, 2n)$; dann stellt sich $\Psi^{(0)}$ (vgl. die Fig. 53) als ein $(2\sigma + 4n)$-Eck dar, dessen Begrenzung in der Reihenfolge der Seiten

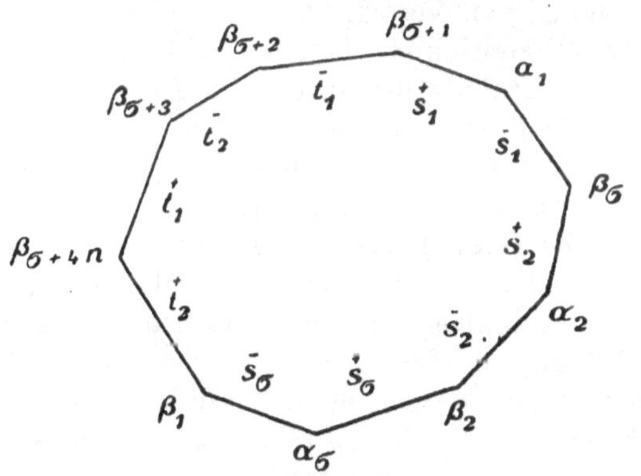

Fig. 53.

$$\bar{s}_\sigma, \overset{+}{s}_\sigma, \bar{s}_{\sigma-1}, \overset{+}{s}_{\sigma-1}, \ldots, \bar{s}_1, \overset{+}{s}_1, \bar{t}_1, \ldots, t_{2n}, \overset{+}{t}_1, \ldots, \overset{+}{t}_{2n}$$

im positiven Sinne durchlaufen wird. In dieser Aufeinanderfolge der Seiten sind jeweils die mit demselben Buchstaben und Index bezeichneten Seitenpaare kongruent; die Ecken $\alpha_1, \ldots, \alpha_\sigma$ bilden jede für sich, die $\sigma + 4n$ Ecken β_k bilden zusammengenommen einen Eckenzyklus und zwar ist der Winkel bei α_k gleich $\frac{2\pi}{g_k}$ und die Summe der Winkel bei allen Ecken β_k ist $\frac{2\pi}{g_{\sigma+1}}$. — Dieses Polygon geht für $n = 0$ in ein Polygon von der Art wie $H^{(0)}$ und für $\sigma = 0$ in ein Polygon von der Art wie $\Phi^{(0)}$ über, im letzteren Falle ist nur $g_{\sigma+1} = g_1 = 1$ zu nehmen. Man sieht daraus, daß $\Psi^{(0)}$, abgesehen von den bereits bekannten Ausnahmefällen mit $n = 0$ und dem Falle $n = 1, \sigma = 0$, der den elliptischen Funktionen entspricht, stets in der B.-L.schen Ebene liegt. Dieses Polygon $\Psi^{(0)}$ hängt von $6n - 4 + 2\sigma$ reellen Parametern ab; sein Verzweigungsschema können wir mit $(n, \sigma; g_1, g_2, \ldots, g_{\sigma+1})$ bezeichnen.

Die Verschiebungen U_k, durch die die kongruenten Seiten $\bar{t}_k, t_k$ ineinander übergehen, sind hyperbolische oder ausnahmsweise parabolische Transformationen, die Verschiebungen S_k, die die Seitenpaare $\bar{s}_k, \overset{+}{s}_k$ ineinander verwandeln, elliptische oder parabolische Transformationen, je nachdem g_k endlich oder unendlich groß ist. Durch die Verschiebungen der Gruppe G, die aus diesen $2n + \sigma$ Transformationen als Fundamentaltransformationen gebildet ist, verwandelt sich $\mathfrak{P}^{(0)}$ in eine Folge kongruenter Polygone $\mathfrak{P}^{(1)}, \mathfrak{P}^{(2)}, \ldots$, von denen man wie in der Nummer 30 beweist, daß sie die absolute Ebene schlicht und lückenlos bedecken. Die hier auftretenden Gruppen G sind, wie man zeigen kann, die allgemeinsten Gruppen von Verschiebungen der B.-L.schen Ebene, die die Eigenschaft der Diskontinuität besitzen und für die jeder Punkt des unendlich fernen Gebildes der B.-L.schen Ebene Häufungstelle von Fundamentalbereichen ist; wir gehen auf den Beweis dieser Behauptung nicht ein [1]), sondern begnügen uns damit, tatsächlich zu den allgemeinsten Fuchsschen Gruppen dieser Art vorgedrungen zu sein.

Die Bildung von Thetafunktionen, die zu dieser Gruppe G gehören, und weiter von automorphen Funktionen, die dann ebenfalls als Fuchssche Funktionen bezeichnet werden, bietet keine Schwierigkeiten. Zwischen irgend zwei zu G gehörigen Fuchsschen Funktionen besteht eine algebraische Beziehung und man kann in mannigfacher Weise zwei dieser Funktionen $x = f(\eta), y = h(\eta)$ so auswählen, daß jedes Wertepaar (x, y) nur in einem Punkte des Fundamentalbereichs $\mathfrak{P}^{(0)}$ angenommen wird. Zwischen x und y besteht dann eine algebraische Beziehung

$$F(y, x) = 0, \tag{27}$$

für die wir eine im allgemeinen anisotrope Riemannsche Fläche erhalten, wenn wir den Bereich $\mathfrak{P}^{(0)}$ ausschneiden und so deformieren, daß die kongruenten Seitenpaare zur Deckung gelangen. Diese Fläche ist mit der Fläche $\widetilde{S}$, von der wir ausgegangen waren, homöomorph, also wie diese $(2n + 1)$-fach zusammenhängend. Die Gleichung (27) ist demnach vom Geschlecht n. Es sei $\widetilde{T}$ die über der x-Ebene aufgebaute isotrope Riemannsche Fläche von (27), die wir uns durch die den Seitenpaaren $\overset{-}{t}_k, \overset{+}{t}_k$ von $\mathfrak{P}^{(0)}$ entsprechenden $2n$ Schnitte in die einfach zusammenhängende Fläche T^* zerschnitten denken. Wir markieren ferner auf T^* die $(\sigma + 1)$ Punkte oder Tremata $A_1, A_2, \ldots, A_{\sigma+1}$, die den Eckenzykeln von $\mathfrak{P}^{(0)}$ entsprechen, in denen also x, y bzw. die Werte

$$\left\{\begin{array}{lr} a_k = f(\alpha_k), \quad b_k = h(\alpha_k) & {\scriptstyle (k=1,2,\ldots,\sigma)} \\ a_{\sigma+1} = f(\beta_k), \; b_{\sigma+1} = h(\beta_k) & {\scriptstyle (k=1,2,\ldots,4n+\sigma)} \end{array}\right. \tag{28}$$

haben. Von $A_{\sigma+1}$ gehen dann die Querschnitte aus, die $\widetilde{T}$ in die einfach zusammenhängende Fläche T^* zerschneiden; wir legen jetzt auch noch die Querschnitte $(A_k, A_{\sigma+1})$, die den Seitenpaaren $\overset{-}{s}_k, \overset{+}{s}_k$ von $\mathfrak{P}^{(0)}$ ent-

[1]) Er ergibt sich aus Poincarés Theorie der Fuchsschen Gruppen, Oeuvres II, S. 108 ff. (1882).

sprechen, und nennen die so entstehende Fläche $T^{(0)}$. Diese ist dann mit $\psi^{(0)}$ homöometrisch und wir können aus mit $T^{(0)}$ kongruenten Zellen $T^{(1)}, T^{(2)}, \ldots$, die nach der Art zu verbinden sind, wie die verschiedenen Bereiche $\psi^{(0)}, \psi^{(1)}, \psi^{(2)}, \ldots$ miteinander zusammenhängen, die Überlagerungsfläche T herstellen, in der η eine eindeutige Funktion des Ortes ist. Für die Querschnitte, durch die $\overset{\frown}{T}$ in $T^{(0)}$ übergeführt wird, behalten wir die Bezeichnungen C_k und l_k bei.

Die Funktion η von x ist dann so beschaffen, daß sie relativ zu $\overset{\frown}{T}$ noch die Verzweigungspunkte $A_1, \ldots, A_{\sigma+1}$ bzw. mit den Verzweigungszahlen $g_1, \ldots, g_{\sigma+1}$ besitzt und daß sie, wenn der Punkt (x, y) den Querschnitt C_k überschreitet, die Transformation U_k, dagegen wenn der Querschnitt l_k überschritten wird, die Transformation S_k erfährt. Sie ist der Quotient des Fundamentalsystems (vgl. Nr. 38, S. 117)

$$u_1 = \sqrt{\frac{dx}{d\eta}}, \quad u_2 = \eta\sqrt{\frac{dx}{d\eta}} \tag{29}$$

der linearen Differentialgleichung zweiter Ordnung

$$\frac{d^2u}{dx^2} = uQ(x, y), \tag{30}$$

wo $Q(x, y)$ wieder durch die Schwarzsche Derivierte erklärt und als zu dem Fundamentalbereiche $\psi^{(0)}$ gehörige Fuchssche Funktion eine rationale Funktion von x und y ist. Für diese rationale Funktion ergeben sich wieder wie in der Nr. 38 eine Anzahl algebraischer Bedingungen, die besagen, daß die Lösungen von (30) in der Umgebung eines jeden von den Punkten A_k verschiedenen Punktes der Riemannschen Fläche $\overset{\frown}{T}$ meromorph sind und daß in der Umgebung des Punktes $x = a_k, y = b_k$

$$\lim_{x \to a_k} (x - a_k)^2 Q(x, y) = \frac{1}{4}\left(\frac{1}{g_k^2} - 1\right)$$

ist. Es bleiben dann noch $3n + \sigma - 2$ akzessorische Parameter in $Q(x, y)$, die algebraisch nicht bestimmt werden können.

Durch Einführung von η kann nun jede Funktion von x uniformisiert werden, die relativ zu der Riemannschen Fläche $\overset{\frown}{T}$ nur die Verzweigungspunkte $A_1, \ldots, A_{\sigma+1}$ mit den Verzweigungszahlen $g_1, \ldots, g_{\sigma+1}$ besitzt, also auf der Überlagerungsfläche T eine eindeutige Funktion des Ortes ist. Solche Funktionen sind z. B. die Lösungen linearer homogener Differentialgleichungen von beliebig hoher Ordnung oder von Systemen linearer Differentialgleichungen erster Ordnung, deren Koeffizienten rationale Funktionen der durch die Gleichung (27) verknüpften Veränderlichen

x, y sind, und deren Lösungen die vorhingenannte Verzweigungsart aufweisen. — Durch Anwendung der Methoden, die wir in den Nummern 45—51 entwickelt haben, kann man zeigen, daß die Parameter, von denen das Polygon $\mathfrak{P}^{(0)}$ abhängt, stets so gewählt werden können, daß

1. die Gleichung (27) eine beliebig vorgeschriebene Gleichung vom Geschlecht n wird,
2. die relativen Verzweigungspunkte $A_1, \ldots, A_{\sigma+1}$ auf der zu (27) gehörigen Riemannschen Fläche beliebig vorgeschriebene Lagen haben,
3. die Verzweigungszahlen $g_1, \ldots, g_{\sigma+1}$ ebenfalls beliebig vorgeschriebene positive ganze Zahlen oder unendlich groß sind.

Dadurch ist die Möglichkeit gegeben, die Lösungen jeder beliebigen linearen homogenen Differentialgleichung mit algebraischen Koeffizienten zu uniformisieren. Allgemeiner kann auf diese Weise auch die Uniformisierung der Lösungen jeder Differentialgleichung mit algebraischen Koeffizienten geleistet werden, die keine mit den Anfangswerten der Lösungen verschiebbaren Verzweigungspunkte besitzt.

Mit den in dieser Nummer betrachteten Fuchsschen Funktionen sind wir zu der allgemeinsten Klasse dieser Funktionen vorgedrungen, die nur in der B.-L.schen Ebene existieren. — Poincaré hat auch noch andere Fuchssche Funktionen eingeführt, deren Existenzbereich aber nicht auf die B.-L.sche Ebene, d. h. auf das Innere des Einheitskreises der η-Ebene beschränkt ist, sondern die in der ganzen η-Ebene definiert sind. — Diese Funktionen liegen außerhalb des Rahmens unserer Darstellung, die nur diejenigen automorphen Funktionen umfassen sollte, die in einer absoluten Ebene definiert und dadurch geeignet sind, die Uniformisierung derjenigen mehrdeutigen Funktionen zu leisten, deren Überlagerungsfläche auf die betreffende absolute Ebene homöometrisch bezogen werden kann.

Sach- und Namenverzeichnis.

FSC
www.fsc.org
MIX
Papier | Fördert
gute Waldnutzung
FSC® C083411

Zeitfracht Medien GmbH
Ferdinand-Jühlke-Straße 7
99095 Erfurt, Deutschland
produktsicherheit@kolibri360.de